力学・場の理論

ランダウ=リフシッツ物理学小教程

L.D.ランダウ　E.M.リフシッツ

水戸 巌　恒藤敏彦　廣重 徹 訳

Copyright © by L. Landau, E. Lifshitz
Japanese translation rights arranged
with the Russian Author's Society (RAO)
through Japan UNI Agency, Inc., Tokyo.

目　次

記 号 例
まえがき

第1部　力　学

第1章　運動方程式
§1　一般化座標 ………………………… 14
§2　最小作用の原理 …………………… 16
§3　ガリレイの相対性原理 …………… 20
§4　自由な質点のラグランジアン …… 23
§5　質点系のラグランジアン ………… 26

第2章　保存法則
§6　エネルギー ………………………… 34
§7　運動量 ……………………………… 37
§8　慣性中心 …………………………… 40
§9　角運動量 …………………………… 43

第3章　運動方程式の積分
§10　1次元運動 ………………………… 49

- §11 換算質量 ………………………………… 51
- §12 〈中心力の場〉における運動 ……………… 53
- §13 ケプラー問題 ……………………………… 59

第4章 粒子の衝突
- §14 粒子の弾性衝突 …………………………… 65
- §15 粒子の散乱 ………………………………… 70
- §16 ラザフォードの公式 …………………… 76

第5章 微小振動
- §17 1次元の自由振動 ………………………… 80
- §18 強制振動 …………………………………… 85
- §19 多くの自由度をもつ系の振動 ………… 93
- §20 減衰振動 …………………………………… 102
- §21 摩擦があるときの強制振動 …………… 107
- §22 パラメータ共鳴 ………………………… 112
- §23 非調和振動 ………………………………… 117

第6章 剛体の運動
- §24 角速度 ……………………………………… 122
- §25 慣性テンソル …………………………… 126
- §26 剛体の角運動量 ………………………… 139
- §27 剛体の運動方程式 ……………………… 142
- §28 剛体の接触 ………………………………… 147
- §29 非慣性基準系における運動 …………… 155

第7章　正準方程式
- §30　ハミルトン方程式 …………………… 164
- §31　ハミルトン-ヤコビ方程式 …………… 168
- §32　断熱不変量 …………………………… 171

第8章　相対性原理
- §33　相互作用の伝播速度 ………………… 176
- §34　世界間隔 ……………………………… 181
- §35　固有時間 ……………………………… 189
- §36　ローレンツ変換 ……………………… 192
- §37　速度の変換 …………………………… 198
- §38　4元ベクトル ………………………… 200

第9章　相対論的力学
- §39　エネルギーと運動量 ………………… 208
- §40　4次元運動量 ………………………… 213
- §41　粒子の崩壊 …………………………… 215
- §42　弾性衝突 ……………………………… 218

第2部　電磁気学

第10章　場のなかの電荷
- §43　場の4元ポテンシャル ……………… 228
- §44　場のなかの電荷の運動方程式 ……… 232
- §45　ゲージ不変性 ………………………… 237
- §46　不変な電磁場 ………………………… 239
- §47　一様不変の電場のなかの運動 ……… 241

§48 一様な不変の磁場のなかの運動 ……… 243
§49 一様な不変の電場および磁場のなかの
電荷の運動 ……… 247
§50 電磁場テンソル ……… 250
§51 場の不変量 ……… 254

第11章 場の方程式
§52 マクスウェル方程式の第1の組 ……… 257
§53 電磁場の作用関数 ……… 259
§54 4次元電流ベクトル ……… 263
§55 連続の方程式 ……… 266
§56 マクスウェル方程式の第2の組 ……… 269
§57 エネルギーの密度と流れ ……… 273
§58 運動量の密度と流れ ……… 276

第12章 不変な電磁場
§59 クーロンの法則 ……… 281
§60 電荷の静電エネルギー ……… 283
§61 一様な運動をしている電荷の場 ……… 287
§62 双極モーメント ……… 291
§63 4重極モーメント ……… 294
§64 外場のなかの電荷の系 ……… 297
§65 不変な磁場 ……… 300
§66 磁気モーメント ……… 303
§67 ラーマー歳差運動 ……… 307

第13章　電磁波

- §68　波動方程式 …………………………… 310
- §69　平面波 ………………………………… 312
- §70　単色平面波 …………………………… 317
- §71　ドップラー効果 ……………………… 321
- §72　スペクトル分解 ……………………… 322
- §73　部分偏光 ……………………………… 325
- §74　幾何光学 ……………………………… 329
- §75　幾何光学の限界 ……………………… 333
- §76　場の固有振動 ………………………… 336

第14章　電磁波の放射

- §77　遅延ポテンシャル …………………… 343
- §78　リエナール-ヴィーヒェルトのポテンシャル ……………………………………… 349
- §79　電荷の系から遠く離れたところの場 … 353
- §80　双極放射 ……………………………… 356
- §81　高速度で運動する電荷からの放射 … 365
- §82　放射減衰 ……………………………… 368
- §83　自由電荷による散乱 ………………… 370
- §84　電荷の系による散乱 ………………… 375

巻末注 ………………………………………… 383
訳者あとがき ………………………………… 387
解　説（山本義隆）………………………… 391
索　引 ………………………………………… 426

力学・場の理論

ランダウ–リフシッツ物理学小教程

記 号 例

力学的量
一般化座標と一般化運動量　　　　　　　　　　　　　q_i, p_i
ラグランジアンと
　　ハミルトニアン　　　　　L と H（第2部では L と $\mathscr{H}$）
粒子のエネルギーと運動量　　E と $\boldsymbol{p}$（第2部では $\mathscr{E}$ と $\boldsymbol{p}$）
角運動量　　　　　　　　　　　　　　　　　　　　　　$\boldsymbol{M}$
力のモーメント　　　　　　　　　　　　　　　　　　　$\boldsymbol{K}$
慣性テンソル　　　　　　　　　　　　　　　　　　　　I_{ik}

電磁気学的量
電磁場のスカラーおよびベクトル・ポテンシャル　　　φ と $\boldsymbol{A}$
電場および磁場　　　　　　　　　　　　　　　　　　$\boldsymbol{E}$ と $\boldsymbol{H}$
電荷密度および電流密度　　　　　　　　　　　　　　ρ と $\boldsymbol{j}$
電気双極子および磁気双極子　　　　　　　　　　　　$\boldsymbol{d}$ と $\boldsymbol{m}$

数学的記号
体積要素，面積要素，線分要素　　　　　　　　　　　$dV, d\boldsymbol{f}, dl$
3次元ベクトルおよびテンソルの
　　成分 x, y, z に対応する添字　　　　　　　　　　j, k, l
4次元ベクトルおよびテンソルの
　　第 $0, 1, 2, 3$ 成分に対応する添字　　　　　　　　$\lambda, \mu, \nu, \ldots$
4次元添字の上げ下げについての規則 →202 ページ
二重添字についての和の規則 →128 ページおよび 202 ページ

まえがき

 扱う範囲を厳密にしぼろうという著者の試みにもかかわらず，この理論物理学教程は版を重ねるごとにその内容が増大してきている．これは，科学の急速な発展の自然かつ不可避な結果である．その結果，本シリーズは専門的な理論物理に向かうわけではない一般の学生のための教科書としては不適切になってしまった．

 この状況のなかで，先年，破滅的な自動車事故に遭遇したレフ・ダヴィドヴィチ・ランダウは完全教程を基礎として理論物理の小教程をつくるという考えに熱中していた．彼の考えでは，このコースは，現代物理学の全分野を，その専門のいずれかを問わずすべて紹介することのできる最小限の知識を含むものでなければならない．悲劇的事故は，L. D. ランダウみずからがこの計画の実現に参加することを妨げたが，書物は，彼の死後も出版されつづけていった．

 この小教程は，3部冊からなる．すなわち，1.力学・電磁気学，2.量子力学，3.巨視的物理学．

 ここに上梓される第1冊は，われわれの「力学」と「場の古典論」の念入りな簡縮を主要な内容としている．この際，わたくしはL. D. ランダウが生前この書物の出版につ

いての予備討論の中で表明し，またモスクワ大学での講義プランについて多年わたくしに説明してくれた考えを十分に取り入れるように努力した．特に，レフ・ダヴィドヴィチは，このような小教程では一般相対性理論におよぶ必要がないと述べている．彼の意見では，この理論の基本的な物理的概念とその結論は一般物理学コースで説かれなければならないが，その数学的展開の全体を述べることは，専門的な理論家以外には不可欠とはいえない（少なくとも現在では）．

　大教程の2巻のなかの取り残される材料は2倍になる．この小教程では，理論物理学の数学的方法の全部をカバーしようというのではないので，この書物では少数の比較的簡単で本文の説明に役立つ問題のみを残した．

　　1968年5月

　　　　　　　　　　　　　　　E. M. リフシッツ

第1部 力　学

第1章　運動方程式

§1.　一般化座標

力学の基礎概念の一つは**質点**の概念である[1]．ある物体の運動を記述するにあたって，その大きさが無視できるようなとき，その物体を質点という言葉でよぶことにする．いうまでもなく，このような無視が可能かどうかは，それぞれの問題における具体的な条件によって変わってくる．たとえば惑星は太陽のまわりの公転を考えるときは質点と考えてよいが，その自転を問題にするときは，もちろんそのようなことはできない．

空間における質点の位置を位置ベクトル r で表わす．位置ベクトルとは，その成分が質点の位置のデカルト座標 x, y, z に一致するベクトルである．r の t についての導関数

$$v = \frac{dr}{dt}$$

を速度，2階導関数 d^2r/dt^2 を加速度という．以下，時間についての微分を文字の上につけたドットで表わすことに

---

[1] 《質点》の代わりにしばしば《粒子》とよぶことがある．

しよう．たとえば $v = \dot{r}$．

N 個の質点の位置をきめるには，N 個の位置ベクトル，したがって $3N$ 個の成分を必要とする．一般に，ある系の位置を一意的に決定するのに必要な，独立な量の個数をその系の**自由度**という．今の場合，それは $3N$ である．この量は，必ずしも，質点のデカルト座標である必要はなく，問題の条件によって，もっとつごうのよい他の座標をつかうことができる．系の位置をきめるのに十分な，任意の s 個の量 $q_1, q_2, \cdots, q_s$ をその系の**一般化座標**といい，その導関数 $\dot{q}_i$ を**一般化速度**という．

一般化座標の値をすべて与えても，しかし，その時刻での《力学的状態》はきまらない．その時刻以後の系の位置をも予言することができるというのが，力学的状態がきまったということの意味である．系の座標の値を与えただけでは，系は勝手な速度をもつことができ，その値に応じてそれ以後の時刻の（すなわち無限小の時間 dt ののちの）系の位置はさまざまになる．

経験が示すように，座標と速度のすべてを同時に与えるならば，系の状態は完全に決定され，系のそれ以後の運動は原理的には予言できる．数学的には，このことはつぎのことを意味する：ある時刻にすべての座標 q と速度 $\dot{q}$ を与えると，その時刻における加速度 $\ddot{q}$ の値もまた一通りにきまる[1]．

---

1) 簡単のために q でもって座標の一組 $q_1, q_2, \cdots, q_s$ を表わすことにする（同様に $\dot{q}$ でもって $\dot{q}_1, \dot{q}_2, \cdots, \dot{q}_s$ を表わす）．

加速度を座標および速度と結びつける関係を**運動方程式**という．関数 $q(t)$ についていえば，これは 2 階微分方程式であり，それを積分することによって，原理的にその関数，すなわち力学系の運動の軌道を決定することができる．

§2. 最小作用の原理

力学系の運動法則の最も一般的な定式化は，**最小作用の原理**（または**ハミルトンの原理**）で与えられる．この原理に従えば，おのおのの力学系はある特定の関数

$$L(q_1, q_2, \cdots, q_s, \dot{q}_1, \dot{q}_2, \cdots, \dot{q}_s, t)$$

（または簡単に $L(q, \dot{q}, t)$）によって特徴づけられ，その際，その系の運動は，つぎのような条件を満たすものである．

時刻 $t=t_1$ および $t=t_2$ に，系が，2 組の座標値 $q^{(1)}, q^{(2)}$ で示される位置にいたとしよう．そのとき，これらの位置のあいだでは，系は積分

$$S = \int_{t_1}^{t_2} L(q, \dot{q}, t) dt \tag{2.1}$$

が可能な最小の値をとるように運動する．関数 L を，与えられた系の**ラグランジアン**といい，積分 (2.1) を**作用**という．

ラグランジアンが q と $\dot{q}$ とだけの関数であって，もっと高階の導関数 $\ddot{q}, \dddot{q}, \cdots$ を含まないということは，系の力学的状態が座標と速度を与えるだけで完全に決定されるという，先に述べた事実を表わしている．

積分 (2.1) を最小にするという問題を解くための微分

方程式を導こう．簡単のため，まず系は自由度が 1 であり，したがって，一つの関数 $q(t)$ できめられるとしよう．

$q = q(t)$ がちょうど S を最小にするような関数であったとしよう．これは，$q(t)$ の代わりにある任意の関数

$$q(t) + \delta q(t) \tag{2.2}$$

をもってくると S が増加するということを意味する．ここで $\delta q(t)$ は t_1 から t_2 までの時間全体にわたって小さな関数（関数 $q(t)$ の**変分**という）である．$t = t_1$ と $t = t_2$ では，比較されている関数 (2.2) は $q^{(1)}$ および $q^{(2)}$ と同一の値をとらなければならないから

$$\delta q(t_1) = \delta q(t_2) = 0. \tag{2.3}$$

q を $q + \delta q$ に変えると S の変化は

$$\int_{t_1}^{t_2} L(q + \delta q, \dot{q} + \delta \dot{q}, t) dt - \int_{t_1}^{t_2} L(q, \dot{q}, t) dt.$$

この差の，（被積分関数の）δq および $\delta \dot{q}$ のベキ展開は，1 次の項から始まる．S が最小となるための必要条件は，この項（積分の第 1 変分，あるいは単に変分といわれる）がゼロになることである．

こうして，最小作用の原理は，つぎの形に書ける：

$$\delta S = \delta \int_{t_1}^{t_2} L(q, \dot{q}, t) dt = 0. \tag{2.4}$$

あるいは変分を実行して

$$\int_{t_1}^{t_2} \left(\frac{\partial L}{\partial q} \delta q + \frac{\partial L}{\partial \dot{q}} \delta \dot{q} \right) dt = 0.$$

$\delta \dot{q} = d \delta q / dt$ をもちい，第 2 項を部分積分すると，

$$\delta S = \left[\frac{\partial L}{\partial \dot{q}}\delta q\right]_{t_1}^{t_2} + \int_{t_1}^{t_2}\left(\frac{\partial L}{\partial q} - \frac{d}{dt}\frac{\partial L}{\partial \dot{q}}\right)\delta q\, dt = 0 \quad (2.5)$$

を得る．条件 (2.3) によって第1項は消える．残った積分は，任意に選ばれた δq に対してゼロにならなければならない．このことは被積分関数がつねにゼロであるときだけ可能である．このようにして

$$\frac{d}{dt}\frac{\partial L}{\partial \dot{q}} - \frac{\partial L}{\partial q} = 0.$$

自由度が1以上のときには，最小作用の原理において，s 個の関数 $q_i(t)$ を独立に変えなければならない．このとき s 個の方程式

$$\frac{d}{dt}\frac{\partial L}{\partial \dot{q}_i} - \frac{\partial L}{\partial q_i} = 0 \quad (i=1,2,\cdots,s) \quad (2.6)$$

を得ることは明らかである．これが求める微分方程式であって**ラグランジュ方程式**といわれる[1]．与えられた力学系のラグランジアンがわかっているならば，方程式 (2.6) は，加速度と，速度および座標のあいだの関係をうちたてる．すなわち，系の運動方程式そのものである．数学的に見ると，(2.6) は，s 個の未知関数 $q_i(t)$ に対する s 個の2階微分方程式である．その一般解は $2s$ 個の任意定数を含む．その定数の決定，したがってまた，力学系の運動の完全な決定のためには，初期条件が必要である．初期条件とは，ある与えられた時刻における系の状態を特徴づける条

---

[1] 変分法ではこれは (2.1) のような積分の極値をきめるという形の問題にたいするオイラーの方程式とよばれる．

件，たとえば最初の時刻でのすべての座標と速度の値である．

力学系が二つの部分 A と B とから成り立っていて，そのおのおのの部分が孤立している場合には，ラグランジアンとしてそれぞれ L_A, L_B をもっているとしよう．それぞれの部分が，そのあいだの相互作用が無視できるほど遠く離れている極限では，全系のラグランジアンは

$$\lim L = L_A + L_B \tag{2.7}$$

となる．ラグランジアンのこの加法性は，互いに相互作用していない各部分の運動方程式が相手の部分の量を含むことはありえないという事実を表現している．

力学系のラグランジアンに任意の定数をかけても，そのことは運動方程式の上に何の影響をも与えないことは明らかである．このことより孤立した別個の力学系のラグランジアンに別々の任意定数をかけてもよいといった任意性が結論されるように思われる．しかし上記の加法性はこのような不定性を除いてくれる．というのも，加法性によると，すべての個々のラグランジアンに，同時に同一の定数をかけることだけが許されるからである．これはこの物理量の測定の単位をどう選ぶかという当然の任意性に由来するものである．この問題については§4でふたたびふれる．

つぎのような一般的な注意をしておかなければならない．二つのラグランジアン $L'(q, \dot{q}, t)$ と $L(q, \dot{q}, t)$ とがあって，その違いが，座標と時間の任意の関数 $f(q, t)$ の時間についての完全導関数に等しいものとする：

$$L'(q,\dot{q},t) = L(q,\dot{q},t) + \frac{d}{dt}f(q,t). \tag{2.8}$$

この二つの関数に対応する積分 (2.1) は，つぎの関係で結ばれる：

$$S' = \int_{t_1}^{t_2} L'(q,\dot{q},t)dt = \int_{t_1}^{t_2} L(q,\dot{q},t)dt + \int_{t_1}^{t_2} \frac{df}{dt}dt$$
$$= S + f(q^{(2)},t_2) - f(q^{(1)},t_1).$$

すなわち，S' と S の差は，作用の変分の際には消えてしまう項だけであり，したがって，条件 $\delta S' = 0$ は条件 $\delta S = 0$ と一致し，運動方程式の形はまったく変化しない．

このように，ラグランジアンの決定には，座標と時間の任意関数の時間についての完全導関数を付け加えてもよいという任意性が残されている．

§3. ガリレイの相対性原理

自然界に起こっている過程を記述するためには，特定の**基準系**を選ぶ必要がある．基準系としては，質点の位置を表わす座標系と，その座標系に固定された時計を考えればよい．

異なる基準系では，自然の法則——今の場合は運動の法則——は，一般には異なる形をとる．もし，勝手な基準系をとれば，きわめて簡単な現象の法則でもその基準系では複雑きわまるものになることがありうる．当然，どの基準系が自然の法則を最も簡単に表現するか，ということが問題になる．

§3. ガリレイの相対性原理

　運動の最も簡単なものは，物体の自由運動，すなわち，外部からのどのような作用をも受けない物体の運動である．その系においては，**自由運動が大きさ方向ともに一定である**〔自由運動が等速度運動になる〕，という基準系が存在する．このような基準系は**慣性基準系**と名づけられる．そして，このような基準系がたしかに存在するという主張が，**慣性の法則**の内容である．

　慣性系の性質は，つぎのように定式化することができる．すなわち，その基準系に関しては，空間は一様かつ等方であり，時間も一様である．空間および時間の一様性とは，自由粒子のすべての位置およびすべての時刻が同等であるという意味であり，空間の等方性とは，そのどの方向も同等であるということを意味する．粒子の自由運動の性質が，どのような方向でも違いがないということは，これらの性質の自明な結論である．

　二つの基準系が互いに一様かつ直線的な相対運動をしているとき，その一方が慣性座標系であれば，他の一方もまた慣性系であることは，明らかである．というのも，後者においてもすべての自由運動が等速度運動になるからである．したがって，互いに一定の速度で運動している慣性基準系はいくらでも存在する．

　さらに，異なる慣性基準系が同等であるのは自由運動の性質についてだけでないことがわかる．経験は，いわゆる**相対性原理**が正しいことを示している．この原理によれば，自然の法則はあらゆる慣性基準系の上で同一である．言い

かえれば，自然の法則を表現する方程式は，ある慣性基準系から他の慣性基準系への変換——その座標と時間の変換——に際して，不変に保たれる．これは，自然の法則を表わす方程式が，異なる慣性基準系の座標と時間を用いて記述されても，まったく同じ形になることを意味している．

相対性原理と並んで，**古典力学**（あるいは**ニュートン力学**）[1]の前提そのもののうちに，**絶対時間の仮定**——すべての慣性基準系の上で時間が同一のテンポで進行するという仮定が横たわっている．この仮定と相対性原理を結びつけたものは，**ガリレイの相対性原理**とよばれる．

互いに速度 V で運動している二つの慣性基準系 K と K' （K' が K に対して速度 V で運動している）についての同一の点の座標をそれぞれ r と r' とすると，両者は

$$r = r' + Vt \tag{3.1}$$

という関係で結ばれる．ここで t は時間であり両方の系で同一である：

$$t = t'. \tag{3.2}$$

等式 (3.1) の両辺を時間で微分すれば，**速度の合成法則**

$$v = v' + V \tag{3.3}$$

が得られる．

公式 (3.1-2) は**ガリレイ変換**とよばれる．ガリレイの相対性原理はこの変換に対して自然法則が不変であることを要求するものである．

---

[1] この点については，第 8 章，第 9 章で述べる相対論的力学（あるいはアインシュタインの力学）とは異なっている．

明らかに，上に述べてきたすべてのことは，慣性基準系の性質の独自性を明示している．そのために，通常は，慣性基準系が力学現象の研究に用いられる．以下の記述では，特に断らないかぎり，慣性基準系が使われているものとする．

すべての慣性基準系の完全な物理的同一性は，同時に，他のすべての慣性基準系に優先される《絶対》基準系なるものが存在しないことを意味している．

§4. 自由な質点のラグランジアン

ラグランジアンをきめることに移ろう．初めに，最も簡単な場合，一つの質点の自由な運動（慣性基準系に対する）を取り扱おう．

空間と時間の一様性のゆえに，自由な質点のラグランジアンは，質点の位置ベクトル r にもまた時間 t にも陽には依存しない．すなわちラグランジアンは速度 v だけの関数である．また，空間の等方性のゆえに，ラグランジアンはベクトル v の方向にも依存しない．その結果，ラグランジアンは，速度の大きさ，すなわちその自乗 $v^2 = v^2$ だけの関数である：

$$L = L(v^2).$$

この関数の形はガリレイの相対性原理によって一意的に決定される．この原理によれば，関数 $L(v^2)$ はすべての慣性基準系において同じ形でなければならない．他方，一つの基準系から他の基準系へ移ると，質点の速度は (3.3) に

従って変換され,したがって $L(v^2)$ は $L[(\boldsymbol{v}'+\boldsymbol{V})^2]$ に変わる.後者の表現は,それが $L(v'^2)$ と違っても,その違いは座標と時間の完全導関数でなければならない.§2の終わりに述べたように,このような導関数はいつでも落とすことができるからである.

この要求は

$$L = av^2$$

の形のときにだけ満足される.$\boldsymbol{v}=\boldsymbol{v}'+\boldsymbol{V}$ の変換に際しては

$$L(v^2) = av^2 = a(\boldsymbol{v}'+\boldsymbol{V})^2$$
$$= av'^2 + 2a\boldsymbol{v}'\cdot\boldsymbol{V} + aV^2,$$

あるいは $\boldsymbol{v}' = d\boldsymbol{r}'/dt$ とおきかえて

$$L(v^2) = L(v'^2) + \frac{d}{dt}(2a\boldsymbol{r}'\cdot\boldsymbol{V} + aV^2 t).$$

余分の項は明らかに完全導関数であり落としてしまうことができる.

定数 a は通常 $m/2$ と書かれる.結局,自由に運動する質点のラグランジアンは

$$L = \frac{m}{2}v^2 \tag{4.1}$$

のように書ける.量 m は質点の**質量**とよばれる.ラグランジアンの加法性のために,互いに相互作用しない質点系に対しては

$$L = \sum_a \frac{m_a}{2}v_a^2 \tag{4.2}$$

である[1].

　上のような質量の定義は，加法の性質を考えに入れたときだけ真の意味をもつものだということを強調しておかねばならない．すでに§2で注意したように，ラグランジアンに任意の定数をかけても，運動方程式はなんの影響もうけない．関数 (4.2) に対しては，任意の定数をかけることは，質量をはかる単位を変更することに相当する．別々の粒子の質量の比——それだけが真に物理的な意味をもつのであるが——はこの単位の変更によって変化しない．

　質量がマイナスの値をとりえないことは容易に導ける．実際，最小作用の原理によると，空間内の点1から点2への運動に対して，積分

$$S = \int_1^2 \frac{m}{2} v^2 dt$$

は最小値をもつ．もしも質量がマイナスだったとすると，1から急激に遠ざかり，2に急激に近づく運動であれば，作用積分は絶対値のいくらでも大きな負の値をとり，最小値をもつことができない．

　つぎのことに注目すると便利である：

$$v^2 = \left(\frac{dl}{dt}\right)^2 = \frac{dl^2}{dt^2}. \tag{4.3}$$

これによれば，ラグランジアンをつくるには，対応する座標系における線素 dl の長さの2乗を求めればよい．

---

[1] それぞれの質点を区別するためには添字 a, b, c を用い，座標成分を区別するためには添字 i, k, l を用いることにする．

たとえば，デカルト座標では $dl^2 = dx^2 + dy^2 + dz^2$ であり，したがって

$$L = \frac{m}{2}(\dot{x}^2 + \dot{y}^2 + \dot{z}^2). \tag{4.4}$$

円筒座標では $dl^2 = dr^2 + r^2 d\varphi^2 + dz^2$. したがって

$$L = \frac{m}{2}(\dot{r}^2 + r^2\dot{\varphi}^2 + \dot{z}^2). \tag{4.5}$$

球座標では $dl^2 = dr^2 + r^2 d\theta^2 + r^2\sin^2\theta d\varphi^2$. したがって

$$L = \frac{m}{2}(\dot{r}^2 + r^2\dot{\theta}^2 + r^2\sin^2\theta\dot{\varphi}^2). \tag{4.6}$$

§5. 質点系のラグランジアン

今度は，質点相互間には作用があるが，その他の物体とは相互作用をしていない質点系を調べよう．このような系を**孤立している**という．質点間の相互作用は，相互作用のない場合のラグランジアン（4.2）に座標のある関数（相互作用の特性できまる）を加えることによって表現される[1]．この関数を U と書く：

$$L = \sum_a \frac{m_a}{2} v_a^2 - U(\boldsymbol{r}_1, \boldsymbol{r}_2, \cdots) \tag{5.1}$$

($\boldsymbol{r}_a$ は a 番目の質点の位置ベクトル)．これが孤立系のラグランジアンの最も一般的な形である．

和

---

[1] これは，ここで述べている古典論の——相対論的でない——力学に関して確言できることである．

$$T = \sum_a \frac{m_a}{2} v_a^2$$

を**運動エネルギー**,U を系の**ポテンシャル・エネルギー**という.これらの名称の意味は§6で述べる.

ポテンシャル・エネルギーが,すべての質点の同一時刻における位置だけの関数であるということは,質点のうちの一つの変位がただちに他のすべての質点に影響するということ,すなわち作用が一瞬に《伝わる》ことを意味している.古典力学における相互作用のこのような特徴は,古典力学の基本的前提——絶対時間とガリレイの相対性原理とに密接に結びついている.もし作用が一瞬に伝わらない,すなわち有限の速さで伝わるのであれば,この速さは違う基準系(互いに運動している基準系)では異なってくる.なぜなら,時間の絶対性は,自動的に,あらゆる現象に通常の速度の合成則が適用できることを意味しているからである.ところが,そうすると,相互作用している物体の運動法則は,違った慣性系では,違った形をとるということになるが,これは相対性原理に反する.

§3では時間の一様性のみについて論じた.ラグランジアン (5.1) の形は,力学においては時間が一様であるだけでなく等方でもあること,すなわち時間の両方向についての性質が同一であることをも示している.事実,t を $-t$ に変えても(**時間反転**)ラグランジアンは不変であり,したがって運動方程式は不変である.言いかえると,ある系において一つの運動が可能であれば,その逆向きの運動,

つまりそれと同じ状態を系が逆の順序で経過する運動が可能である．この意味で，古典力学の法則に従って起こるすべての運動は可逆的である．

ラグランジアンを知れば，運動方程式[1]

$$\frac{d}{dt}\frac{\partial L}{\partial \boldsymbol{v}_a} = \frac{\partial L}{\partial \boldsymbol{r}_a} \tag{5.2}$$

を立てることができる．

(5.1) を代入すれば，つぎの式を得る：

$$m_a \frac{d\boldsymbol{v}_a}{dt} = -\frac{\partial U}{\partial \boldsymbol{r}_a}. \tag{5.3}$$

この形式での運動方程式は**ニュートンの方程式**とよばれ，相互作用している質点系の力学の基礎をなしている．方程式 (5.3) の右辺を構成しているベクトル

$$\boldsymbol{F}_a = -\frac{\partial U}{\partial \boldsymbol{r}_a} \tag{5.4}$$

は a 番目の質点に作用する**力**とよばれる．U と同様に，力はすべての質点の座標だけに依存しその速度にはよらない．したがって方程式 (5.3) は加速度のベクトルが座標だけの関数であることを表わしている．

ポテンシャル・エネルギーは任意定数の不定性を残している．この定数を付け加えることは運動方程式を変えない（これは §2 の終わりで示したラグランジアンの不定性の特殊なケースである）．この定数の選び方のうちで最も自然で

---

[1] スカラーをベクトルで微分した形式は，そのスカラーをそのベクトルの各成分で微分した量を各成分とするベクトルを表わす．

普通に用いられている方法は，粒子間の距離を無限に大きくしたときにポテンシャル・エネルギーがゼロになるように選ぶことである．

運動を記述するのに，デカルト座標が用いられないで，任意の一般化座標 q_i が用いられる場合には，ラグランジアンはそれに応じた変形

$$x_a = f_a(q_1, q_2, \cdots, q_s), \qquad \dot{x}_a = \sum_k \frac{\partial f_a}{\partial q_k} \dot{q}_k \qquad \text{など}$$

を受ける．この表現を関数

$$L = \frac{1}{2} \sum_a m_a (\dot{x}_a^2 + \dot{y}_a^2 + \dot{z}_a^2) - U$$

に代入すれば，求めるラグランジアンは，つぎの形に得られる：

$$L = \frac{1}{2} \sum_{i,k} a_{ik}(q) \dot{q}_i \dot{q}_k - U(q). \tag{5.5}$$

ここで a_{ik} は座標だけの関数である．一般化座標で書いた運動エネルギーは，やはり速さの2次形式になっているが，この場合には，さらに座標にも依存することがある．

これまでは，孤立した系についてだけ考えてきた．今度は孤立していない系 A を考えることにする．この系 A は，与えられた運動をしている他の系 B と相互作用しているとしよう．この場合，系 A は与えられた外部の場（系 B によってつくられた場）のなかで運動する，という．運動方程式は座標のおのおのの独立な（すなわち残りの変数は既知のものとしての）変分によって最小作用の原理から導か

れるのであるから、われわれは、系 A のラグランジアン L_A を求めるために、全系 $A+B$ のラグランジアン L を用いることができる。L のなかの座標 q_B には与えられた時間の関数を代入すればよい。

系 $A+B$ が孤立系であると仮定すれば、

$$L = T_A(q_A, \dot{q}_A) + T_B(q_B, \dot{q}_B) - U(q_A, q_B).$$

ここで初めの2項は系 A および B の運動エネルギーを表わし、第3項は両系の共通のポテンシャル・エネルギーを表わしている。q_B を与えられた時間の関数でおきかえると、第2項は時間だけの関数 $T(q_B(t), \dot{q}_B(t))$ となり、したがってまた、ある時間の関数の完全導関数となり、省略できる：

$$L_A = T_A(q_A, \dot{q}_A) - U(q_A, q_B(t)).$$

このようにして、外部の場のなかにおける系の運動は普通のラグランジアンで書ける。ただしこの場合には、ポテンシャル・エネルギーは時間変数を陽に含んでいる。

というわけで、外部の場のなかにおける一質点の運動に対するラグランジアンの一般的な形は

$$L = \frac{m}{2}v^2 - U(\boldsymbol{r}, t) \tag{5.6}$$

であり、運動方程式は

$$m\frac{d\boldsymbol{v}}{dt} = -\frac{\partial U}{\partial \boldsymbol{r}}. \tag{5.7}$$

質点にたいしてすべての地点で同一の力 $\boldsymbol{F}$ をおよぼすような場を**一様**であるという。このような場のポテンシャ

ル・エネルギーは明らかに
$$U = -\boldsymbol{F}\cdot\boldsymbol{r}. \quad (5.8)$$

この章を終える前に，いろいろの具体的な問題にラグランジュ方程式を用いるときの注意を述べておこう．物体（質点）のあいだの相互作用が**拘束**とよばれる性質をもっている場合，すなわち，物体間の配列に制限がもうけられているような場合がしばしば起こる．実際には，このような拘束は，物体を細い棒，糸，ちょうつがいなどで結合する場合に実現される．このことは運動に新しい要因を持ち込むことになる．諸物体の運動は接触箇所に摩擦をもたらし，その結果，一般的にいって問題は純粋の力学の問題ではなくなる（§20を見よ）．しかし，多くの場合，系内の摩擦は，その影響をまったく無視してよいくらい小さい．系の拘束要素の質量を無視してよい場合には，拘束の効果は単に系の自由度を $3N$ 以下に減らすことになる．この場合に運動をきめるためには，実際上の自由度の数と同じだけの独立な一般化座標をもった (5.5) の形のラグランジアンを使うことができる．

問　題

一様な重力場（重力加速度 g）のなかにある，以下の諸系のラグランジアンを求めよ．

1. 2重平面振り子（図1）〔次頁〕．

解 座標として糸 l_1 および l_2 が鉛直線となす角度 φ_1, φ_2 をとる．質点 m_1 に対して

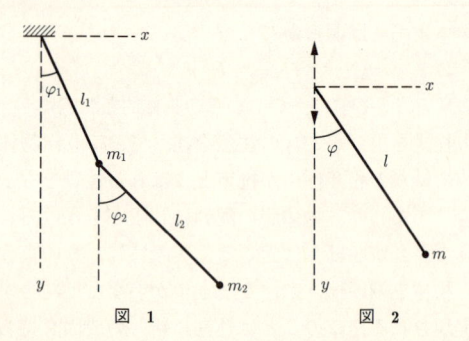

$$T_1 = \frac{1}{2} m_1 l_1^2 \dot{\varphi}_1^2, \qquad U = -m_1 g l_1 \cos\varphi_1.$$

第2の質点の運動エネルギーを求めるために,そのデカルト座標 x_2, y_2(支点を座標原点とし,下向き鉛直線を y 軸とする)を角度 φ_1, φ_2 で表わす.

$$x_2 = l_1 \sin\varphi_1 + l_2 \sin\varphi_2,$$
$$y_2 = l_1 \cos\varphi_1 + l_2 \cos\varphi_2.$$

したがって

$$T_2 = \frac{m_2}{2}(\dot{x}_2^2 + \dot{y}_2^2)$$
$$= \frac{m_2}{2}[l_1^2 \dot{\varphi}_1^2 + l_2^2 \dot{\varphi}_2^2 + 2 l_1 l_2 \cos(\varphi_1 - \varphi_2)\dot{\varphi}_1 \dot{\varphi}_2].$$

結局

$$L = \frac{m_1 + m_2}{2} l_1^2 \dot{\varphi}_1^2 + \frac{m_2}{2} l_2^2 \dot{\varphi}_2^2 + m_2 l_1 l_2 \dot{\varphi}_1 \dot{\varphi}_2 \cos(\varphi_1 - \varphi_2)$$
$$+ (m_1 + m_2) g l_1 \cos\varphi_1 + m_2 g l_2 \cos\varphi_2.$$

2. 支点が鉛直方向に $a\cos\gamma t$ に従って運動している単振り子 (図 2).

解 質点 m の座標は
$$x = l\sin\varphi, \qquad y = l\cos\varphi + a\cos\gamma t.$$
ラグランジアンは
$$L = \frac{ml^2}{2}\dot\varphi^2 + mal\gamma^2\cos\gamma t\cos\varphi + mgl\cos\varphi.$$
ここで,時間だけによる項をおとし,$mal\gamma\cos\varphi\sin\gamma t$ の時間についての完全導関数を除いてある.

第2章　保存法則

§6. エネルギー

力学系の運動に際して系の状態をきめる $2s$ 個の量 q_i および $\dot{q}_i$ $(i=1,2,\cdots,s)$ は時間とともに変わってゆく．ところが，これらの量の関数で，しかも運動のあいだ一定の値を保つ量が存在する．この値は運動の始めの条件だけできまる．このような関数を**運動の積分**という．

自由度 s の孤立系の場合には，独立な運動の積分の数は $2s-1$ 個である．これは，つぎのように証明される．運動方程式の一般解は $2s$ 個の任意定数を含む（18 ページを見よ）．孤立系の運動方程式は時間を陽には含んでいないから，時間の原点をどこにとるかはまったく任意であり，一般解の任意定数のうちの一つを時間の付加定数 t_0 に選ぶことはいつでも可能である．$2s$ 個の関数

$$q_i = q_i(t+t_0, C_1, C_2, \cdots, C_{2s-1}),$$
$$\dot{q}_i = \dot{q}_i(t+t_0, C_1, C_2, \cdots, C_{2s-1})$$

から $t+t_0$ を消去して $2s-1$ 個の任意定数 $C_1, C_2, \cdots, C_{2s-1}$ を q および $\dot{q}$ の関数の形に書きなおすことができよう．これらは運動の積分にほかならない．

しかし，すべての運動の積分が力学において同様に重要な働きをするわけではない．いくつかのものは，その一定であることの根拠が空間と時間の基本的な性質——その一様性と等方性——に由来するがゆえにきわめて重要である．これらのいわゆる保存量はすべて加法性という重要な共通の性質をもっている．すなわち，いくつかの部分からなり，その相互作用が無視できるような系についての，それらの保存量の値は，その各部分についての値の総和になっている．

加法性をもつ物理量は，力学において特に重要な役割をもつ．たとえば二つの物体がある時間のあいだだけ相互作用したとしよう．相互作用の前および後では，系全体の加法的な積分のおのおのは，別々の状態にあったときの二つの物体のそれぞれの値の和に等しいのであるから，もし相互作用より前の状態が知られているならば，相互作用より後の物体についての多くの結論が，これらの値の保存法則からただちにひき出せることになる．

まず最初に，**時間の一様性**から導き出される保存法則を考察しよう．

時間の一様性のために，孤立系のラグランジアンは時間に陽に依存することはない．したがって，ラグランジアンの時間に関する完全導関数はつぎの形に書ける：

$$\frac{dL}{dt} = \sum_i \frac{\partial L}{\partial q_i}\dot{q}_i + \sum_i \frac{\partial L}{\partial \dot{q}_i}\ddot{q}_i$$

(もし，L が時間にあらわに依存するのであれば，右辺に

は $\partial L/\partial t$ という項が付け加わる）．導関数 $\partial L/\partial q_i$ をラグランジュ方程式に従って $d(\partial L/\partial \dot{q}_i)/dt$ と書きなおせば，

$$\frac{dL}{dt} = \sum_i \dot{q}_i \frac{d}{dt}\frac{\partial L}{\partial \dot{q}_i} + \sum_i \frac{\partial L}{\partial \dot{q}_i}\ddot{q}_i = \sum_i \frac{d}{dt}\left(\frac{\partial L}{\partial \dot{q}_i}\dot{q}_i\right),$$

あるいは

$$\frac{d}{dt}\left(\sum_i \dot{q}_i \frac{\partial L}{\partial \dot{q}_i} - L\right) = 0.$$

したがって，つぎの量

$$E = \sum_i \dot{q}_i \frac{\partial L}{\partial \dot{q}_i} - L \tag{6.1}$$

は孤立系の運動に際して不変であり，したがって運動の積分である．この量を系の**エネルギー**とよぶ．エネルギーの加法性はラグランジアンの加法性からただちに導かれる．というのは，エネルギーは，(6.1) が示しているようにラグランジアンによって線形に表わされるからである．

エネルギーの保存法則は，孤立系だけで成り立つのではなく，外部の場が一定の（すなわち時間によらない）場合にも正しい．保存法則を導くのに用いられたラグランジアンの性質——時間に陽にはよらないこと——がこの場合にもまったく同様に用いられる．エネルギーが保存される力学系は**保存系**とよばれる．

§5で見たように，孤立系の（あるいは一定の外場のなかにある）ラグランジアンは

$$L = T(q, \dot{q}) - U(q)$$

の形をしており，ここで T は速さの 2 次関数である．ここ

で同次関数についてのオイラーの定理を用いると

$$\sum_i \dot{q}_i \frac{\partial L}{\partial \dot{q}_i} = \sum_i \dot{q}_i \frac{\partial T}{\partial \dot{q}_i} = 2T.$$

この値を (6.1) に入れて

$$E = T(q,\dot{q}) + U(q) ; \tag{6.2}$$

デカルト座標では

$$E = \sum_a \frac{m_a}{2} v_a^2 + U(\boldsymbol{r}_1, \boldsymbol{r}_2, \cdots). \tag{6.3}$$

このように，系のエネルギーは二つの本質的に違った項，速さの関数である運動エネルギーと粒子の座標だけに依存するポテンシャル・エネルギーとの和になっている．

§7. 運動量

もう一つの保存法則は**空間の一様性**と結びついている．

この一様性のおかげで，孤立系の力学的性質は系全体としての空間内の任意の平行移動に対して不変である．そこで無限に小さな変位 $\boldsymbol{\varepsilon}$ を考え，ラグランジアンが不変にとどまるための条件を求めよう．

平行移動というのは，系のすべての点が同一方向に同じ大きさだけ変位する変換であり，このとき位置ベクトルは $\boldsymbol{r}_a \to \boldsymbol{r}_a + \boldsymbol{\varepsilon}$ に変る．速度を変えず，座標を無限小だけ変えたときの関数 L の変化は

$$\delta L = \sum_a \frac{\partial L}{\partial \boldsymbol{r}_a} \cdot \delta \boldsymbol{r}_a = \boldsymbol{\varepsilon} \cdot \sum_a \frac{\partial L}{\partial \boldsymbol{r}_a}$$

である．ここで和は系のすべての質点にわたってとる．任

意の $\boldsymbol{\varepsilon}$ に対して $\delta L = 0$ でなければならないから

$$\sum_a \frac{\partial L}{\partial \boldsymbol{r}_a} = 0. \tag{7.1}$$

したがって，ラグランジュ方程式 (5.2) によって

$$\sum_a \frac{d}{dt}\frac{\partial L}{\partial \boldsymbol{v}_a} = \frac{d}{dt}\sum_a \frac{\partial L}{\partial \boldsymbol{v}_a} = 0.$$

このようにして，孤立系においては，ベクトル量

$$\boldsymbol{P} = \sum_a \frac{\partial L}{\partial \boldsymbol{v}_a} \tag{7.2}$$

が運動の際，不変にとどまることが導かれる．このベクトル $\boldsymbol{P}$ を**運動量**とよぶ．ラグランジアン (5.1) を微分すれば，質点の速度を使って，運動量はつぎの形に表わされることがわかる：

$$\boldsymbol{P} = \sum_a m_a \boldsymbol{v}_a. \tag{7.3}$$

運動量の加法性は明らかである．さらに，エネルギーとは違い，粒子間の相互作用が無視しうるか否かには無関係に，系全体の運動量は各粒子の運動量

$$\boldsymbol{p}_a = m_a \boldsymbol{v}_a$$

の和である．

運動量ベクトルの三つの成分すべての保存法則は，外場がないときにだけ成り立つ．しかし，外場があるときにも，もしそのポテンシャル・エネルギーが，デカルト座標のうちのある成分に依存していないならば，運動量の対応する成分は保存する．このデカルト座標に対応する座標軸にそ

った平行移動に対して力学系の性質は明らかに不変であり，前にやったのと同じようにして，運動量のこの軸への射影が保存することを見いだすことができる．たとえば z 軸の方向に向いた一様な場では，運動量の x, y 成分が保存する．

出発点となった等式 (7.1) それ自身も，はっきりした物理的意味をもっている．導関数 $\partial L/\partial \boldsymbol{r}_a = -\partial U/\partial \boldsymbol{r}_a$ は a 番目の粒子に作用する力 $\boldsymbol{F}_a$ を表わしている．だから，等式 (7.1) は孤立系のすべての粒子に作用する力の総和がゼロであることを示している：

$$\sum_a \boldsymbol{F}_a = 0. \tag{7.4}$$

特に，2個の質点から成り立っている系では $\boldsymbol{F}_1 + \boldsymbol{F}_2 = 0$，すなわち，第2の粒子の側から第1の粒子へ作用する力と，第1の粒子の側から第2の粒子に作用する力とは，大きさが等しく，かつ平行で逆向きである．この定理は**作用・反作用の法則**として知られている．

運動が一般化座標 q_i で記述されているときには，一般化速度についてのラグランジアンの導関数

$$p_i = \frac{\partial L}{\partial \dot{q}_i} \tag{7.5}$$

を**一般化運動量**といい，一般化座標についての導関数

$$F_i = \frac{\partial L}{\partial q_i} \tag{7.6}$$

を**一般化力**という．この表記法を使えば，ラグランジュ方程式はつぎのようになる：

$$\dot{p}_i = F_i. \tag{7.7}$$

デカルト座標では一般化運動量はベクトル $\boldsymbol{p}_a$ の成分に一致する．一般の場合には，量 p_i は一般化速度 $\dot{q}_i$ の線形の同次関数ではあるが，しかし速さと質量との積ではない．

§8. 慣性中心

孤立した力学系の運動量は，異なる（慣性）基準系に関しては，異なる値をとる．基準系 K' が基準系 K に対して速度 $\boldsymbol{V}$ で動いているとすると，基準系 K, K' に関する粒子の速度 $\boldsymbol{v}_a, \boldsymbol{v}'_a$ のあいだには $\boldsymbol{v}_a = \boldsymbol{v}'_a + \boldsymbol{V}$ の関係がある．したがって，これらの基準系に関する運動量 $\boldsymbol{P}$ と $\boldsymbol{P}'$ のあいだの関係は

$$\boldsymbol{P} = \sum_a m_a \boldsymbol{v}_a = \sum_a m_a \boldsymbol{v}'_a + \boldsymbol{V} \sum_a m_a,$$

すなわち

$$\boldsymbol{P} = \boldsymbol{P}' + \boldsymbol{V} \sum_a m_a. \tag{8.1}$$

特に，全運動量がゼロであるような基準系 K' が必ず存在する．(8.1) で $\boldsymbol{P}' = 0$ とおくと，そのような基準系の速度は

$$\boldsymbol{V} = \frac{\boldsymbol{P}}{\sum m_a} = \frac{\sum m_a \boldsymbol{v}_a}{\sum m_a} \tag{8.2}$$

に等しいことがわかる．

もしある力学系の全運動量がゼロであれば，その力学系は基準系に関していわば静止している．これは静止してい

る質点という概念の十分自然な一般化になっている．これに対して式 (8.2) で与えられた速度 V は，ゼロと異なる運動量をもつ力学系の《全体としての運動》の速度という意味をもつ．このように，運動量の保存法則は，力学系全体としての静止および速度という概念の，自然な形での定式化を可能にする．

等式 (8.2) は，力学系全体としての運動量 P と速度 V とのあいだの関係が，ちょうど，系全体の質量の和に等しい質量 $\mu = \sum_a m_a$ をもった単一の質点の運動量と速度とのあいだの関係と同じであることを示している．この事情を**質量の加法性**の定理と称することができよう．

等式 (8.2) の右辺は，量

$$R = \frac{\sum m_a r_a}{\sum m_a} \tag{8.3}$$

の時間についての完全導関数である．系全体としての速度は，位置ベクトルが (8.3) で与えられている点の移動の速度であるということができる．このような点を系の**慣性中心**〔または質量中心ないし重心〕という．

孤立系の運動量の保存法則は，系の慣性中心は一様な直線運動をするという定理として定式化できる．ただちにわかるように，これはその《慣性中心》が粒子自身に一致している単一の質点について§3で導いた慣性法則の一般化になっている．

孤立系の力学的性質をしらべるのには，その慣性中心が静止している基準系を利用するのが自然である．そうする

ことによって，系全体としての一様な直線運動を考えなくてすむ．

全体として静止している力学系のエネルギーは，普通その**内部エネルギー** $E_{内部}$ とよばれる．これには，系内のおのおのの粒子の運動エネルギーと，それらの相互作用のポテンシャル・エネルギーとが含まれる．全体として速さ V で運動している系の全エネルギーは，つぎのような形になる：

$$E = \frac{1}{2}\mu V^2 + E_{内部}. \tag{8.4}$$

この式はほとんど自明ではあるが，直接の証明を与えておこう．

二つの基準系 K および K' における力学系のエネルギー E および E' のあいだには

$$E = \frac{1}{2}\sum_a m_a v_a^2 + U = \frac{1}{2}\sum_a m_a(\boldsymbol{v}'_a + \boldsymbol{V})^2 + U$$
$$= \frac{1}{2}\mu V^2 + \boldsymbol{V}\cdot\sum_a m_a \boldsymbol{v}'_a + \sum_a \frac{m_a v_a'^2}{2} + U,$$

あるいは

$$E = E' + \boldsymbol{V}\cdot\boldsymbol{P}' + \frac{1}{2}\mu V^2 \tag{8.5}$$

という関係がある．この式は一つの基準系から他の基準系へ移るときの，エネルギーの変換法則を与えるもので，運動量の変換法則 (8.1) に対応している．もし系 K' において慣性中心が静止していれば，$\boldsymbol{P}'=0$, $E'=E_{内部}$ であり，

したがって (8.4) 式が得られる．

§9. 角運動量

つぎに，**空間の等方性**に起因する保存法則を導こう．

この等方性というのは，孤立した力学系の性質が，空間内での系全体としての任意の回転によって変わらない，ということである．そこで系の無限に小さな回転を考え，その際にラグランジアンが不変であるための条件を求めよう．

無限小回転のベクトル $\delta\boldsymbol{\varphi}$ を導入する．このベクトルの大きさは回転角 $\delta\varphi$ に等しく，その方向は回転軸に一致している（$\delta\boldsymbol{\varphi}$ と同方向を向いた右ネジのまわる向きが，回転の向きに一致するようにする）．

まず初めに，座標原点（回転軸上にある）から，回転している系の任意の質点に向かう位置ベクトルが，この回転に際してどれだけ変化するかを求める．位置ベクトルの先端の変位の大きさと角度のあいだには

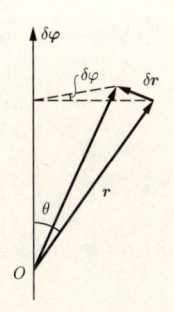

図 3

$$|\delta \boldsymbol{r}| = r \sin\theta \cdot \delta\varphi.$$

という関係がある（図3）．このベクトル $\delta\boldsymbol{r}$ の方向は $\boldsymbol{r}$ と $\delta\boldsymbol{\varphi}$ とで張られる平面に対して垂直，したがって，明らかに

$$\delta\boldsymbol{r} = \delta\boldsymbol{\varphi} \times \boldsymbol{r}. \tag{9.1}$$

系の回転に際しては，位置ベクトルの方向が変わるだけでなく，すべての粒子の速度の方向も変化する．その際，すべてのベクトルは同じ法則に従って変換される．したがって，速度の増加分は，静止した座標系で書いて，

$$\delta\boldsymbol{v} = \delta\boldsymbol{\varphi} \times \boldsymbol{v}. \tag{9.2}$$

これらの表現を，回転に対してラグランジアンが不変という条件

$$\delta L = \sum_a \left(\frac{\partial L}{\partial \boldsymbol{r}_a} \cdot \delta\boldsymbol{r}_a + \frac{\partial L}{\partial \boldsymbol{v}_a} \cdot \delta\boldsymbol{v}_a \right) = 0$$

に代入する．$\partial L/\partial \boldsymbol{v}_a$ は定義によって $\boldsymbol{p}_a$，$\partial L/\partial \boldsymbol{r}_a$ はラグランジュ方程式によって $\dot{\boldsymbol{p}}_a$ と書ける．したがって

$$\sum_a (\dot{\boldsymbol{p}}_a \cdot (\delta\boldsymbol{\varphi} \times \boldsymbol{r}_a) + \boldsymbol{p}_a \cdot (\delta\boldsymbol{\varphi} \times \boldsymbol{v}_a)) = 0.$$

三重積の循環置換を行ない，さらに $\delta\boldsymbol{\varphi}$ をくくり出すと

$$\delta\boldsymbol{\varphi} \cdot \sum_a (\boldsymbol{r}_a \times \dot{\boldsymbol{p}}_a + \boldsymbol{v}_a \times \boldsymbol{p}_a) = \delta\boldsymbol{\varphi} \cdot \frac{d}{dt} \sum_a (\boldsymbol{r}_a \times \boldsymbol{p}_a) = 0.$$

$\delta\boldsymbol{\varphi}$ は任意であるから

$$\frac{d}{dt} \sum_a (\boldsymbol{r}_a \times \boldsymbol{p}_a) = 0$$

でなければならない．すなわち，孤立系の運動に際しては，ベクトル量

$$M = \sum_a (r_a \times p_a) \tag{9.3}$$

が保存されることがわかった．この量を系の**角運動量**（あるいは単に**モーメント**）とよぶ[1]．運動量の場合と同様に，この量の加法性は明らかである．このことは相互作用があるかないかによらない．

加法的な運動の積分はこれでつきる．すべての孤立系は全部で七つの加法的な積分——エネルギーと，運動量および角運動量のおのおの三つずつの成分——をもつ．

角運動量の定義には粒子の位置ベクトルが関与しているから，角運動量の値は，一般には，座標原点の選び方に依存する．距離 a だけへだたっている二つの原点に関する同一の点の位置ベクトル r_a と r'_a とは $r_a = r'_a + a$ という関係で結ばれる．したがって

$$M = \sum_a (r_a \times p_a) = \sum_a (r'_a \times p_a) + a \times \sum_a p_a,$$

あるいは

$$M = M' + a \times P. \tag{9.4}$$

この式から，系全体が静止している（すなわち $P = 0$）ときだけ，角運動量の値が原点の選び方によらないことがわかる．孤立系では運動量も保存しているから，角運動量の値の不定性は，もちろんその保存法則に影響しない．

二つの慣性基準系 K および K' についての角運動量の値

---

[1] 回転モーメント，角モーメントという名称も用いられている．

を結びつける式を導こう．K' は K に対して速度 $\boldsymbol{V}$ で運動しているとする．系 K および K' の座標原点が，ある瞬間に一致しているとする．そのとき両方の系での粒子の位置ベクトルは一致しているが，速度のほうは $\boldsymbol{v}_a = \boldsymbol{v}'_a + \boldsymbol{V}$ によって結びつけられる．したがって

$$\boldsymbol{M} = \sum_a m_a(\boldsymbol{r}_a \times \boldsymbol{v}_a) = \sum_a m_a(\boldsymbol{r}_a \times \boldsymbol{v}'_a) + \sum_a m_a(\boldsymbol{r}_a \times \boldsymbol{V}).$$

右辺の第1の和は系 K' での角運動量 $\boldsymbol{M}'$ に等しい．第2の和に慣性中心の位置ベクトル（8.3）を導入して，

$$\boldsymbol{M} = \boldsymbol{M}' + \mu \boldsymbol{R} \times \boldsymbol{V} \tag{9.5}$$

を得る．この公式は一つの基準系から他の基準系へ移るときの角運動量の変換の法則を与えるもので，運動量およびエネルギーに対する（8.1）と（8.5）の変換法則に対応している．

系 K' では与えられた力学系が全体として静止しているときには，$\boldsymbol{V}$ はその力学系の慣性中心の系 K で見た速度であり，$\mu \boldsymbol{V}$ はその全運動量 $\boldsymbol{P}$ である．そのときには

$$\boldsymbol{M} = \boldsymbol{M}' + \boldsymbol{R} \times \boldsymbol{P}. \tag{9.6}$$

言いかえれば，力学系の角運動量 $\boldsymbol{M}$ は，その力学系が静止している基準系に関する角運動量——《固有角運動量》と，力学系全体としての運動に関する角運動量 $\boldsymbol{R} \times \boldsymbol{P}$ とから成り立っている．

角運動量（任意の座標原点に対する）の三つの成分すべての保存法則は孤立系についてだけ成立するのであるが，外場が存在する系についても，もっと制限された形でこの

保存法則は成立する．上述の導き方からわかるとおり，外場がある軸について対称であれば，角運動量のその軸への射影はいつでも保存される．なぜならば，この軸のまわりの任意の回転に対して系の力学的性質は変わらないからである．この場合，もちろん，角運動量は，この軸の上にある原点に対して定義しなければならない．

外場があっても角運動量が保存する場合のうちで最も重要なのは，中心対称の場の場合である．中心対称の場というのは，ポテンシャル・エネルギーが空間内のあるきまった点（中心）からの距離だけに依存する場である．こういう場のなかの運動に際しては，中心を通る任意の軸の上への角運動量の射影が保存することは明らかである．言いかえれば，空間内の任意の点に関してではなく，場の中心に関して定義されているかぎりで，角運動量ベクトル M は保存される．

もう一つの例は，z 軸の方向を向いた一様な場の場合である．その場合には，座標原点がどこであれ，M_z が保存する．

任意の軸（z 軸としよう）の上への角運動量の射影はつぎの式からラグランジアンの微分によって求められることを注意しておく：

$$M_z = \sum_a \frac{\partial L}{\partial \dot{\varphi}_a}. \tag{9.7}$$

ここで，座標 φ は z 軸のまわりの回転角である．これは角運動量の保存法則の導き方の特質からも明らかである

が，直接に確認することもできる．円柱座標 r, φ, z では ($x_a = r_a \cos\varphi_a, y_a = r_a \sin\varphi_a$ を代入する)

$$M_z = \sum_a m_a(x_a \dot{y}_a - y_a \dot{x}_a) = \sum_a m_a r_a^2 \dot{\varphi}_a. \tag{9.8}$$

一方，この書きかえによってラグランジアンは

$$L = \frac{1}{2}\sum_a m_a(\dot{r}_a^2 + r_a^2\dot{\varphi}_a^2 + \dot{z}_a^2) - U$$

となる．これを (9.7) へ代入すれば (9.8) が得られる．

問　題

つぎのような場のなかでの運動に際して，運動量 $\boldsymbol{P}$ および角運動量 $\boldsymbol{M}$ のどの成分が保存されるか．

a) 無限にひろがった一様な平面の場．

  解 P_x, P_y, M_z (無限にひろがった平面を x, y 平面とする)．

b) 無限に長い一様な円柱の場．

  解 M_z, P_z (z 軸を円柱の軸とする)．

c) 無限に長い一様なプリズムの場．

  解 P_z (プリズムの軸は z 軸に平行とする)．

d) 二つの点の場．

  解 M_z (二つの点は z 軸上にあるものとする)．

e) 無限にひろがった一様な半平面の場．

  解 P_y (半平面は y 軸で区切られた x, y 平面とする)．

f) 一様な円錐の場．

  解 M_z (円錐の軸を z 軸とする)．

第3章　運動方程式の積分

§10. １次元運動

自由度が１の系の運動を１次元運動とよぶ．不変な外場のなかにあるこのような系のラグランジアンの最も一般的な形は，

$$L = \frac{1}{2}a(q)\dot{q}^2 - U(q) \tag{10.1}$$

である．ここで $a(q)$ は一般化座標 q のある関数である．特に q がデカルト座標（x と書く）であれば，

$$L = \frac{m}{2}\dot{x}^2 - U(x). \tag{10.2}$$

このラグランジアンに対応する運動方程式は，一般的な形に積分される．この場合には運動方程式を書き下す必要さえなく，ただちにその第１積分，すなわちエネルギーの保存法則を表わす式

$$\frac{m}{2}\dot{x}^2 + U(x) = E$$

から出発すればよい．これは１階の微分方程式であり，変数分離の方法で積分される．すなわち，

$$\frac{dx}{dt} = \sqrt{\frac{2}{m}[E-U(x)]}$$

から

$$t = \sqrt{\frac{m}{2}} \int \frac{dx}{\sqrt{E-U(x)}} + \text{const.} \quad (10.3)$$

全エネルギー E と積分定数 (const.) が，運動方程式の解の二つの任意定数の役割を果たしている．

運動エネルギーは本質的に正の量であるから，運動に際して全エネルギーは，つねにポテンシャル・エネルギーよりも大きい．すなわち運動は，空間のなかの $U(x) < E$ を満たす領域内だけで行なわれる．

たとえば $U(x)$ が図4に示すような形をしているとしよう．この図の上に，全エネルギーの値に対応する水平な線をひけば，ただちに運動の可能な領域が明らかになる．図4に示したような場合には，運動は AB の領域かあるいは C の右側だけで可能である．

ポテンシャル・エネルギーが全エネルギーに等しくなる点，つまり

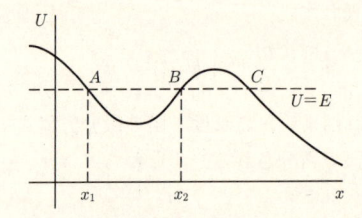

図 4

$$U(x) = E \tag{10.4}$$

を満たす点 x が運動の境界を定める．そのような点は，速度がゼロになる点——**転回点**である．もし運動の領域がそのような二つの点で境界づけられているならば，運動は空間の限られた領域のなかで行なわれ，**有界**といわれる．運動の領域が限られていないか，あるいは一方の側だけで限られているならば，運動は**有界**でない．つまり粒子は無限遠までゆきつく．

1次元の有界な運動というのは振動である．すなわち，粒子は二つの限界点のあいだで（図4では x_1 と x_2 のあいだのポテンシャルの盆地 AB において）周期的に同じ運動をくりかえす．この場合，一般的な可逆性（27～28ページ）によって，x_1 から x_2 まで動く時間は x_2 から x_1 への逆の運動にかかる時間に等しい．したがって振動の周期 T，つまり粒子が x_1 から x_2 へゆき，ついで x_2 から x_1 まで戻る時間は，$x_1 x_2$ 間を動く時間の倍に等しい．それは（10.3）によって，

$$T(E) = \sqrt{2m} \int_{x_1(E)}^{x_2(E)} \frac{dx}{\sqrt{E-U(x)}} \tag{10.5}$$

である．ここで上限 x_1，下限 x_2 は与えられた E に対する方程式（10.4）の解を表わしている．この公式は，運動の周期を全エネルギー E の関数として与える．

§11. 換算質量

相互作用をしている二つの物体だけからなる系の運動と

いう非常に重要な問題（**2体問題**）には，完全な解が一般的な形で与えられる．

この問題解決への準備として，系の運動を，慣性中心の運動と，慣性中心に対する各点の運動とに分解することによって，問題がどのように簡単化されるかを示そう．

相互作用している二つの粒子のポテンシャル・エネルギーは，そのあいだの距離，すなわちそれらの位置ベクトルの差の絶対値だけに依存している．したがって，この系のラグランジアンは

$$L = \frac{m_1}{2}\dot{\boldsymbol{r}}_1^2 + \frac{m_2}{2}\dot{\boldsymbol{r}}_2^2 - U(|\boldsymbol{r}_1 - \boldsymbol{r}_2|). \tag{11.1}$$

二つの質点相互のへだたりのベクトル

$$\boldsymbol{r} = \boldsymbol{r}_1 - \boldsymbol{r}_2$$

を導入し，座標原点を慣性中心にとる：

$$m_1\boldsymbol{r}_1 + m_2\boldsymbol{r}_2 = 0.$$

この二つの等式から，

$$\boldsymbol{r}_1 = \frac{m_2}{m_1+m_2}\boldsymbol{r}, \qquad \boldsymbol{r}_2 = -\frac{m_1}{m_1+m_2}\boldsymbol{r} \tag{11.2}$$

を得る．これらの表現を (11.1) に代入して

$$L = \frac{m}{2}\dot{\boldsymbol{r}}^2 - U(r). \tag{11.3}$$

ここで

$$m = \frac{m_1 m_2}{m_1+m_2} \tag{11.4}$$

という量を導入した．この量 m を**換算質量**という．関数

(11.3) は，固定した座標原点について中心対称な外場 $U(r)$ のなかで運動している質量 m の 1 個の質点のラグランジアンに形式的に一致している．

このように，相互作用している二つの質点の運動の問題は，与えられた外場 $U(r)$ のなかの一つの質点の問題に還元される．その問題の解 $\boldsymbol{r}=\boldsymbol{r}(t)$ から，質量が m_1, m_2 のおのおのの質点の軌道 $\boldsymbol{r}_1=\boldsymbol{r}_1(t), \boldsymbol{r}_2=\boldsymbol{r}_2(t)$（共通の慣性中心を原点とする）は，それぞれ式（11.2）によって得られる．

§12. 〈中心力の場〉における運動

2 個の物体の運動についての問題を 1 個の物体の運動の問題に還元したうえで，われわれは中心力の外場における粒子の運動を決定する問題に移ろう．その外場では，ポテンシャル・エネルギーはあるきまった固定点からの距離だけできまるとする．そのような場は**中心力の場**とよばれる．この場合，粒子に働く力

$$\boldsymbol{F} = -\frac{\partial U(r)}{\partial \boldsymbol{r}} = -\frac{dU}{dr}\frac{\boldsymbol{r}}{r}$$

の大きさは r だけに依存し，その方向はどこにあっても位置ベクトル $\boldsymbol{r}$ の方向に一致する．

すでに §9 で示したように，中心力の場における運動では場の中心についての系の角運動量は保存する．一つの質点に対して角運動量は

$$\boldsymbol{M} = \boldsymbol{r} \times \boldsymbol{p}.$$

ベクトル M と r とは互いに垂直であるから，M が一定であるということは，粒子の運動のあいだ，その位置ベクトルが M に垂直な一平面内にずっととどまっていることを意味する．

それゆえ中心力の場における粒子の運動の軌道は一つの平面内にある．その平面内に極座標 r, φ をとれば，ラグランジアンはつぎのように書かれる（(4.5) 参照）：

$$L = \frac{m}{2}(\dot{r}^2 + r^2\dot{\varphi}^2) - U(r). \tag{12.1}$$

この関数は座標 φ を陽には含んでいない．ラグランジアンに陽に含まれないすべての一般化座標 q_i は**循環的**とよばれる．ラグランジュ方程式によって，この座標に対しては

$$\frac{d}{dt}\frac{\partial L}{\partial \dot{q}_i} = \frac{\partial L}{\partial q_i} = 0.$$

すなわち，その座標に共役な一般化運動量 $p_i = \partial L/\partial \dot{q}_i$ は運動の積分である．この事情は循環座標が存在する場合の運動方程式の積分を簡単化する．

今の場合，一般化運動量は

$$p_\varphi = mr^2\dot{\varphi}$$

で，これは角運動量 $M_z = M$ に一致する（(9.8) を見よ）．したがって，すでに知っている角運動量の保存法則

$$M = mr^2\dot{\varphi} = \text{const.} \tag{12.2}$$

にもどることになる．中心力の場のなかでの1個の粒子の平面運動に対しては，この法則に対して簡単な幾何学的解

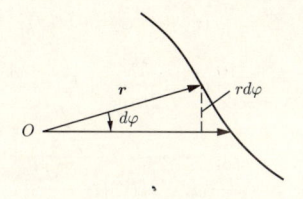

釈を与えることができる．表式 $(1/2)r \cdot rd\varphi$ は二つの無限に近い動径ベクトルおよび軌道の線素によって囲まれた扇形の面積を表わしている（図5）．その面積を df で記すならば，粒子の角運動量を

$$M = 2m\dot{f} \tag{12.3}$$

と書くことができる．ここで導関数 $\dot{f}$ を**面積速度**という．したがって，角運動量の保存則は，面積速度が一定であること——運動している粒子の動径ベクトルが同一の時間内に同一の面積を掃くこと（**ケプラーの第 2 法則**[1]）——を表わしている．

中心力の場における粒子の運動に関する問題の完全な解は，直接に運動方程式によらなくても，エネルギーおよび角運動量の保存法則に基づいて，容易に得られる．$\dot{\varphi}$ を (12.2) によって M で表わし，それをエネルギーを表わす式へ代入してつぎの式を得る：

---

[1] 中心力の場のなかで運動している粒子に対する角運動量の保存法則は，**面積の積分の法則**とよばれることもある．

$$E = \frac{m}{2}(\dot{r}^2 + r^2\dot{\varphi}^2) + U(r)$$
$$= \frac{m}{2}\dot{r}^2 + \frac{M^2}{2mr^2} + U(r). \tag{12.4}$$

したがって,
$$\dot{r} \equiv \frac{dr}{dt} = \sqrt{\frac{2}{m}[E - U(r)] - \frac{M^2}{m^2r^2}}. \tag{12.5}$$

変数を分離し,積分して,
$$t = \int \frac{dr}{\sqrt{\frac{2}{m}[E - U(r)] - \frac{M^2}{m^2r^2}}} + \text{const.} \tag{12.6}$$

さらに (12.2) を
$$d\varphi = \frac{M}{mr^2}dt$$

の形に書き,(12.5) から得られる dt を代入し積分を行なうと,
$$\varphi = \int \frac{(M/r^2)dr}{\sqrt{2m[E - U(r)] - \frac{M^2}{r^2}}} + \text{const.} \tag{12.7}$$

(12.6) および式 (12.7) は,提起された問題に対する一般解である.(12.7) は r と φ との関係——すなわち軌道の方程式をきめる.(12.6) 式は運動している質点の,場の中心からの距離 r を,陽にではないが,時間の関数として決定している.(12.2) 式からわかるように $\dot{\varphi}$ は決してその符号を変えないので,角度 φ が時間とともに単調に変わってゆくことに注意しよう.

(12.4) 式は，運動の動径部分が《有効》ポテンシャル

$$U_{有効} = U(r) + \frac{M^2}{2mr^2} \qquad (12.8)$$

の場における1次元運動と見なしうるということを示している．$M^2/2mr^2$ という量を遠心力のポテンシャル・エネルギーとよぶ．

$$U(r) + \frac{M^2}{2mr^2} = E \qquad (12.9)$$

を満足する r の値は，運動が行なわれる領域の限界を中心からの距離について決定する．(12.9) がみたされる点で動径速度 $\dot{r}$ はゼロになる．これはしかし粒子が停止することを意味しない（1次元運動のときにはそうであったが）．なぜなら，角速度 $\dot{\varphi}$ がゼロにならないからである．等式 $\dot{r} = 0$ は関数 $r(t)$ が増加から減少へ，あるいはその逆に向かう点，つまり軌道の**転回点**を表わしている．

もし変数 r の許容領域がただ一つの条件 $r \geqq r_{\min}$ だけで制限されるとすれば，粒子の運動は有界でない．すなわち粒子は無限遠から到来し無限遠へと去ってゆく．

もし変数 r の領域が二つの限界 $r_{\min}$ と $r_{\max}$ とをもっていれば，運動は有界となり，軌道はすべて半径が $r = r_{\max}$ と $r = r_{\min}$ の二つの円にはさまれた環状領域の内部だけを通る．このことは，しかし，軌道が必ず閉じた曲線になる，ということを意味してはいない．r が $r_{\max}$ から $r_{\min}$ に変化し，ふたたびまた $r_{\max}$ にもどるあいだに，動径ベクトルは (12.7) に従って次式で与えられる角度 $\Delta \varphi$ だけ変化

する：

$$\Delta\varphi = 2\int_{r_{\min}}^{r_{\max}} \frac{\dfrac{M}{r^2}dr}{\sqrt{2m(E-U)-\dfrac{M^2}{r^2}}}. \quad (12.10)$$

軌道が閉じるための条件は，この角度が 2π の有理数倍になっていること，すなわち n_1, n_2 を整数として，$\Delta\varphi = 2\pi n_1/n_2$ である．この場合，この周期が n_2 回くりかえされるあいだに，粒子の動径ベクトルはちょうど n_1 回転して，その最初の位置にもどる．すなわち軌道は閉じる．

しかしこのような場合は例外的であって，任意の $U(r)$ に対しては $\Delta\varphi$ は 2π の有理数倍にならない．したがって，一般の場合には，有界な運動の軌道は閉じない．軌道は最大の距離と最小の距離のあいだを無限回通りすぎ（たとえ

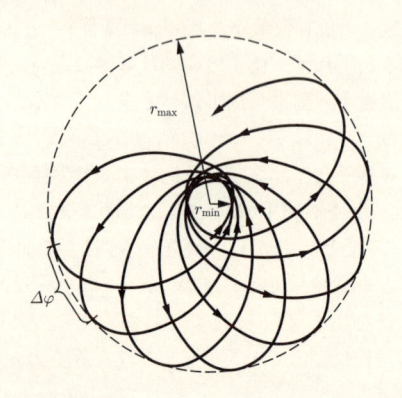

図 6

ば図 6 に示すように), 無限の時間ののちには二つの境界の円のあいだの環状部分をうずめつくす.

すべての有界な軌道が閉じるような中心力の場が, たった二つだけ存在する. それは粒子のポテンシャル・エネルギーが $1/r$ および r^2 に比例する場である. 第1のものはつぎの節で扱う. 第2のものは3次元振動子に相当する (§19の問題3を見よ).

§13. ケプラー問題

中心力の場のうちで特に重要なのは, ポテンシャル・エネルギーが距離 r に反比例し, したがって, 力が距離の2乗 r^2 に反比例する場合である. ニュートンの重力の場, クーロンの静電場はこれにあたる. 重力の場は引力であり, クーロン場は引力の場合も斥力の場合もある.

初めに引力の場合を考えよう. α を正の数として

$$U = -\frac{\alpha}{r} \tag{13.1}$$

である. 《有効》ポテンシャル・エネルギー

$$U_{有効} = -\frac{\alpha}{r} + \frac{M^2}{2mr^2} \tag{13.2}$$

のグラフを図7に示す. それは $r \to 0$ で $+\infty$ に近づき, $r \to \infty$ でマイナスの側からゼロに漸近し, $r = M^2/\alpha m$ で極小値

$$(U_{有効})_{\min} = -\frac{\alpha^2 m}{2M^2} \tag{13.3}$$

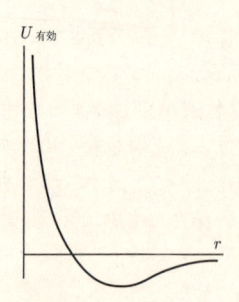

をとる．このグラフからただちに，$E \geqq 0$ の場合には粒子の運動は有界でなく，$E < 0$ の場合には有界であることがわかる．

軌道の式は一般公式（12.7）を使って求められる．それに $U = -\alpha/r$ を代入し，初等積分を行なうことによって

$$\varphi = \arccos \frac{\dfrac{M}{r} - \dfrac{m\alpha}{M}}{\sqrt{2mE + \dfrac{m^2\alpha^2}{M^2}}} + \text{const.}$$

を得る$^{(巻末注)}$．φ の原点を積分定数（const.）がゼロになるように選び，さらに

$$p = \frac{M^2}{m\alpha}, \qquad e = \sqrt{1 + \frac{2EM^2}{m\alpha^2}} \qquad (13.4)$$

とおけば，軌道の式はつぎのように書ける：

$$\frac{p}{r} = 1 + e\cos\varphi. \qquad (13.5)$$

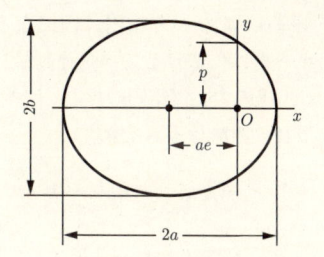

図 8

これは座標原点を〔一方の〕焦点とする円錐曲線の方程式であり，p および e はそれぞれ軌道の**通径**および**離心率**とよばれている〔p は運動量ではない〕．われわれの φ の原点の選び方は，(13.5) からわかるように，$\varphi = 0$ の点を場の中心から最短距離の点に選ぶことに相当する．

2体の相互作用でその等価問題が (13.1) の法則に従っている場合，おのおのの粒子の軌道は2粒子の慣性中心を一方の焦点とする円錐曲線で表わされる．

(13.4) からわかるとおり，$E < 0$ の場合には離心率は $e < 1$，すなわち軌道は楕円となり（図8），運動はこの節の初めに述べたように有界になっている．解析幾何学の公式によれば，楕円の長半軸，短半軸はそれぞれ，

$$a = \frac{p}{1-e^2} = \frac{\alpha}{2|E|},$$

$$b = \frac{p}{\sqrt{1-e^2}} = \frac{M}{\sqrt{2m|E|}} \qquad (13.6)$$

である．エネルギーの許される最小値は (13.3) に一致す

る．このとき $e=0$，すなわち楕円は円になる．長半軸が粒子のエネルギーだけに依存して，角運動量に依存しないことに注意する．場の中心（楕円の焦点〔図の O 点〕）からの最短および最長の距離はそれぞれ

$$r_{\min} = \frac{p}{1+e} = a(1-e),$$

$$r_{\max} = \frac{p}{1-e} = a(1+e) \qquad (13.7)$$

である．これらの表現（a, e は（13.6），（13.4）で与えられている）は，もちろん直接に方程式 $U_\text{有効}(r) = E$ の解としても得られる．

楕円を1周する時間，すなわち運動の周期 T を決定するには，（12.3）の《面積積分》の形に表わされた角運動量の保存法則を使うのが便利である．この等式を時間についてゼロから T まで積分して

$$2mf = TM$$

を得る．ここで f は軌道の面積である．楕円については $f = \pi a b$ であり，式（13.6）によって

$$T = 2\pi a^{3/2} \sqrt{\frac{m}{\alpha}} = \pi \alpha \sqrt{\frac{m}{2|E|^3}} \qquad (13.8)$$

を得る．周期の2乗が軌道の大きさ〔長半軸〕の3乗に比例していることは**ケプラーの第3法則**といわれる．周期が粒子のエネルギーだけによることにも注意．

$E \geqq 0$ の場合には運動は有界でない．$E > 0$ であれば，離心率は $e > 1$，すなわち軌道は，図9に示すように，場

§13. ケプラー問題

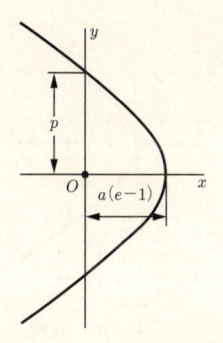

図 9

の中心 O を内側の焦点とする双曲線になる．中心から最も近づいた点までの距離は

$$r_{\min} = \frac{p}{e+1} = a(e-1). \tag{13.9}$$

ここで

$$a = \frac{p}{e^2-1} = \frac{\alpha}{2E}$$

は双曲線の《半軸》である．

$E=0$ の場合には，離心率は $e=1$, すなわち粒子は放物線にそって運動する．場の中心から最も近づいた点までの距離は $r_{\min}=p/2$ である．このような運動は，粒子が無限遠点で静止した状態から運動を始めた場合に起こる．

次に斥力の場

$$U = \frac{\alpha}{r} \qquad (\alpha > 0) \tag{13.10}$$

での運動を考えよう．この場合，有効ポテンシャル・エネルギーは

$$U_{\text{有効}} = \frac{\alpha}{r} + \frac{M^2}{2mr^2}$$

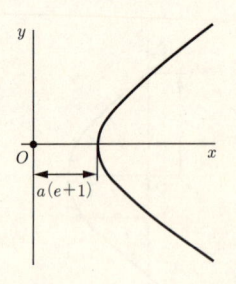

で，r がゼロから ∞ に変化するのに応じて，∞ からゼロまで単調に減少する．粒子のエネルギーはつねに正であり，運動の領域は限定されない．この場合の計算は，上に述べてきた引力の場合とまったく同様に行なわれる．軌道は双曲線である：

$$\frac{p}{r} = -1 + e\cos\varphi \tag{13.11}$$

(p と e は公式 (13.4) で定義されている)．粒子は場の中心 O 付近を図 10 に示したように過ぎてゆく．場の中心からの最短距離は

$$r_{\min} = \frac{p}{e-1} = a(e+1). \tag{13.12}$$

第4章　粒子の衝突

§14. 粒子の弾性衝突

多くの場合に，いろいろの力学的過程の性質についての重要な結論が運動量とエネルギーの保存法則だけから導かれる．この場合，これらの性質が，過程に加わっている粒子間の相互作用の具体的な種類にはまったく関係しないということが本質的である．

二つの粒子の**弾性衝突**，すなわち，粒子の内部状態が変化しない衝突を考えよう．この性質のために，弾性衝突にエネルギーの保存法則を適用する際には粒子の内部エネルギーのことを考慮に入れる必要がない．

衝突前には一方の粒子（m_2 とする）が静止している基準系を**実験室系**と名づける．他方の粒子（m_1）は速度 v で運動しているとしよう．しかし，衝突は，それとは異なる基準系——その上で2粒子の慣性中心〔重心〕が静止している基準系（**重心系**）——の上で記述するのが，最も簡単である．重心系についての諸量には添字 0 をつける．衝突前の粒子の重心系での速度と実験室系での速度 v は

$$v_{10} = \frac{m_2}{m_1+m_2}v, \qquad v_{20} = -\frac{m_1}{m_1+m_2}v$$

という関係にある（(11.2) を見よ）.

運動量の保存法則によって，〔重心系では〕衝突後の両粒子の運動量もまた互いに大きさが等しく逆向きの方向をもつことになり，エネルギーの保存法則によって，それらの大きさは衝突前後で変化しない．このように，重心系で見ると，衝突の結果二つの粒子の速度の方向は変化するが，それらの大きさは変わらず，また互いに逆向きであることも衝突前と変わらない．衝突後の粒子 m_1 の速度の方向の単位ベクトルを $\boldsymbol{n}_0$ で記すと，衝突後の両方の粒子の〔重心系での〕速度は（それをダッシュで表わす）

$$\boldsymbol{v}'_{10} = \frac{m_2}{m_1+m_2}v\boldsymbol{n}_0, \qquad \boldsymbol{v}'_{20} = -\frac{m_1}{m_1+m_2}v\boldsymbol{n}_0. \tag{14.1}$$

実験室系へもどすためには，上の表式に慣性中心〔重心〕の速度 $\boldsymbol{V}$ を加えなければならない．このようにして，実験室系での衝突後の速度は

$$\begin{aligned}\boldsymbol{v}'_1 &= \frac{m_2}{m_1+m_2}v\boldsymbol{n}_0 + \frac{m_1}{m_1+m_2}\boldsymbol{v}, \\ \boldsymbol{v}'_2 &= -\frac{m_1}{m_1+m_2}v\boldsymbol{n}_0 + \frac{m_1}{m_1+m_2}\boldsymbol{v}.\end{aligned} \tag{14.2}$$

衝突について運動量およびエネルギーの保存法則から得られる知識は以上で全部である．ベクトル $\boldsymbol{n}_0$ の方向はというと，それは粒子の相互作用の法則，および衝突時における粒子の相互位置に依存する．

公式 (14.2) を幾何学的に解釈することができる．この

ためには速度を運動量に書きかえておくのがよい．等式 (14.2) にそれぞれ m_1, m_2 をかけて，

$$\boldsymbol{p}_1' = mv\boldsymbol{n}_0 + \frac{m_1}{m_1+m_2}\boldsymbol{p}_1,$$

$$\boldsymbol{p}_2' = -mv\boldsymbol{n}_0 + \frac{m_2}{m_1+m_2}\boldsymbol{p}_1 \quad (14.3)$$

($m = m_1 m_2 / (m_1 + m_2)$——換算質量) を得る．半径 mv の円周を描き，図 11 に示したように作図をする．単位ベクトル $\boldsymbol{n}_0$ が $\overrightarrow{OC}$ の向きを向いているとすると，$\overrightarrow{AC}$ および $\overrightarrow{CB}$ はそれぞれ $\boldsymbol{p}_1'$ および $\boldsymbol{p}_2'$ を与える．$\boldsymbol{p}_1$ が与えられたならば，円周の半径および点 A の位置は定められるが，点 C は円周上の任意の位置をとりうる．点 A は $m_1 < m_2$ ならば円の内側に (図 11 a)，$m_1 > m_2$ ならば円の外側に (図 11 b) 位置する．

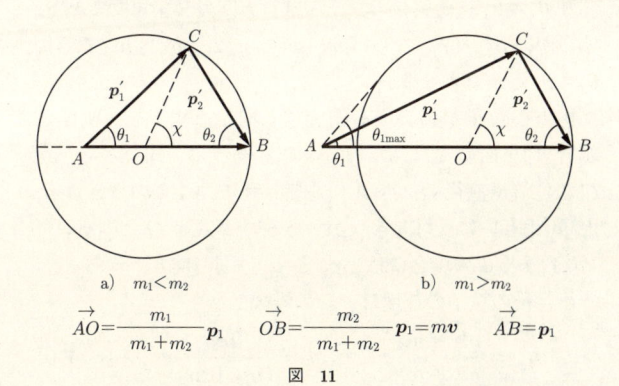

a) $m_1 < m_2$ b) $m_1 > m_2$

$$\overrightarrow{AO} = \frac{m_1}{m_1+m_2}\boldsymbol{p}_1 \quad \overrightarrow{OB} = \frac{m_2}{m_1+m_2}\boldsymbol{p}_1 = m\boldsymbol{v} \quad \overrightarrow{AB} = \boldsymbol{p}_1$$

図 11

図上 θ_1, θ_2 で示した角は，入射方向（$\boldsymbol{p}_1$ の方向）からはかった衝突後のふれの角度を表わす．図の上で χ で示した中心角（$\boldsymbol{n}_0$ の方向を与える）は重心系での第1の粒子の方向転換の角度を表わしている．図からわかるように，角度 θ_1 および θ_2 は，角度 χ を使ってつぎのように表わされる：

$$\tan\theta_1 = \frac{m_2\sin\chi}{m_1+m_2\cos\chi}, \qquad \theta_2 = \frac{\pi-\chi}{2}. \qquad (14.4)$$

さらに衝突後の両方の速度の大きさを角度 χ を用いて表わしておこう：

$$\begin{aligned}
v_1' &= \frac{\sqrt{m_1^2+m_2^2+2m_1m_2\cos\chi}}{m_1+m_2}v, \\
v_2' &= \frac{2m_1}{m_1+m_2}v\sin\frac{\chi}{2}.
\end{aligned} \qquad (14.5)$$

和 $\theta_1+\theta_2$ は衝突後の粒子の飛行方向のなす角度である．明らかに $m_1<m_2$ ならば $\theta_1+\theta_2>\pi/2$，$m_1>m_2$ ならば $\theta_1+\theta_2<\pi/2$ となる．

両方の粒子が衝突後も衝突前と同じ直線上を運動する場合（《正面衝突》）は，$\chi=\pi$ に相当する．すなわち，点 C の位置は直径上，点 A の左側（図11a；このときは $\boldsymbol{p}_1'$ と $\boldsymbol{p}_2'$ は互いに反対向き）か，あるいは A と O とのあいだ（図11b；この場合には，$\boldsymbol{p}_1'$ と $\boldsymbol{p}_2'$ は同じ向き）にある．

衝突後の粒子の速度は，この場合

$$\boldsymbol{v}_1' = \frac{m_1-m_2}{m_1+m_2}\boldsymbol{v}, \qquad \boldsymbol{v}_2' = \frac{2m_1}{m_1+m_2}\boldsymbol{v} \qquad (14.6)$$

に等しい．このときの v_2' の値は可能な最大値である．衝突の結果，初め静止していた粒子が獲得できる最大のエネルギーは，したがって

$$E'_{2\,\max} = \frac{m_2}{2} v_{2\,\max}'^{2} = \frac{4m_1 m_2}{(m_1+m_2)^2} E_1 \qquad (14.7)$$

である．ここで $E_1 = m_1 v_1^2/2$ は，入射粒子が初めにもっていたエネルギーである．

$m_1 < m_2$ のとき，衝突後の第1の粒子の速度は任意の方向をとりうる．しかし $m_1 > m_2$ ならば，この粒子のふれの角度はある限界の値をこえることができない．この最大値は，AC が円周に接するときの点 C の位置に対応する（図11b）．明らかに $\sin\theta_{1\,\max} = OC/OA$，あるいは

$$\sin\theta_{1\,\max} = \frac{m_2}{m_1}. \qquad (14.8)$$

同一質量の粒子の衝突で，はじめその一方が静止していた場合は，特に簡単になる．この場合，点 B だけでなく，点 A も円周の上にくる（図12）．このとき

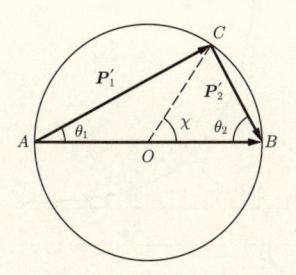

図 12

$$\theta_1 = \frac{\chi}{2}, \qquad \theta_2 = \frac{\pi-\chi}{2}, \qquad (14.9)$$

$$v_1' = v\cos\frac{\chi}{2}, \qquad v_2' = v\sin\frac{\chi}{2}. \qquad (14.10)$$

衝突後の粒子の飛行方向が直交していることに注意しよう.

§15. 粒子の散乱

すでに前節で示したように, 2粒子の衝突の結果を完全に決定(角 χ の決定)するためには, 粒子の相互作用の具体的法則を取り入れた運動方程式を解くことが必要である.

一般の方法に従って, まずはじめに(2粒子系の慣性中心に位置する)固定点を中心とする力の場 $U(r)$ による質量 m の1個の粒子のふれという, それに等価な問題を調べる.

中心力の場における粒子の軌道は, 中心と軌道がそれに最も近づいた点とを結ぶ直線(図13の OA)に関して対

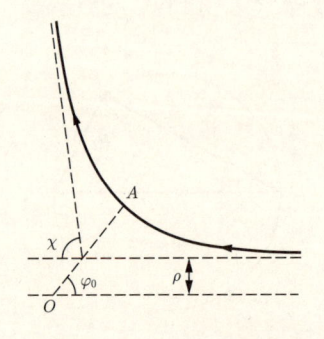

図 13

称である.したがって,軌道の二つの漸近線はこの直線と同じ角度でまじわる.この角度を φ_0 で表わすと,粒子が中心をそれて飛んでゆく際の軌道のふれの角度 χ は,図からわかるように

$$\chi = |\pi - 2\varphi_0| \tag{15.1}$$

である.角度 φ_0 は (12.7) によって,粒子が中心に最も近づいた点と無限に離れた位置とのあいだでとった積分

$$\varphi_0 = \int_{r_{\min}}^{\infty} \frac{\frac{M}{r^2}dr}{\sqrt{2m[E-U(r)]-\frac{M^2}{r^2}}} \tag{15.2}$$

によってきめられる.$r_{\min}$ は,根号内の表式の解であることを思い出そう.

われわれがここで扱っているような有界でない運動では,定数 E および M の代わりに,無限遠での粒子の速度 v_∞ といわゆる**衝突パラメータ** ρ とを導入するのが便利である.後者は,中心から $\boldsymbol{v}_\infty$ の方向へおろした垂線の長さ,すなわち,力の場がないとして粒子が通りぬけるときの中心からの距離である(図13).エネルギーと角運動量とは,これらの量によって,つぎのように表わされる:

$$E = \frac{m}{2}v_\infty^2, \qquad M = m\rho v_\infty. \tag{15.3}$$

一方,式 (15.2) は

$$\varphi_0 = \int_{r_{\min}}^{\infty} \frac{\rho \dfrac{dr}{r^2}}{\sqrt{1 - \dfrac{\rho^2}{r^2} - \dfrac{2U}{mv_\infty^2}}} \tag{15.4}$$

と書きかえられる．これは，(15.1) とあわせることで，χ が どのように ρ に依存しているのかを与える．

物理学の実際問題としては，普通，粒子の個々のふれを問題にすることはなく，散乱中心に向かって同一速度 v_∞ で入射してくる同一粒子のビーム全体の**散乱**を問題にする．ビーム中の異なる粒子は，異なる衝突パラメータをもち，したがって異なる角度 χ で散乱される．単位時間のうちに，χ と $\chi + d\chi$ のあいだの角度に散乱される粒子の数を dN と書こう．この数自体は，入射してくるビームの密度に依存する（比例する）ので，散乱過程を特徴づけるのには不適当である．このため，比

$$d\sigma = \frac{dN}{n} \tag{15.5}$$

を導入する．ここで n は，ビームの断面の単位面積を単位時間に通過する粒子の数である（われわれは，ビームがその全断面にわたって一様であることを当然仮定している）．この比は面積の次元をもっており，**散乱有効断面積**とよばれる．これは散乱する場の形によって完全に決定され，散乱過程の最も重要な特徴づけを与える．

χ が ρ によって一意的に決まると仮定しよう．それには，たとえば散乱角が衝突パラメータの単調減少関数であればよ

い．このような場合，角度 χ と $\chi+d\chi$ のあいだに散乱されるのは，$\rho(\chi)$ と $\rho(\chi)+d\rho(\chi)$ のあいだの衝突パラメータをもつ粒子だけである．このような粒子の数は，半径が ρ の円と $\rho+d\rho$ の円とのあいだに囲まれた円環の面積に n を乗じたもの，すなわち $dN = 2\pi\rho d\rho \cdot n$ に等しい．したがって有効断面積は

$$d\sigma = 2\pi\rho d\rho. \qquad (15.6)$$

有効断面積の散乱角に対する依存性を求めるためには，この表式をつぎの形に書きなおすだけで十分である：

$$d\sigma = 2\pi\rho(\chi)\left|\frac{d\rho(\chi)}{d\chi}\right|d\chi. \qquad (15.7)$$

ここで導関数 $d\rho/d\chi$ が負でありうることを考えに入れて（それはしばしば起こる），$d\rho/d\chi$ に絶対値記号をつけておいた．多くの場合，$d\sigma$ は平面角の要素 $d\chi$ にではなく，立体角の要素 do に関係づけられる．頂角 χ と $\chi+d\chi$ の円錐の囲む立体角は $do = 2\pi\sin\chi d\chi$ である．したがって (15.7) から

$$d\sigma = \frac{\rho(\chi)}{\sin\chi}\left|\frac{d\rho}{d\chi}\right|do. \qquad (15.8)$$

動かない力の中心による粒子ビームの散乱の問題から，初め静止していた他の粒子による粒子ビームの散乱という実際問題に戻れば，式 (15.7) は有効断面積の慣性中心系での散乱角に対する関係をきめる．実験室系での散乱角 θ に対する有効断面積の関係を求めるには，この式のなかの χ を式 (14.4) によって θ で表わさなければならない．こ

のとき，χ を θ_1 で表わすことによって，入射粒子ビームの散乱断面積の表現が得られるが，それと同様に，χ を θ_2 で表わすことによって，初め静止していた粒子に対する散乱断面積の表式も得られる．

問　題

1. 半径 a の絶対剛体球（すなわち，相互作用が $r<a$ で $U=\infty, r>a$ で $U=0$ に従う）による粒子の散乱断面積を決定せよ．

解 粒子は球の外では自由に運動し，その内側には入りえないのであるから，軌道は二つの直線から成り，その二つの直線は軌道が球にふれる点を通る直径に対して対称である（図14）．図からわかるとおり，

$$\rho = a\sin\varphi_0 = a\sin\frac{\pi-\chi}{2} = a\cos\frac{\chi}{2}. \qquad (15.9)$$

(15.7) または (15.8) に代入して，

$$d\sigma = \frac{\pi a^2}{2}\sin\chi\, d\chi = \frac{a^2}{4}do \qquad (1)$$

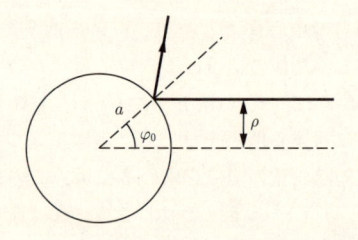

図　14

を得る．すなわち重心系では散乱は等方的である．$d\sigma$ をすべての角度にわたって積分して，全断面積 $\sigma = \pi a^2$ が求められる．これは，粒子がともかく散乱されるためにそこを通らなければならない標的面積は，球の断面積であるということに対応している．

2. 上と同じ場合，有効断面積を，散乱された粒子が失うエネルギー ε の関数として表わせ．

解 質点 m_1 の失ったエネルギーは，質点 m_2 が得たエネルギーに一致する．(14.5) および (14.7) によって

$$\varepsilon = E_2' = \frac{2m_1^2 m_2}{(m_1+m_2)^2} v_\infty^2 \sin^2 \frac{\chi}{2} = \varepsilon_{\max} \sin^2 \frac{\chi}{2}.$$

したがって

$$d\varepsilon = \frac{1}{2} \varepsilon_{\max} \sin \chi \, d\chi.$$

問題1の式 (1) に代入して

$$d\sigma = \pi a^2 \frac{d\varepsilon}{\varepsilon_{\max}}$$

を得る．散乱粒子の ε の値に関する分布は，ε のゼロから $\varepsilon_{\max}$ に至る区間内で一様であることがわかる．

3. ニュートンの法則に従って引力をおよぼしている球（質量 m_2，半径 R）の表面に粒子（質量 m_1）が到達する有効断面積を求めよ．

解 到達の条件は不等式 $r_{\min} < R$ である．ここで $r_{\min}$ は粒子の軌道上で球の中心に最も近い点の距離である．条件を満たす ρ のうちの最大の値は，条件 $r_{\min} = R$ に

よってきまり，それは方程式 $U_{有効}(R)=E$ に帰着する．すなわち

$$\frac{m_1 v_\infty^2 \rho_{\max}^2}{2R^2} - \frac{\alpha}{R} = \frac{m_1 v_\infty^2}{2}.$$

ここで $\alpha=\gamma m_1 m_2$（γ は重力定数），また $m_2 \gg m_1$ である場合を考え $m \approx m_1$ とした．これから $\rho_{\max}^2$ を求め，

$$\sigma = \pi R^2\left(1+\frac{2\gamma m_2}{Rv_\infty^2}\right)$$

を得る．$v_\infty \to \infty$ のとき，有効断面積は，当然，球の幾何学的断面積に近づく．

§16. ラザフォードの公式

上に得られた公式の重要な応用の一つは，クーロン場による荷電粒子の散乱である．(15.4) に $U=\alpha/r$ を代入し，初等的な積分を行なえば，

$$\varphi_0 = \arccos \frac{\dfrac{\alpha}{mv_\infty^2\rho}}{\sqrt{1+\left(\dfrac{\alpha}{mv_\infty^2\rho}\right)^2}}.$$

したがって

$$\rho^2 = \frac{\alpha^2}{m^2 v_\infty^4}\tan^2\varphi_0.$$

あるいは (15.1) によって $\varphi_0=(\pi-\chi)/2$ とすると

$$\rho^2 = \frac{\alpha^2}{m^2 v_\infty^4}\cot^2\frac{\chi}{2}. \tag{16.1}$$

これを χ について微分し，(15.7) あるいは (15.8) に

代入すると，

$$d\sigma = \pi\left(\frac{\alpha}{mv_\infty^2}\right)^2 \frac{\cos\dfrac{\chi}{2}}{\sin^3\dfrac{\chi}{2}} d\chi. \qquad (16.2)$$

あるいは

$$d\sigma = \left(\frac{\alpha}{2mv_\infty^2}\right)^2 \frac{do}{\sin^4\dfrac{\chi}{2}}. \qquad (16.3)$$

これは**ラザフォードの公式**とよばれる．有効断面積が α の符号によらないこと，したがって，得られた結果は斥力および引力のクーロン場に対して同様に適用されることに注意しよう．

式 (16.3) は，衝突しあう粒子の慣性中心が静止している基準系における有効断面積を与えるものである．実験室系への変換は公式 (14.4) を用いて行なわれる．初め静止していた粒子に対しては，$\chi = \pi - 2\theta_2$ を (16.2) に代入して

$$d\sigma_2 = 2\pi\left(\frac{\alpha}{mv_\infty^2}\right)^2 \frac{\sin\theta_2}{\cos^3\theta_2} d\theta_2 = \left(\frac{\alpha}{mv_\infty^2}\right)^2 \frac{do_2}{\cos^3\theta_2}. \qquad (16.4)$$

入射粒子に対しては，一般には変換の結果きわめて面倒な式になる．二つの特別の場合だけについて注目しよう．

散乱する粒子の質量 m_2 が散乱を受ける粒子の質量 m_1 にくらべて大きいときには，$\chi \approx \theta_1$，また $m \approx m_1$，したがって

$$d\sigma_1 = \left(\frac{\alpha}{4E_1}\right)^2 \frac{do_1}{\sin^4\frac{\theta_1}{2}}. \tag{16.5}$$

ここで $E_1 = m_1 v_\infty^2/2$ は入射粒子のエネルギーである．

二つの粒子の質量が同じ $(m_1 = m_2, m = m_1/2)$ であるときには，(14.9) によって $\chi = 2\theta_1$，これを (16.2) に代入して

$$d\sigma_1 = 2\pi\left(\frac{\alpha}{E_1}\right)^2 \frac{\cos\theta_1}{\sin^3\theta_1} d\theta_1 = \left(\frac{\alpha}{E_1}\right)^2 \frac{\cos\theta_1}{\sin^4\theta_1} do_1 \tag{16.6}$$

が得られる．二つの粒子の質量が同じだというだけでなく，二つの粒子があらゆる点で同じであるならば，散乱ののちに，初め運動していた粒子と初め静止していた粒子とを区別することは，意味をもたない．二つの粒子に対する総有効断面積は，$d\sigma_1$ と $d\sigma_2$ とを加え合わせ，θ_1 および θ_2 とを共通の θ におきかえることによって得られる：

$$d\sigma = \left(\frac{\alpha}{E_1}\right)^2 \left(\frac{1}{\sin^4\theta} + \frac{1}{\cos^4\theta}\right) \cos\theta\, do. \tag{16.7}$$

ふたたび一般の公式 (16.2) にもどり，これを用いて散乱粒子が衝突によって失ったエネルギーに対する分布をきめよう．散乱を受ける粒子の質量 (m_1) と散乱する粒子の質量 (m_2) とがどのような関係にあるときでも，散乱によって後者の粒子が獲得する速さは重心系での角度によって，つぎのように表わされる：

$$v_2' = \frac{2m_1}{m_1+m_2}v_\infty \sin\frac{\chi}{2}$$

((14.5) を見よ).したがって,散乱する粒子の得るエネルギー,したがってまた質点 m_1 の失うエネルギーは,

$$\varepsilon = \frac{m_2}{2}v_2'^2 = \frac{2m^2}{m_2}v_\infty^2 \sin^2\frac{\chi}{2}$$

に等しい.これから $\sin(\chi/2)$ を ε によって表わし,(16.2) へ代入すれば

$$d\sigma = 2\pi\frac{\alpha^2}{m_2 v_\infty^2}\frac{d\varepsilon}{\varepsilon^2} \tag{16.8}$$

を得る.この式が,求める公式,すなわち有効断面積をエネルギー損失 ε(ゼロから $\varepsilon_{\max} = 2m^2 v_\infty^2/m_2$ までの値をとる)の関数として表わすものである.

第 5 章 微小振動

§17. 1 次元の自由振動

 力学系の行なう運動のなかでも非常に広く見られるタイプは，系が安定なつり合いの位置の近くで行なう**微小振動**とよばれる運動である．この運動の考察の手はじめに，最も簡単な場合，すなわち，ただ一つの自由度をもつ系をとりあげよう．

 系の安定なつり合いは，ポテンシャル・エネルギー $U(q)$ が極小になる位置に対応する．系がその位置からずれると，系をもとへもどそうとする力 $-dU/dq$ が生ずる．つり合いの位置に対する一般化座標の値を q_0 で表わす．つり合いの位置からのずれが小さいときは，差 $U(q)-U(q_0)$ を $q-q_0$ のベキに展開して，最初のゼロでない項を残せば十分である．一般の場合，それは 2 次の項である：

$$U(q)-U(q_0) \simeq \frac{k}{2}(q-q_0)^2.$$

ここで k は正の係数である（2 階導関数 $U''(q)$ の $q=q_0$ での値）．今後ポテンシャル・エネルギーをその極小値からはかることにし（すなわち $U(q_0)=0$ とおき），つり合いの位置からの座標のずれを

$$x = q - q_0 \tag{17.1}$$

と記す．そうすると，

$$U(x) = \frac{k}{2}x^2. \tag{17.2}$$

自由度1の系の運動エネルギーは，一般に

$$\frac{1}{2}a(q)\dot{q}^2 = \frac{1}{2}a(q)\dot{x}^2$$

の形をもつ．今の近似では，関数 $a(q)$ の値として $q = q_0$ における値をとれば十分である．簡単のため

$$a(q_0) = m$$

とおくと[1]，1次元の微小振動を行なう系[2]のラグランジアンとして，結局つぎの表現が得られる：

$$L = \frac{m}{2}\dot{x}^2 - \frac{k}{2}x^2. \tag{17.3}$$

これに対応する運動方程式は

$$m\ddot{x} + kx = 0, \tag{17.4}$$

あるいは

$$\ddot{x} + \omega^2 x = 0 \tag{17.5}$$

となる．ここに

$$\omega = \sqrt{\frac{k}{m}} \tag{17.6}$$

という記号を導入した．線形微分方程式 (17.5) の二つの

---

[1] x が粒子のデカルト座標であるときにのみ，量 m は質量になることを指摘しておこう．
[2] そのような系はしばしば1次元の**振動子**とよばれる．

独立な解は，$\cos\omega t$ と $\sin\omega t$ であるから，その一般解は
$$x = c_1\cos\omega t + c_2\sin\omega t \tag{17.7}$$
である．この表式は
$$x = a\cos(\omega t + \alpha) \tag{17.8}$$
の形に書くこともできる．
$$\cos(\omega t + \alpha) = \cos\omega t\cos\alpha - \sin\omega t\sin\alpha$$
であるから，(17.7) とくらべて，任意定数 a および α と定数 c_1 および c_2 とのあいだに
$$a = \sqrt{c_1^2 + c_2^2}, \qquad \tan\alpha = -\frac{c_2}{c_1} \tag{17.9}$$
という関係がある．

このように，安定なつり合いの位置の近くでは，系は調和振動を行なう．(17.8) の周期的因数にかかる係数 a を振動の**振幅**，余弦関数の引数を振動の**位相**とよぶ．α は位相の初期値であって，いうまでもなく，時間の原点のとり方に依存する．ω という量は振動の**角振動数**とよばれる．しかし理論物理学では，それは簡単に**振動数**とよばれるのが普通であり，われわれも以下ではそれに従う．

振動数は，初期条件にはよらない振動の基本的な特性を表わす．(17.6) 式によれば，それは力学系自体の性質だけによって完全にきまる．しかし，振動数のこの性質は，振動が小さいという仮定に結びついているのであって，より高い近似に進むと成り立たなくなることを忘れてはならない．数学的にいえば，上の性質は，ポテンシャル・エネルギーが座標の 2 乗に依存することに結びついているので

ある.

微小振動を行なっている系のエネルギーは,
$$E = \frac{m}{2}\dot{x}^2 + \frac{k}{2}x^2 = \frac{m}{2}(\dot{x}^2 + \omega^2 x^2),$$
あるいは,(17.8) を代入して
$$E = \frac{1}{2}m\omega^2 a^2 \qquad (17.10)$$
である.これは振幅の2乗に比例する.

振動をしている系の座標の時間に対する依存関係は,複素表現の実部
$$x = \text{Re}\{Ae^{-i\omega t}\} \qquad (17.11)$$
によって表わすのが便利なことが多い.ここに A は複素定数である.それを
$$A = ae^{-i\alpha} \qquad (17.12)$$
の形に書くと,(17.8) の表現にもどる.定数 A は**複素振幅**とよばれる.その絶対値は通常の振幅に一致し,偏角は初期位相に一致する.

数学的関係の演算において指数関数を使うことは,微分をしても形が変わらないという点で,三角関数を使うよりも便利である.その際,われわれはさしあたり線形の演算(和,定数倍,微分,積分)しか行なわないので,計算の最後の結果で実部をとることにして,実部をとることを表わす記号 Re ははぶくことができる.

問 題

1. 振動の振幅と初期位相とを座標および速度の初期値 x_0 および v_0 によって表わせ.

解 $a = \sqrt{x_0^2 + \dfrac{v_0^2}{\omega^2}}, \ \tan\alpha = -\dfrac{v_0}{\omega x_0}.$

2. 異なったアイソトープ原子からなる 2 個の 2 原子分子の振動数 ω, ω' の比を求めよ.それぞれの原子の質量を m_1, m_2 および m_1', m_2' とする.

解 アイソトープ原子は同じように相互作用するから,$k = k'$.分子の運動エネルギーにおける係数 m の役を演ずるのは,その換算質量である.そこで,(17.6) に従って

$$\frac{\omega'}{\omega} = \sqrt{\frac{m_1 m_2 (m_1' + m_2')}{m_1' m_2' (m_1 + m_2)}}.$$

3. ばねの一端に結びつけられ,ある直線上を運動することのできる質量 m の質点の振動数を求めよ.このばね

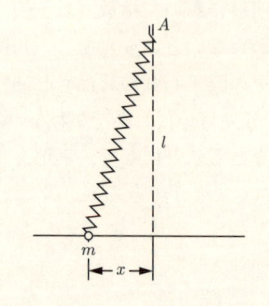

図 15

の他端は，直線から距離 l の点 A に固定されている（図15）．ばねは長さ l のとき力 F で引っ張られている．

解 ばねのポテンシャル・エネルギーは（高次の微小量を省略して）力 F とばねの伸び δl との積に等しい．$x \ll l$ ならば

$$\delta l = \sqrt{l^2 + x^2} - l \approx \frac{x^2}{2l}$$

であるから，$U = Fx^2/2l$．運動エネルギーは $m\dot{x}^2/2$ であるから，

$$\omega = \sqrt{\frac{F}{ml}}.$$

§18. 強制振動

変化する外場の作用を受ける系の振動を考察することにしよう．そのような振動は，前節で考察したいわゆる**自由振動**と区別して**強制振動**とよばれる．振動はこれまでどおり小さいと仮定されるから，外場は十分弱いものと了解する．もしそうでなければ，外場は過大な変位 x を生じさせるかもしれないからである．

この場合，系は固有のポテンシャル・エネルギー $kx^2/2$ のほかに，それに働く外場によるポテンシャル・エネルギー $U_e(x, t)$ をもつ．この付加項を微小量 x のベキに展開して，

$$U_e(x, t) \simeq U_e(0, t) + x \left[\frac{\partial U_e}{\partial x} \right]_{x=0}.$$

この第1項は，時間だけの関数であり，したがって，ラグランジアンからおとすことができる（他の時間の関数の t

についての完全導関数とみなせるから）．第2項において，$-[\partial U_e/\partial x]_{x=0}$ はつり合いの位置で系に働く外からの《力》であって，時間の与えられた関数である．それを $F(t)$ で表わそう．こうして，ポテンシャル・エネルギーに $-xF(t)$ という項が加わり，系のラグランジアンは次のようになる：

$$L = \frac{m}{2}\dot{x}^2 - \frac{k}{2}x^2 + xF(t). \qquad (18.1)$$

これに対応する運動方程式は

$$m\ddot{x} + kx = F(t),$$

あるいは

$$\ddot{x} + \omega^2 x = \frac{1}{m}F(t) \qquad (18.2)$$

である．ここでふたたび，自由振動の振動数 ω を導入した．

よく知られているように，定数係数の非同次線形微分方程式の一般解は，二つの部分の和 $x = x_0 + x_1$ の形に求められる．ただし，x_0 は同次方程式の一般解，x_1 は非同次方程式の特殊解である．今の場合，x_0 は前節で考察した自由な振動を表わす．

特に興味ある場合として，強制力もまた，ある振動数 γ をもつ時間の周期関数であると考えよう：

$$F(t) = f\cos(\gamma t + \beta). \qquad (18.3)$$

方程式（18.2）の特殊解を，周期的な因数を含むような形 $x_1 = b\cos(\gamma t + \beta)$ においてみる．これを方程式に代入すると $b = f/m(\omega^2 - \gamma^2)$ が得られる．同次方程式の解を加えて，一般解

$$x = a\cos(\omega t+\alpha)+\frac{f}{m(\omega^2-\gamma^2)}\cos(\gamma t+\beta) \quad (18.4)$$

を得る．任意定数 a および α は初期条件からきまる．

このように，周期的な強制力のもとで系の行なう運動は，二つの振動から合成されている．すなわち，系の固有振動数 ω をもつものと，強制力の振動数 γ をもつものとである．

解 (18.4) は，**共鳴**とよばれる場合，すなわち，強制力の振動数が系の固有振動数と一致する場合には適用できない．この場合の運動方程式の一般解を見いだすために，定数の記号を適当に改めて，(18.4) 式の形を

$$x = a\cos(\omega t+\alpha)$$
$$+\frac{f}{m(\omega^2-\gamma^2)}[\cos(\gamma t+\beta)-\cos(\omega t+\beta)]$$

と書き直す．$\gamma \to \omega$ のとき第2項は不定形 0/0 を与える．それをロピタルの規則にしたがって有限の形になおすと，

$$x = a\cos(\omega t+\alpha)+\frac{f}{2m\omega}t\sin(\omega t+\beta) \quad (18.5)$$

を得る．したがって，共鳴の場合には，振幅が時間について線形に増大する（もちろん振動が小さく，これまで述べた理論が適用できるかぎりにおいてである）．

なお，共鳴の近くの，すなわち，ε を微小量として $\gamma = \omega+\varepsilon$ であるような場合の微小振動がどんな様子のものかを説明しよう．一般解を

$$x = Ae^{-i\omega t}+Be^{-i(\omega+\varepsilon)t}$$
$$= (A+Be^{-i\varepsilon t})e^{-i\omega t} \quad (18.6)$$

のように複素数の形に書く．$A+Be^{-i\varepsilon t}$ という量は，因数 $e^{-i\omega t}$ の周期 $2\pi/\omega$ のあいだにはすこししか変化しないから，共鳴の近くの運動は振幅の変化する微小振動とみなすことができる[1]．

この振幅を c と記せば，
$$c=|A+Be^{-i\varepsilon t}|.$$
A および B をそれぞれ $ae^{-i\alpha}, be^{-i\beta}$ の形に書くと，
$$c^2 = a^2+b^2+2ab\cos(\varepsilon t+\beta-\alpha). \tag{18.7}$$
したがって，振幅は二つの限界
$$|a-b| \leqq c \leqq a+b$$
のあいだを振動数 ε で周期的に変動する．この現象はうなりとよばれる．

運動方程式 (18.2) の解は，任意の強制力 $F(t)$ に対する一般的な形に求めることもできる．それを容易にするには，方程式をあらかじめ
$$\frac{d}{dt}(\dot{x}-i\omega x)+i\omega(\dot{x}-i\omega x)=\frac{1}{m}F(t),$$
あるいは
$$\frac{d\xi}{dt}+i\omega\xi=\frac{1}{m}F(t) \tag{18.8}$$
の形に書きなおしておけばよい．ここで複素量
$$\xi=\dot{x}-i\omega x \tag{18.9}$$

---

[1] 振動の位相のなかの《定数》項も変化する．

を導入した．方程式 (18.8) はもはや 2 階でなく，1 階の方程式である．右辺がなければ，その解は定数 A をもちいて $\xi = Ae^{-i\omega t}$ と表わされる．一般的なやり方に従って，非同次方程式の解を $\xi = A(t)e^{-i\omega t}$ の形におくと，関数 $A(t)$ に対してつぎの方程式を得る：

$$\dot{A}(t) = \frac{1}{m}F(t)e^{i\omega t}.$$

これを積分して，方程式 (18.8) の解は

$$\xi = e^{-i\omega t}\left\{\int_0^t \frac{1}{m}F(t)e^{i\omega t}dt + \xi_0\right\} \tag{18.10}$$

となる．ここで積分定数 ξ_0 は，$t=0$ における ξ の値である．これで求める一般解が得られたことになる．関数 $x(t)$ は，表式 (18.10) の虚数部分（を $-\omega$ で割ったもの）で与えられる[1]．

強制振動を行なう系のエネルギーは，もちろん保存されない．系は，外力の源からエネルギーを得るからである．系の初めのエネルギーをゼロと仮定して，力の働いている全期間のあいだに（$-\infty$ から $+\infty$ まで）系が得る全エネルギーを求めてみよう．(18.10) 式において積分の下限を 0 の代わりに $-\infty$ とし，$\xi(-\infty)=0$ とすれば，$t \to \infty$ に対して

$$|\xi(\infty)|^2 = \frac{1}{m^2}\left|\int_{-\infty}^{\infty} F(t)e^{i\omega t}dt\right|^2.$$

---

[1] その際，いうまでもなく，力 $F(t)$ は実数形に書いておかねばならない．

他方,系のエネルギーは

$$E = \frac{m}{2}(\dot{x}^2 + \omega^2 x^2) = \frac{m}{2}|\xi|^2 \qquad (18.11)$$

である.これに $|\xi(\infty)|^2$ を代入して,求めるエネルギーのうけとり分

$$E = \frac{1}{2m}\left|\int_{-\infty}^{\infty} F(t)e^{i\omega t}dt\right|^2 \qquad (18.12)$$

が得られる.すなわち,力 $F(t)$ の,系の固有振動数に等しい振動数をもつフーリエ成分の絶対値の2乗によって与えられる.

特に,外力が $1/\omega$ にくらべてごく短い時間しか働かないときには,$e^{i\omega t} \simeq 1$ とおくことができる.すると,

$$E = \frac{1}{2m}\left(\int_{-\infty}^{\infty} F(t)dt\right)^2.$$

この結果は当然である.これは,短時間働く力は,その時間のあいだに系にいちじるしい変位を与えることなしに,運動量 $\int F dt$ を与えるという事実を表わしている.

問　題

1. 力 $F(t)$ を受ける系の強制振動を,$t=0$ では系はつり合いの位置に静止していた $(x=0, \dot{x}=0)$ という初期条件のもとで,つぎの場合について決定せよ：

a) $F = \text{const.} = F_0$.

　解　$x = \dfrac{F_0}{m\omega^2}(1-\cos\omega t)$；一定の力が働けば,つり

合いの位置が変化する．そして新しいつり合いの位置 $[x=F_0/m\omega^2]$ のまわりに振動が行なわれる．

b) $F=at$.

解 $x=\dfrac{a}{m\omega^3}(\omega t-\sin\omega t)$.

c) $F=F_0 e^{-\alpha t}$.

解 $x=\dfrac{F_0}{m(\omega^2+\alpha^2)}\left(e^{-\alpha t}-\cos\omega t+\dfrac{\alpha}{\omega}\sin\omega t\right)$.

d) $F=F_0 e^{-\alpha t}\cos\beta t$.

解 $x=\dfrac{F_0}{m[(\omega^2+\alpha^2-\beta^2)^2+4\alpha^2\beta^2]}$
$\quad\Big\{-(\omega^2+\alpha^2-\beta^2)\cos\omega t$
$\quad+\dfrac{\alpha}{\omega}(\omega^2+\alpha^2+\beta^2)\sin\omega t$
$\quad+e^{-\alpha t}[(\omega^2+\alpha^2-\beta^2)\cos\beta t-2\alpha\beta\sin\beta t]\Big\}$

(解を得るためには，力を複素数 $F=F_0 e^{(-\alpha-i\beta)t}$ の形に書くのが便利である)．

2. $t<0$ で $F=0$, $0<t<T$ で $F=F_0 t/T$, $t>T$ で $F=F_0$ という法則 (図 16) に従って外力が働いたの

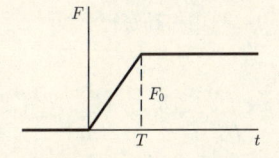

図 16

ちに，系の振動がもつ最終的な振幅を求めよ．時刻 $t=0$ までは，系はつり合いの位置に静止している．

解 初期条件を満足する振動の，時間 $0<t<T$ における積分は

$$x = \frac{F_0}{mT\omega^3}(\omega t - \sin \omega t)$$

となる．$t>T$ に対しては，解の形を

$$x = c_1 \cos \omega(t-T) + c_2 \sin \omega(t-T) + \frac{F_0}{m\omega^2}$$

とおく．$t=T$ で x および $\dot{x}$ が連続という条件から

$$c_1 = -\frac{F_0}{mT\omega^3}\sin \omega T, \qquad c_2 = \frac{F_0}{mT\omega^3}(1-\cos \omega T)$$

が得られる．このときの振幅は，

$$a = \sqrt{c_1^2 + c_2^2} = \frac{2F_0}{mT\omega^3}\sin\frac{\omega T}{2}$$

である．力 F_0 がゆっくり加わるほど（すなわち，T が大きいほど），この振幅は小さいことに注意しよう．

3. ある限られた時間 T のあいだだけ一定の力 F_0 が働く場合に（図 17），上と同様の問題を解け．

解 問題 2 と同様にして解けるが，公式 (18.10) を利用するほうが簡単である．$t>T$ に対しては $x=0$ という位置のまわりに自由振動が行なわれる．これに対しては，

$$\xi = \frac{F_0}{m}e^{-i\omega t}\int_0^T e^{i\omega t}dt = \frac{iF_0}{\omega m}(1-e^{i\omega T})e^{-i\omega t}.$$

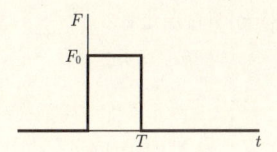

図 17

その絶対値を 2 乗すれば，公式 $|\xi|^2 = a^2\omega^2$ にしたがって振幅が得られる．結果は，

$$a = \frac{2F_0}{m\omega^2}\sin\frac{\omega T}{2}.$$

§19. 多くの自由度をもつ系の振動

複数個（s 個）の自由度をもつ系の自由振動の理論は，§17 で 1 次元の振動を考察したのと同様のやり方でつくりあげることができる．

一般化座標 q_i $(i=1,2,\cdots,s)$ の関数である系のポテンシャル・エネルギー U は $q_i = q_{i0}$ で極小になるとする．微小変位

$$x_i = q_i - q_{i0} \tag{19.1}$$

を導入し，これで U を 2 次の項まで展開すると，ポテンシャル・エネルギーが正定値の 2 次形式として得られる：

$$U = \frac{1}{2}\sum_{i,k} k_{ik} x_i x_k. \tag{19.2}$$

ただし，ポテンシャル・エネルギーはその極小値からはかることにする．(19.2) における係数 k_{ik} および k_{ki} は同一の量 $x_i x_k$ にかかっているから，それは添字に関してつね

に対称であることが明らかである：
$$k_{ik} = k_{ki}.$$

運動エネルギーは，一般に
$$\frac{1}{2}\sum_{i,k}a_{ik}(q)\dot{q}_i\dot{q}_k$$

という形をもつが（(5.5) を見よ），この係数において $q_i = q_{i0}$ とおき，定数 $a_{ik}(q_0)$ を m_{ik} で表わすと，これは正定値の2次形式になる：
$$\frac{1}{2}\sum_{i,k}m_{ik}\dot{x}_i\dot{x}_k. \tag{19.3}$$

係数 m_{ik} も，添字について対称とみなすことができる：
$$m_{ik} = m_{ki}.$$

こうして，自由な微小振動を行なう系のラグランジアンは，
$$L = \frac{1}{2}\sum_{i,k}(m_{ik}\dot{x}_i\dot{x}_k - k_{ik}x_ix_k). \tag{19.4}$$

そこでつぎに運動方程式を求めよう．そこに現われる導関数を定めるために，ラグランジアンの完全微分を書く：

$$dL =$$
$$\frac{1}{2}\sum_{i,k}(m_{ik}\dot{x}_id\dot{x}_k + m_{ik}\dot{x}_kd\dot{x}_i - k_{ik}x_idx_k - k_{ik}x_kdx_i).$$

和の値は，いうまでもなく，和をとる添字の付け方にはよらないから，括弧内の第1項と第3項で i を k に，k を i に変える．そうして，係数 m_{ik}, k_{ik} の対称性に注意すると，

$$dL = \sum_{i,k}(m_{ik}\dot{x}_kd\dot{x}_i - k_{ik}x_kdx_i)$$

が得られる．これから明らかに，

$$\frac{\partial L}{\partial \dot{x}_i} = \sum_k m_{ik}\dot{x}_k, \qquad \frac{\partial L}{\partial x_i} = -\sum_k k_{ik}x_k.$$

したがって，ラグランジュ方程式は

$$\sum_k m_{ik}\ddot{x}_k + \sum_k k_{ik}x_k = 0 \qquad (19.5)$$

となる．これは定数係数をもつ s 個 $(i=1,2,\cdots,s)$ の線形同次微分方程式の組を表わす．

こういう方程式を解く一般的方法に従って，s 個の未知関数 $x_k(t)$ を

$$x_k = A_k e^{-i\omega t} \qquad (19.6)$$

の形におく．ここに，A_k は，今のところ未定の定数である．(19.6) を (19.5) に代入し，全体を $e^{-i\omega t}$ で約すると，定数 A_k が満たすべき 1 次の線形同次代数方程式の組が得られる：

$$\sum_k (-\omega^2 m_{ik} + k_{ik})A_k = 0. \qquad (19.7)$$

この連立方程式がゼロと異なる解をもつためには，それの行列式がゼロにならなければならない：

$$|k_{ik} - \omega^2 m_{ik}| = 0. \qquad (19.8)$$

この方程式——**特性方程式**とよばれる——は，ω^2 について s 次の方程式である．これは一般に，s 個の異なった実の正根 ω_α^2 $(\alpha = 1, 2, \cdots, s)$ をもつ．そうやって定められた ω_α は，系の**固有振動数**とよばれる．特別の場合には，それらのうちいくつかが，互いに一致することがある；そのよう

な一致した固有振動数は**縮重**しているといわれる．

方程式（19.8）の根が実で正であることは，物理的な考察によってあらかじめ明らかである．実際，ω に虚部分があるとしたら，(19.6) の座標 x_k（そして速度 $\dot{x}_k$ も）の時間に依存する部分には，指数関数的に減少あるいは増大する因数が含まれることになる．しかし，今の場合そのような因数が含まれることは，系の全エネルギー $E = U + T$ が時間とともに変化し，エネルギーの保存法則に反するという結果に導くから許されない．

振動数 ω_α が見いだされたならば，そのおのおのを方程式（19.7）に代入することによってそれに対応する係数 A_k が求められる．代数方程式（19.7）の斉次性のために，それらの値には，共通の乗数をかけてもよいという任意性が残される．このことをはっきりさせるために，与えられた振動数 ω_α のおのおのに対応した係数 A_k を $A_k = \Delta_{k\alpha} C_\alpha$ と表わそう．$\Delta_{k\alpha}$ は，実の定数の特定の組であり，C_α は添字 k に依存しない任意の（複素数の）定数である．

微分方程式（19.5）の特殊解のセットは，したがって，
$$x_k = \Delta_{k\alpha} C_\alpha e^{-i\omega_\alpha t}$$
の形になる．一般解は，これらの特殊解の和で与えられる．実数部分をとって

$$x_k = \sum_\alpha \Delta_{k\alpha} Q_\alpha \qquad (19.9)$$

となる．ここで

$$Q_\alpha = \text{Re}\{C_\alpha e^{-i\omega_\alpha t}\}. \qquad (19.10)$$

§19. 多くの自由度をもつ系の振動

このようにして,系の各座標の時間的変動は,振幅と位相とは任意であるが,完全に定まった振動数をもつ s 個の単純な周期的振動 $Q_1, Q_2, \cdots, Q_s$ の重ね合わせであることがわかる.

一般化座標を適当に選ぶことによって,そのおのおのがただ一つの単振動を行なうようにすることはできないかという疑問が当然生ずるであろう.一般解 (19.9) の形そのものがこの問題を解く方法を示している.

実際,s 個の関係 (19.9) を s 個の未知量 Q_α に関する方程式の組とみなすと,それを解いて,$Q_1, Q_2, \cdots, Q_s$ を座標 $x_1, x_2, \cdots, x_s$ で表わすことができる.したがって,Q_α を新しい一般化座標とみなすことができる.この座標を**基準座標**(または主座標),それが行なう単一の周期の振動を系の**基準振動**とよぶ.

基準座標 Q_α はその定義から明らかなように,方程式
$$\ddot{Q}_\alpha + \omega_\alpha^2 Q_\alpha = 0 \tag{19.11}$$
を満たす.このことは,基準座標を使うと,運動方程式は s 個の互いに独立な方程式に分かれることを意味する.各基準座標の加速度は,その座標の値にのみ依存し,各座標の時間的変化のようすを完全に定めるには,それぞれ自身とそれに対応する速度との初期値だけを知れば十分である.言いかえると,系の基準振動は完全に独立である.

今述べたところから明らかなように,ラグランジアンを基準座標によって表わすと,それぞれがいずれかの振動数 ω_α をもつ1次元の振動を表わすような項

$$\frac{m_\alpha}{2}(\dot{Q}_\alpha^2 - \omega_\alpha^2 Q_\alpha^2)$$

の和となる.ここに m_α は正の定数である.これらの定数は(19.9)式の $\Delta_{k\alpha}$ の一組の係数にかける共通乗数の変化によって任意の値にすることができる.通常,基準座標を $m_\alpha = 1$ となるように選ぶ.そのとき系の全体のラグランジアンは次のような形となる[1].

$$L = \frac{1}{2}\sum_\alpha (\dot{Q}_\alpha^2 - \omega_\alpha^2 Q_\alpha^2). \tag{19.12}$$

互いに相互作用しているが外場のなかにはおかれていない粒子の系を扱うときには,その自由度のすべてが振動的な性格をもつわけではない.そのような系の典型は分子である.分子内でのつり合いの位置のまわりの原子の振動のほかに,分子全体として並進運動および回転運動を行なうことができる.

並進運動には三つの自由度が対応する.一般の場合には,回転の自由度も同じ数だけあるから,n 原子分子の自由度 $3n$ のうち全部で $3n-6$ 個だけが振動に対応する.すべての原子が1直線上に並んでいるような分子は例外である.その直線のまわりの原子の回転ということは意味をなさないから,このとき回転の自由度の数は2で,振動の自由度

---

[1] 縮重した振動数の場合,基準座標の選び方は一意的でない.同一の ω_α をもつ基準座標の運動エネルギーとポテンシャル・エネルギーには,同一の変換をする和 $\sum Q_\alpha^2$ と $\sum \dot{Q}_\alpha^2$ が含まれているから,これらの2乗の和を不変にする任意の1次変換をほどこすことができる.

は $3n-5$ である.

分子の基準振動は，分子内の原子のつり合いの位置における配置の対称性を考察し，その対称性に対応した原子の運動に従って分類することができる．そのためには，群論の使用に基礎をおく一般的な方法があるが，ここでは二，三の初等的な例をしらべるにとどめる．

分子内の n 個の原子がすべて同一の平面内にある場合には，原子がこの平面内にとどまるような基準振動と，原子が平面外にでるような基準振動とが区別される．それらの数を求めることは容易である．平面運動の全部で $2n$ 個の自由度のうち，二つは並進運動，一つは回転運動であるから，原子が平面外にでないような基準振動の数は $2n-3$ である．残りの $(3n-6)-(2n-3)=n-3$ 個の振動の自由度は，原子が平面外にはみ出るような振動に対応する．

線形の分子の場合には，分子のまっすぐな形を変えない縦振動と，原子がこの直線上からはずれる振動とが区別される． n 個の粒子の直線上の運動の自由度が n で，そのうち一つは並進運動の自由度であるから，直線上での振動の数は $n-1$ に等しい．線形分子の振動の自由度は全部で $3n-5$ であるから，原子が直線上からはずれるような振動は $2n-4$ 個ある．しかし，これらの振動のうち異なった振動数をもつのは， $n-2$ 個である．なぜなら，それらの振動のおのおのは，分子の軸を通る二つの互いに垂直な平面内で行なわれる二つの独立な振動に分けることができるが，対称性の考察から明らかなように，それらの基準振動の各

問　題

1. ラグランジアンが

$$L = \frac{1}{2}(\dot{x}^2 + \dot{y}^2) - \frac{\omega_0^2}{2}(x^2 + y^2) + \alpha xy$$

で与えられる自由度2の系の振動を決定せよ（固有振動数 ω_0 をもつ二つの等しい1次元の系が，相互作用 $-\alpha xy$ で結ばれている）．

解 運動方程式は

$$\ddot{x} + \omega_0^2 x = \alpha y, \qquad \ddot{y} + \omega_0^2 y = \alpha x$$

である．(19.6) を代入すると，

$$A_x(\omega_0^2 - \omega^2) = \alpha A_y, \qquad A_y(\omega_0^2 - \omega^2) = \alpha A_x. \quad (1)$$

特性方程式は $(\omega_0^2 - \omega^2)^2 = \alpha^2$ で，これから

$$\omega_1^2 = \omega_0^2 - \alpha, \qquad \omega_2^2 = \omega_0^2 + \alpha$$

となる．$\omega = \omega_1$ ならば方程式 (1) は $A_x = A_y$ を与え，$\omega = \omega_2$ ならば $A_x = -A_y$ を与える．したがって，

$$x = \frac{1}{\sqrt{2}}(Q_1 + Q_2), \qquad y = \frac{1}{\sqrt{2}}(Q_1 - Q_2).$$

（係数 $1/\sqrt{2}$ がつくのは，本文で示した，基準座標の規格化のためである）．

$\alpha \ll \omega_0^2$（弱い結合）のときは，

$$\omega_1 \approx \omega_0 - \frac{\alpha}{2\omega_0}, \qquad \omega_2 \approx \omega_0 + \frac{\alpha}{2\omega_0}$$

となる．この場合，x と y の変動は，接近した振動数を

もつ二つの振動の重ね合わせになる．したがって振動数 $\omega_2 - \omega_1 = \alpha/\omega_0$ のうなりの特徴を備えることになる（§18 を見よ）．その際，座標 x の振幅がその最大値に達するとき y の振幅はその最小値に達し，逆に x の振幅が最小で y の振幅は最大になる．

2. 2重平面振り子（図1，p.32）の微小振動を決定せよ．

解 微小振動（$\varphi_1 \ll 1, \varphi_2 \ll 1$）に対して，§5の問題1で見いだされたラグランジアンは

$$L = \frac{m_1 + m_2}{2} l_1^2 \dot{\varphi}_1^2 + \frac{m_2}{2} l_2^2 \dot{\varphi}_2^2 + m_2 l_1 l_2 \dot{\varphi}_1 \dot{\varphi}_2 \\ - \frac{m_1 + m_2}{2} g l_1 \varphi_1^2 - \frac{m_2}{2} g l_2 \varphi_2^2$$

となる．運動方程式は

$$(m_1 + m_2) l_1 \ddot{\varphi}_1 + m_2 l_2 \ddot{\varphi}_2 + (m_1 + m_2) g \varphi_1 = 0,$$
$$l_1 \ddot{\varphi}_1 + l_2 \ddot{\varphi}_2 + g \varphi_2 = 0$$

である．(19.6) を代入して，

$$A_1 (m_1 + m_2)(g - l_1 \omega^2) - A_2 m_2 l_2 \omega^2 = 0,$$
$$-A_1 l_1 \omega^2 + A_2 (g - l_2 \omega^2) = 0.$$

特性方程式の解は

$$\omega_{1,2}^2 = \frac{g}{2 m_1 l_1 l_2} \{ (m_1 + m_2)(l_1 + l_2) \\ \pm \sqrt{(m_1 + m_2)[(m_1 + m_2)(l_1 + l_2)^2 - 4 m_1 l_1 l_2]} \}$$

である．$m_1 \to \infty$ のとき二つの振動数は，それぞれ独立な二つの振り子の振動に対応する極限値 $\sqrt{g/l_1}$, $\sqrt{g/l_2}$

に向かう.

3. 中心力の場 $U = kr^2/2$ における粒子の運動の軌道を見いだせ(**空間振動子**とよばれる).

解 すべての中心力の場におけるのと同様, 運動は一平面内で行なわれる. その平面を xy 面にとる. 座標 x, y のそれぞれの変化は, 同じ振動数 $\omega = \sqrt{k/m}$ をもつ単振動である:
$$x = a\cos(\omega t + \alpha), \qquad y = b\cos(\omega t + \beta),$$
あるいは,
$$x = a\cos\varphi,$$
$$y = b\cos(\varphi + \delta) = b\cos\delta\cos\varphi - b\sin\delta\sin\varphi.$$
ただし, $\varphi = \omega t + \alpha$, $\delta = \beta - \alpha$ という記号を導入した. これから $\cos\varphi$ と $\sin\varphi$ とを求め, それらの2乗の和をとると, 軌道の方程式
$$\frac{x^2}{a^2} + \frac{y^2}{b^2} - \frac{2xy}{ab}\cos\delta = \sin^2\delta$$
が得られる. これは, 座標原点を中心とする楕円である. $\delta = 0$ または π のときには, 軌道は線分になってしまう.

§20. 減衰振動

これまでわれわれはいつも, 物体の運動は真空中で行なわれる, あるいは, 運動に対する媒質の影響は無視できるということを暗に前提していた. 実際は, 媒質内で物体が運動するとき, 媒質は運動の速度を減少させるような抵抗をおよぼす. このとき運動する物体のエネルギーは, 最後

§20. 減衰振動

には熱に変わる，言いかえると，散逸してしまう．

このような条件のもとでの運動はもはや純力学的な過程ではない．それを考察するには，媒質自体の運動や，媒質および物体の内部の熱的な状態を考慮に入れることが必要である．とりわけ，一般的に言って，運動する物体の加速度は与えられた瞬間の物体の座標と速度だけの関数であると主張することはできない．すなわち，力学におけるのと同様にラグランジアンを用いて導き出される運動方程式は存在しない．そういうわけで，媒質内での物体の運動に関する問題は，力学だけの問題ではないのである．

けれども，ある種のケースでは，力学の運動方程式に一定の付加項を導入することによって，媒質中の運動を近似的に記述することができる．そのような場合の一つは，媒質内での散逸的過程を特徴づける振動数にくらべてずっと小さい振動数をもつ振動である．この条件が満たされているときは，物体には（与えられた一様な媒質について）その速度だけに依存する**摩擦力**が働くとみなすことができる．

そのうえ，この速度が十分小さければ，摩擦力を速度のベキで展開することができる．静止している物体にはいかなる摩擦力も働かないから，展開の0次の項はゼロに等しい．最初のゼロでない項は速度に比例する．したがって，一般化座標 x の1次元微小振動を行なっている系に働く一般化された摩擦力 $f_{摩擦}$ は，

$$f_{摩擦} = -\alpha \dot{x}$$

と書くことができる．ここに α は正の係数で，その前の —

（マイナス）の符号は，この力が速度とは反対の向きに働くことを表わす．この力を運動方程式の右辺に付け加えて
$$m\ddot{x} = -kx - \alpha\dot{x} \qquad (20.1)$$
を得る．これを m で割って，
$$\frac{k}{m} = \omega_0^2, \qquad \frac{\alpha}{m} = 2\lambda \qquad (20.2)$$
という記号を導入する．ω_0 は摩擦がないときの系の自由振動の振動数である．λ は，**減衰率**とよばれる[1]．こうして，方程式
$$\ddot{x} + 2\lambda\dot{x} + \omega_0^2 x = 0 \qquad (20.3)$$
が得られる．定数係数の線形方程式の一般的な解き方に従って $x = e^{rt}$ とおくと，r に対する特性方程式
$$r^2 + 2\lambda r + \omega_0^2 = 0$$
が得られる．方程式 (20.3) の一般解は
$$x = c_1 e^{r_1 t} + c_2 e^{r_2 t}, \qquad r_{1,2} = -\lambda \pm \sqrt{\lambda^2 - \omega_0^2}.$$

ここで二つの場合を区別しなければならない．

$\lambda < \omega_0$ ならば，r の二つの値は複素共役である．この場合の運動方程式の一般解は，
$$x = \mathrm{Re}\{A \exp(-\lambda t - it\sqrt{\omega_0^2 - \lambda^2})\}$$
のように表わすことができる．ただし，A は任意の複素定数である．あるいはまた，a および α を実の定数として，
$$x = ae^{-\lambda t}\cos(\omega t + \alpha), \qquad \omega = \sqrt{\omega_0^2 - \lambda^2} \qquad (20.4)$$
とも書ける．これらの式によって表わされる運動は，いわ

---

1) 無次元の積 λT （$T = 2\pi/\omega$ は周期）は対数減衰度とよばれる．

ゆる**減衰振動**である．それは，振幅が指数関数的に減少してゆく調和振動とみなすことができる．振幅の減少してゆく速さは減衰率 λ によってきまる．《振動数》ω は，摩擦がないときの自由振動数よりも小さい．$\lambda \ll \omega_0$ のときは，ω と ω_0 の差は 2 次の微小量である．摩擦があるときに振動数が小さくなることは，当然まえもって予期されるところである．というのは，一般に摩擦は運動を遅らせるものだからである．

$\lambda \ll \omega_0$ ならば，1 周期 $2\pi/\omega$ の後にも，減衰振動の振幅はほとんど変化しない．この場合には，因数 $e^{-\lambda t}$ の変化は無視して，座標および速度の 2 乗の（1 周期にわたっての）平均値を考えることに意味がある．この 2 乗平均は明らかに $e^{-2\lambda t}$ に比例する．したがって，系のエネルギーもまた，平均して

$$\overline{E} = E_0 e^{-2\lambda t} \tag{20.5}$$

という法則に従って減少する．ここに E_0 はエネルギーの初期値である．

つぎに $\lambda > \omega_0$ としよう．このとき r の値はともに実であり，そのうえ両方とも負である．解の一般的な形は

$$x = c_1 e^{-(\lambda - \sqrt{\lambda^2 - \omega_0^2})t} + c_2 e^{-(\lambda + \sqrt{\lambda^2 - \omega_0^2})t} \tag{20.6}$$

となる．これは摩擦が十分大きいときに起こる場合で，そのときの運動は $|x|$ の単調な減少，すなわち，振動せずにつり合いの位置へ漸近的に（$t \to \infty$ のとき）近づく運動である．このような型の運動を**非周期的減衰**という．

最後に，$\lambda = \omega_0$ という特別の場合には，特性方程式はただ一つの解（重根）$r = -\lambda$ をもつ．このときの微分方程式の一般解は，よく知られているように

$$x = (c_1 + c_2 t)e^{-\lambda t} \qquad (20.7)$$

と書かれる．これは非周期的減衰の特別の場合である．そして，やはり振動的な性格をもたない．

たくさんの自由度をもつ系では，各座標 x_i に対応する一般化された摩擦力は，つぎの形をした速度の1次関数である：

$$f_{i 摩擦} = -\sum_k \alpha_{ik} \dot{x}_k. \qquad (20.8)$$

純力学的な考察からは，係数 α_{ik} の添字 i, k についての対称性に関しては何も結論することができない．しかし，統計物理学の方法を使うと，つねに

$$\alpha_{ik} = \alpha_{ki} \qquad (20.9)$$

であることを示すことができる．したがって，表式 (20.8) は，つぎの2次形式の導関数の形に書くことができる：

$$f_{摩擦} = -\frac{\partial F}{\partial \dot{x}_i}. \qquad (20.10)$$

ここに，F は

$$F = \frac{1}{2} \sum_{i,k} \alpha_{ik} \dot{x}_i \dot{x}_k \qquad (20.11)$$

であって，**散逸関数**とよばれる．

力 (20.10) をラグランジュ方程式の右辺に加えなければならない：

$$\frac{d}{dt}\frac{\partial L}{\partial \dot{x}_i} = \frac{\partial L}{\partial x_i} - \frac{\partial F}{\partial \dot{x}_i}. \qquad (20.12)$$

散逸関数はそれ自身,重要な物理的意味をもっている.系のエネルギーの散逸の度合いがそれによってきまるのである.このことは,系の力学的エネルギーの時間についての導関数を計算することによって容易にたしかめられる.すなわち

$$\frac{dE}{dt} = \frac{d}{dt}\left(\sum_i \dot{x}_i \frac{\partial L}{\partial \dot{x}_k} - L\right) = \sum_i \dot{x}_i \left(\frac{d}{dt}\frac{\partial L}{\partial \dot{x}_i} - \frac{\partial L}{\partial x_i}\right)$$
$$= -\sum_i \dot{x}_i \frac{\partial F}{\partial \dot{x}_i}.$$

F は速度の 2 次関数であるから,同次関数についてのオイラーの定理によって,この式の右辺の和は $2F$ に等しい.こうして,

$$\frac{dE}{dt} = -2F. \qquad (20.13)$$

すなわち,系のエネルギーが変化する速さは,散逸関数の 2 倍で与えられる.散逸的な過程はエネルギーの減少に導くから,つねに $F>0$ でなければならない.言いかえると,2 次形式(20.11)は正定値でなければならない.

§21. 摩擦があるときの強制振動

摩擦があるときの強制振動は,§18 でとりあげた摩擦のない振動とまったく同様のやり方で考察することができる.ここではもっぱら,とりわけ興味深い周期的な強制力の場

合を詳しく調べることにする．

方程式（20.1）の右辺に強制力 $f\cos\gamma t$ を付け加えて m で割ると，つぎの運動方程式が得られる：

$$\ddot{x}+2\lambda\dot{x}+\omega_0^2 x = \frac{f}{m}\cos\gamma t. \tag{21.1}$$

この方程式の解は複素数の形に求めるのが便利である．そのために，右辺で $\cos\gamma t$ の代わりに $e^{-i\gamma t}$ と書くと

$$\ddot{x}+2\lambda\dot{x}+\omega_0^2 x = \frac{f}{m}e^{-i\gamma t}.$$

特殊解を $x = Be^{-i\gamma t}$ の形におくと，

$$B = \frac{f}{m(\omega_0^2-\gamma^2-2i\lambda\gamma)} \tag{21.2}$$

が得られる．B を $be^{-i\delta}$ の形になおすと，b と δ はそれぞれ

$$b = \frac{f}{m\sqrt{(\omega_0^2-\gamma^2)^2+4\lambda^2\gamma^2}},$$
$$\tan\delta = \frac{2\lambda\gamma}{\gamma^2-\omega_0^2} \tag{21.3}$$

となる．最後に，$Be^{-i\gamma t} = be^{-i(\gamma t+\delta)}$ という表現から実数部分を分離して，方程式（21.1）の特殊解が得られる．それに，右辺がない場合の一般解（議論を確定するために，$\omega_0 > \lambda$ の場合の解を書く）を加えると，結局

$$x = ae^{-\lambda t}\cos(\omega t+\alpha)+b\cos(\gamma t+\delta) \tag{21.4}$$

が得られる．右辺の第1項は時間とともに指数関数的に減少するから，十分長い時間がたったのちには，第2項だけ

が残る:

$$x = b\cos(\gamma t + \delta). \tag{21.5}$$

強制振動の振幅 b の表式 (21.3) も，振動数 γ が ω_0 に近づくにつれて増大するけれども，摩擦がないときの共鳴のように無限大になることはない．力 f の振幅が与えられたとき，振動の振幅は $\gamma = \sqrt{\omega_0^2 - 2\lambda^2}$ という振動数に対して最大になる．$\lambda \ll \omega_0$ のときには，この γ の値と ω_0 との差は 2 次の微小量にすぎない．

共鳴の近くの領域を調べよう．ε を微小量として $\gamma = \omega_0 + \varepsilon$ とおく．また，$\lambda \ll \omega_0$ とする．そうすると (21.2) で近似的に

$$\gamma^2 - \omega_0^2 = (\gamma + \omega_0)(\gamma - \omega_0) \approx 2\omega_0 \varepsilon, \quad 2i\lambda\gamma \approx 2i\lambda\omega_0$$

とおくことができ，したがって，

$$B = -\frac{f}{2m(\varepsilon + i\lambda)\omega_0}, \tag{21.6}$$

あるいは

$$b = \frac{f}{2m\omega_0\sqrt{\varepsilon^2 + \lambda^2}}, \quad \tan\delta = \frac{\lambda}{\varepsilon} \tag{21.7}$$

となる．

強制力の振動数が変化する際の，振動と強制力との位相の差 δ の変わり方の特徴に注意しよう．この位相の差はつねに負である．すなわち，振動は外力に対して《遅れる》のである．共鳴から遠ざかると，$\gamma < \omega_0$ の側では δ はゼロに向かい，$\gamma > \omega_0$ の側では $-\pi$ に近づく．δ のゼロから $-\pi$ までの変化は，振動数でいえば ω_0 の付近のせまい

領域（λ の程度の幅）で起こる．$\gamma = \omega_0$ のとき位相の差は $-\pi/2$ を通過する．これに関連して，摩擦がないとき，強制振動の位相の差は $\gamma = \omega_0$ で π だけ飛躍することに注意する（(18.4) で第 2 項が符号を変える）．摩擦の存在は，この飛躍を《ならし》てしまうのである．

系の強制振動が (21.5) のような運動に落着いたあとでは，系のエネルギーは一定にとどまる．そのとき系は，摩擦のために散逸されるだけのエネルギーを，（外力の源泉から）たえず吸収しつづけるのである．単位時間に平均して吸収されるエネルギーを，外力の振動数の関数として $I(\gamma)$ で表わそう．(20.13) によって

$$I(\gamma) = 2\bar{F}$$

である．ただし，$\bar{F}$ は散逸関数の（振動の周期にわたっての）平均値である．1 次元の運動に対しては，散逸関数の表現 (20.11) は $F = \alpha \dot{x}^2/2 = \lambda m \dot{x}^2$ となる．これに (21.5) を代入して

$$F = \lambda m b^2 \gamma^2 \sin^2(\gamma t + \delta)$$

を得る．正弦関数の 2 乗の時間平均は $1/2$ であるから，

$$I(\lambda) = \lambda m b^2 \gamma^2. \tag{21.8}$$

共鳴の近くでは，(21.7) の振幅を代入して

$$I(\varepsilon) = \frac{f^2}{4m} \frac{\lambda}{\varepsilon^2 + \lambda^2} \tag{21.9}$$

を得る．

このような形で振動数に依存する吸収を**分散的**とよぶ．関数 $I(\varepsilon)$ が $\varepsilon = 0$ における極大値のちょうど半分にまで減

少したときの $|\varepsilon|$ の値を，共鳴曲線（図 18）の半値幅とよぶ．(21.9) 式から明らかなように，今の場合この半値幅は減衰率 λ に一致する．極大の高さ

$$I(0) = \frac{f^2}{4m\lambda}$$

は λ に反比例する．したがって，減衰率が小さくなるほど共鳴曲線はせまく，かつ高くなる．つまり，極大は鋭くなる．共鳴曲線の下の面積はこのときにも不変のままである．

この面積は積分

$$\int_0^\infty I(\gamma)d\gamma = \int_{-\omega_0}^\infty I(\varepsilon)d\varepsilon$$

によって与えられる．$I(\varepsilon)$ は $|\varepsilon|$ が大きくなると急激に減少し，$|\varepsilon|$ の大きなところは重要でないから，積分記号下の $I(\varepsilon)$ を (21.9) でおきかえ，積分の下限を $-\infty$ に変えることができる．そうすると，

$$\int_{-\infty}^\infty I(\varepsilon)d\varepsilon = \frac{f^2\lambda}{4m}\int_{-\infty}^\infty \frac{d\varepsilon}{\varepsilon^2+\lambda^2} = \frac{\pi f^2}{4m} \qquad (21.10)$$

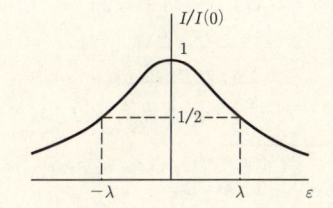

となる．

図 18

§22. パラメータ共鳴

孤立していない振動系で,しかし外からの影響が系のパラメータの時間的変化に限定されるようなものがある[1].

1次元の系ではラグランジアン (17.3) に現われる係数 m と k がパラメータである.それらが時間に関係するとすれば,運動方程式は

$$\frac{d}{dt}(m\dot{x}) + kx = 0 \qquad (22.1)$$

となる.t の代わりに,$d\tau = dt/m(t)$ によって新しい独立変数 τ を導入すると,この方程式は

$$\frac{d^2x}{d\tau^2} + mkx = 0$$

となる.したがって,

$$\frac{d^2x}{dt^2} + \omega^2(t)x = 0 \qquad (22.2)$$

という形の運動方程式を考察すれば,実際上なんら一般性をそこなわずに,十分な結果が得られる.これは,(22.1) で $m = \text{const.}$ としても得られるものである.

関数 $\omega(t)$ の形は,問題の条件によってきまる.この関数は,ある振動数 γ (および周期 $T = 2\pi/\gamma$) をもつ周期関数であると仮定しよう.このことは

$$\omega(t+T) = \omega(t)$$

を意味する.したがって,方程式 (22.2) の全体も $t \to$

---

[1] そのような系の簡単な例は,支点が鉛直方向に周期的な運動をする振り子である(問題を見よ).

$t+T$ という変換に関して不変である．このことから，$x(t)$ が方程式の解ならば，関数 $x(t+T)$ もまた解であることが導かれる．言いかえると，$x_1(t)$ と $x_2(t)$ を方程式 (22.2) の二つの独立な積分とすれば，$t \to t+T$ という変化に際して，これらはお互いのあいだで線形の変換を受ける．そこで t から $t+T$ への変化に際して，x_1, x_2 がそれぞれ単に定数倍されるだけになるように，x_1, x_2 を選ぶことができる[1]：

$$x_1(t+T) = \mu_1 x_1(t), \qquad x_2(t+T) = \mu_2 x_2(t).$$

このような性質をもつ関数の最も一般的な形は

$$x_1(t) = \mu_1^{t/T} \Pi_1(t), \qquad x_2(t) = \mu_2^{t/T} \Pi_2(t) \qquad (22.3)$$

である．ここに $\Pi_1(t), \Pi_2(t)$ は時間の純粋に周期的な関数である（周期 T）．

これらの関数に含まれる定数 μ_1, μ_2 のあいだには，一定の関係がなければならない．実際，方程式

$$\ddot{x}_1 + \omega^2(t) x_1 = 0, \qquad \ddot{x}_2 + \omega^2(t) x_2 = 0$$

にそれぞれ x_2, x_1 をかけ，たがいに引き算をすると，

$$\ddot{x}_1 x_2 - \ddot{x}_2 x_1 = \frac{d}{dt}(\dot{x}_1 x_2 - x_1 \dot{x}_2) = 0.$$

あるいは，

$$\dot{x}_1 x_2 - x_1 \dot{x}_2 = \text{const.} \qquad (22.4)$$

が得られる．ところが，$x_1(t)$ および $x_2(t)$ が (22.3) の形の任意の関数のとき，変数 t が T だけ変化すると，この

---

[1] 定数 μ_1 と μ_2 とが一致しさえしなければ．

等式の左辺は $\mu_1\mu_2$ 倍される．したがって，あらゆる場合に等式 (22.4) が満たされるためには

$$\mu_1\mu_2 = 1 \qquad (22.5)$$

でなければならないことは明らかである．

方程式 (22.2) の係数が実数であることをもとにして，さらに，定数 μ_1, μ_2 についての結論をひき出すことができる．$x(t)$ をそのような方程式の任意の解とすれば，それに複素共役な関数 $x^*(t)$ も同じ方程式を満足しなければならない．このことから，一対の定数 μ_1, μ_2 は μ_1^*, μ_2^* の対に一致しなければならない．すなわち，$\mu_1 = \mu_2^*$ であるか，でなければ μ_1 も μ_2 も実数でなければならない．第1の場合には，(22.5) を考え合わせると $\mu_1 = 1/\mu_1^*$，すなわち，$|\mu_1|^2 = |\mu_2|^2 = 1$ である．定数 μ_1 および μ_2 は絶対値が1である．

第2の場合には，方程式 (22.2) の二つの独立な解は，1と異なる正または負の実数 μ を使って

$$\begin{aligned} x_1(t) &= \mu^{t/T} \Pi_1(t), \\ x_2(t) &= \mu^{-t/T} \Pi_2(t) \end{aligned} \qquad (22.6)$$

と書ける．これらのうち一方（$|\mu|>1$ または $|\mu|<1$ に従って前者または後者）は時間とともに指数関数的に増大する．これは，（つり合いの位置 $x=0$ における）系の静止状態が安定でないことを意味する．この状態からのどんなわずかのずれも，そうして生じた x の変位を時間とともに急激に増大させるのに十分である．この現象は**パラメータ共鳴**とよばれる．

x および $\dot{x}$ の初期値が厳密にゼロに等しければ,それらはその後もずっとゼロであるということに注意しよう.これは,初期値がゼロに等しくても,変位の時間的な増大 (t に比例する) が生ずる通常の共鳴 (§18) と異なる点である.

関数 $\omega(t)$ がある一定の大きさ ω_0 とわずかしか異ならず,しかも単純な周期関数である
$$\omega^2(t) = \omega_0^2(1+h\cos\gamma t) \tag{22.7}$$
という重要な場合について,パラメータ共鳴が生ずるための条件を明らかにしよう.ここに定数 $h \ll 1$ とする(われわれは h を正とみなす.時間の原点を適当に選べばいつでもそのようにすることができる).後でわかるように,関数 $\omega(t)$ の振動数 γ が振動数 ω_0 の2倍に近いときに,最も強いパラメータ共鳴が起こる.そこで $\varepsilon \ll \omega_0$ として次のようにおこう:
$$\gamma = 2\omega_0 + \varepsilon.$$

運動方程式
$$\ddot{x} + \omega_0^2[1 + h\cos(2\omega_0+\varepsilon)t]x = 0 \tag{22.8}$$
の解を
$$x = a(t)\cos\left(\omega_0 + \frac{\varepsilon}{2}\right)t + b(t)\sin\left(\omega_0 + \frac{\varepsilon}{2}\right)t \tag{22.9}$$
の形に求める.ただし,$a(t)$ および $b(t)$ は(乗数の cos や sin にくらべて)時間的にゆっくり変化する関数である.もちろん,このような形の解は正確ではない.実際は,関数 $x(t)$ には,$\omega_0 + \varepsilon/2$ と $(2\omega_0+\varepsilon)$ の整数倍だけ異なるよう

な振動数をもつ項が含まれる．しかしながら，それらの項は h について高次の微小量であるので，第1近似では無視することができる．

振動の安定領域と不安定領域とを分かつ γ の値は (22.6) での $\mu = 1$ の値に対応し，また (22.9) においては，一定の (時間によらない) 係数 a, b に対応する．したがって，共鳴領域の境界を決定することは，運動方程式が定数 a, b のもとで解 (22.9) を (必要な精度で) 満足するような γ の値 (あるいは，同じことだが ε の値) を見いだすことに帰着する．

(22.9) を (22.8) に代入して，三角関数の積を，和に分解する：
$$\cos\left(\omega_0 + \frac{\varepsilon}{2}\right)t \cos(2\omega_0 + \varepsilon)t$$
$$= \frac{1}{2}\cos\left(3\omega_0 + \frac{3\varepsilon}{2}\right)t + \frac{1}{2}\cos\left(\omega_0 + \frac{\varepsilon}{2}\right)t, \quad 等々.$$
そして，上に述べたことに従って，振動数 $3(\omega_0 + \varepsilon/2)$ の項をおとす．結果として

$$b\left(\varepsilon + \frac{h\omega_0}{2}\right)\sin\left(\omega_0 + \frac{\varepsilon}{2}\right)t$$
$$+ a\left(\varepsilon - \frac{h\omega_0}{2}\right)\cos\left(\omega_0 + \frac{\varepsilon}{2}\right)t = 0$$

が得られる．この等式が満たされるためには，sin および cos にかかっている係数のおのおのが，同時にゼロになることが必要である：$\varepsilon = -h\omega_0/2$ で $a = 0$ であるか，または，$\varepsilon = h\omega_0/2$ で $b = 0$．ε のこの値は，パラメータ共鳴が

起こるための領域の境界を与える．このようにして，振動数 $2\omega_0$ のまわりの

$$-\frac{h\omega_0}{2}<\varepsilon<\frac{h\omega_0}{2} \qquad (22.10)$$

という区間が得られる．

パラメータ共鳴は，振動数 γ が $2\omega_0/n$（n は任意の整数）に近いときにも生ずる．しかし，共鳴領域の幅は，n の増大とともに，急激に——h^n で——減少する．

問　題

支点が鉛直方向に振動している単振り子の微小振動に対するパラメータ共鳴の条件を見いだせ．

解　§5の問題2で見いだしたラグランジアンによって，微小振動（$\varphi \ll 1$）に対する運動方程式は

$$\ddot{\varphi}+\omega_0^2\Big(1+4\frac{a}{l}\cos(2\omega_0+\varepsilon)t\Big)\varphi=0$$

である（$\omega_0^2=g/l$）．これから明らかなように，本文で導入したパラメータ h にあたるのは比 $4a/l$ である．そこで条件（22.10）は

$$|\varepsilon|<\frac{2a\sqrt{g}}{l^{3/2}}.$$

§23. 非調和振動

上に述べた微小振動の理論はすべて，系の運動エネルギーとポテンシャル・エネルギーを速度と座標で展開し，2次

の項だけを残すことを基礎にしていた．この近似では運動方程式が線形になり，その振動は**線形**といわれる．振幅が十分小さいという条件のもとでは，そのような展開はまったく適切であるが，つぎの近似に進むと（**非調和振動**あるいは**非線形振動**とよばれる），弱くはあるが質的に新しい運動の特質が現われる．

ラグランジアンの展開を3次まで行なおう．そうするとポテンシャル・エネルギーには座標 x_k の3次の項が現われ，運動エネルギーには $\dot{x}_i \dot{x}_k x_l$ という形の速度と座標との積が現われる．以前の表現（19.3）とのこのような違いは，関数 $a_{ik}(q)$ の展開において x について1次の項を残したことから生じたのである．このようにして，ラグランジアンの形は

$$L = \frac{1}{2}\sum_{i,k}(m_{ik}\dot{x}_i\dot{x}_k - k_{ik}x_i x_k)$$
$$+ \frac{1}{2}\sum_{i,k,l}n_{ikl}\dot{x}_i\dot{x}_k x_l - \frac{1}{3}\sum_{i,k,l}l_{ikl}x_i x_k x_l \qquad (23.1)$$

となる．ただし，n_{ikl} および l_{ikl} は新しい定数係数である．

任意の座標 x_i から（線形近似の場合の）基準座標 Q_α に移ると，この変換が線形であるために，(23.1) の第3，第4の項は類似の形の和に移る．ただし，座標 x_i および速度 $\dot{x}_i$ に Q_α および $\dot{Q}_\alpha$ が代わる．これらの和の係数を $\lambda_{\alpha\beta\gamma}$ および $\mu_{\alpha\beta\gamma}$ で表わすと，ラグランジアンは

$$L = \frac{1}{2}\sum_{\alpha}(\dot{Q}_\alpha^2 - \omega_\alpha^2 Q_\alpha^2) + \frac{1}{2}\sum_{\alpha,\beta,\gamma}\lambda_{\alpha\beta\gamma}\dot{Q}_\alpha\dot{Q}_\beta Q_\gamma$$

$$-\frac{1}{3}\sum_{\alpha,\beta,\gamma}\mu_{\alpha\beta\gamma}Q_\alpha Q_\beta Q_\gamma \qquad (23.2)$$

となる.

このラグランジアンから得られる運動方程式を詳しく書くことはやめる. 本質的なのは, それが

$$\ddot{Q}_\alpha + \omega_\alpha^2 Q_\alpha = f_\alpha(Q, \dot{Q}, \ddot{Q}) \qquad (23.3)$$

の形をしていることである. ここに f_α は, 座標 Q およびその時間についての導関数の 2 次の同次関数である.

逐次近似の方法に従って, この方程式の解を

$$Q_\alpha = Q_\alpha^{(1)} + Q_\alpha^{(2)} \qquad (23.4)$$

の形におく. ここで $Q_\alpha^{(2)} \ll Q_\alpha^{(1)}$ で, 関数 $Q_\alpha^{(1)}$ は《摂動のない》方程式

$$\ddot{Q}_\alpha^{(1)} + \omega_\alpha^2 Q_\alpha^{(1)} = 0$$

を満たす. すなわち, $Q_\alpha^{(1)}$ 自身は普通の調和振動を表わす:

$$Q_\alpha^{(1)} = a_\alpha \cos(\omega_\alpha t + \alpha_\alpha). \qquad (23.5)$$

つぎの近似に進んで, 方程式 (23.3) の右辺で 1 次の微小量の項だけを残すと, $Q_\alpha^{(2)}$ に対する方程式

$$\ddot{Q}_\alpha^{(2)} + \omega_\alpha^2 Q_\alpha^{(2)} = f_\alpha(Q^{(1)}, \dot{Q}^{(1)}, \ddot{Q}^{(1)}) \qquad (23.6)$$

が得られる. これの右辺には, (23.5) の表現を代入しなければならない. その結果, 線形の非同次微分方程式が得られるが, その右辺は単純な周期関数の和の形になおすことができる. たとえば

$$Q_\alpha^{(1)} Q_\beta^{(1)} = a_\alpha a_\beta \cos(\omega_\alpha t + \alpha_\alpha) \cos(\omega_\beta t + \alpha_\beta)$$
$$= \frac{1}{2} a_\alpha a_\beta \{\cos[(\omega_\alpha + \omega_\beta)t + \alpha_\alpha + \alpha_\beta]$$
$$+ \cos[(\omega_\alpha - \omega_\beta)t + \alpha_\alpha - \alpha_\beta]\}.$$

このように方程式 (23.6) の右辺には, 系の固有振動数の和および差に等しい振動数をもつ振動に対応する項が存在する. これらの方程式の解は, そのような周期的因数を含む形をしていなければならない. こうして, 第 2 次近似では, 振動数 ω_α の系の固有振動に, 振動数

$$\omega_\alpha \pm \omega_\beta \tag{23.7}$$

をもつ付加的な振動が重なるという結論に達する (そのなかには, 2 倍の振動数 $2\omega_\alpha$ のものや, 変位が一定であることに対応する振動数 0 のものが含まれる). これらの振動数は**結合振動数**とよばれる. 結合振動の振幅は, 対応する基準振動の振幅の積 $a_\alpha a_\beta$ (または 2 乗 a_α^2) に比例する.

近似を進めてラグランジアンの展開でより高次の項まで取り入れるともっと多くの振動数 ω_α の和や差に等しい振動数をもつ結合振動が生ずる. しかし, そのほかにもさらに新しい現象が生ずる.

第 3 近似ですでに, 結合振動数のうちに最初の振動数 ω_α に一致するものが現われる ($\omega_\alpha + \omega_\beta - \omega_\beta$). したがって, 上に述べた方法を運動方程式の右辺に適用すると, 共鳴項が現われて, そのため, 時間とともに振幅の増大するような項が解のなかに含まれるようになる. しかしながら, 物理的に明らかなように, 外部のエネルギー源をもたない孤

立系では，振動の強度の増大が自発的に生ずることは不可能である．

　実際には，高い近似では基本振動数 ω_α が，ポテンシャル・エネルギーの 2 次の表現に現われる《非摂動》値 $\omega_\alpha^{(0)}$ にくらべて違ってくる．解のなかに増大項が現われるのは，

$$\cos(\omega_\alpha^{(0)} + \Delta\omega_\alpha)t \approx \cos\omega_\alpha^{(0)}t - t\Delta\omega_\alpha \sin\omega_\alpha^{(0)}t$$

という形の展開にもとづくのであるが，明らかに，十分大きな t に対してはこれは許されない．

第6章 剛体の運動

§24. 角速度

力学でいう**剛体**は，相互間の距離が不変であるような質点の集まりであると定義することができる．もちろん，実際に自然のなかに存在する系は，この条件を近似的に満たすにすぎない．しかし，大多数の固体は普通の条件のもとでは，その形や大きさをごくわずかしか変えないから，固体を理想化してその運動の法則を論ずる際には，この変化をまったく捨象してよい．

以下でしばしば，剛体を離散的な質点の集まりとみなすことがあるが，そのことによって式の導出がいくらか簡単化される．しかし，このことは実際には，剛体は力学において，普通その内部構造をまったく考慮せずに連続的な物体とみなすことができるという事情とすこしも矛盾するものでない．離散的な点についての和を含む式から連続体に対する式へ移るには，質点の質量を体積要素 dV 内の質量 ρdV におきかえ（ρ は密度），物体の全体積にわたって積分するだけでよい．

剛体の運動を記述するために二つの座標系を導入する．すなわち，《静止座標系》，すなわち慣性座標系 XYZ と，

§24. 角速度

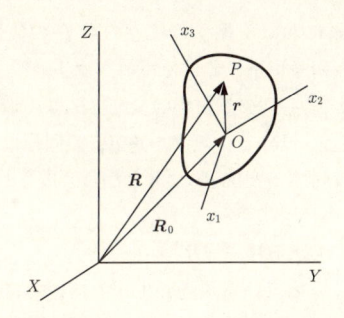

図 19

剛体に固定され，剛体とともに運動すると仮定される運動座標系 $x_1=x, x_2=y, x_3=z$ とである．運動系の原点は剛体の慣性中心に一致させるのが便利である．

静止座標系に対する剛体の配置は，運動座標系の配置を与えれば完全にきまる．運動系の原点 O の位置を動径ベクトル $\boldsymbol{R}_0$ で表わす（図19）．運動系の軸の静止系に対する方向は独立な三つの角度によってきまるから，ベクトル $\boldsymbol{R}_0$ の三つの成分とあわせて，全部で6個の座標をもつことになる．したがって，おのおのの剛体は，6個の自由度をもつ力学系である．

剛体の任意の無限小移動を考えよう．それは，二つの部分からなるとみなすことができる．第1は，無限小の平行移動であって，それによって剛体の慣性中心は，運動座標系の軸の方向を不変にしたまま，2点間を移動する．第2は，慣性中心まわりの無限小回転で，その結果，剛体は最終的な配置へ到達する．

運動座標系における剛体の任意の点 P の位置ベクトルを r, 同じ点の静止系における位置ベクトルを R, で表わそう. すると, 点 P の無限小の変位 dR は, 慣性中心とともに行なう変位 dR_0 と, 無限小角 $d\varphi$ の回転によって生ずる慣性中心に対する変位 $d\varphi \times r$ とから合成される（(9.1)を見よ）:

$$dR = dR_0 + d\varphi \times r.$$

この等式を, 考えている運動の生ずるあいだに通過した時間 dt で割り, 速度

$$\frac{dR}{dt} = v, \quad \frac{dR_0}{dt} = V, \quad \frac{d\varphi}{dt} = \Omega \tag{24.1}$$

を導入すると, これらのあいだにつぎの関係が得られる:

$$v = V + \Omega \times r. \tag{24.2}$$

ベクトル V は, 剛体の慣性中心の速度である. それゆえ, これは剛体の**並進運動**の速度とよばれる. ベクトル Ω は, 剛体の回転の**角速度**とよばれる. その方向は ($d\varphi$ の方向と同じく) 回転軸の方向に一致する. このように, 剛体の任意の点の（静止座標系に対する）速度 v は, 剛体の並進運動の速度およびその回転の角速度によって表わすことができる.

公式 (24.2) を導くのに, 剛体に固定された座標系 (運動系) の原点が剛体の慣性中心であるという特別の性質はいっさい利用していないことを強調しなければならない. このように原点を選んだことの利点は, あとになって剛体の運動エネルギーを計算するときに明らかになるであろう.

今，剛体に固定された座標系の原点を，慣性中心 O でなく，点 O から距離 a だけ離れた点 O' にとったと仮定しよう．この座標系の原点の並進速度を V'，その系の回転の角速度を Ω' で表わす．

ふたたび剛体の任意の点 P を考え，原点 O' に関するそれの位置ベクトルを r' で表わそう．すると，$r = r' + a$ となり，これを (24.2) に代入すると，
$$v = V + \Omega \times a + \Omega \times r'$$
が得られる．他方，V' および Ω' の定義から，
$$v = V' + \Omega' \times r'$$
でなければならない．したがって，結局
$$V' = V + \Omega \times a, \qquad \Omega' = \Omega. \tag{24.3}$$

この二つの等式のうち，後者はきわめて重要である．剛体に固定された座標系の各瞬間における回転の角速度は，その座標系のとり方にまったく左右されないことがわかる．そのような座標系はすべて，どの瞬間をとっても，互いに平行な軸のまわりに絶対値の等しい角速度 Ω で回転するのである．このことからも，Ω を剛体の回転角速度とよぶことに道理がある．並進運動の速度には，そのような《絶対的な》性質はない．

(24.3) の第 1 の式から，座標原点 O のある選び方において（ある瞬間に）V と Ω とが互いに垂直ならば，他の任意の点 O' に原点をとったときにもそれら（V' と Ω'）は互いに垂直になることがわかる．その場合には，(24.2) 式から明らかなように，剛体のすべての点の速度 v は同一

平面——Ω に垂直な平面のなかにある．そのようなときには速度 V' がゼロに等しいような原点 O' を選んで[1]，（その瞬間における）剛体の運動が O' を通る軸のまわりの純粋の回転として表わせるようにすることができる．この軸を，剛体の**瞬間的回転軸**と名づける[2]．

今後われわれはつねに，運動座標系の原点は剛体の慣性中心に一致し，したがって，剛体の回転軸も慣性中心を通るものと仮定する．一般的にいえば，剛体が運動するとき，Ω の大きさも方向もともに変化する．

§25. 慣性テンソル

剛体の運動エネルギーを計算するために，剛体を質点からなる離散的な系とみなし

$$T = \sum \frac{m}{2} v^2$$

とおく．和は，剛体を形づくるすべての質点にわたってとる．この式を含めて以下では，式を簡単化するために，これらの点の番号を表わす添字ははぶくことにする．

この式に（24.2）を代入して，

$$T = \sum \frac{m}{2} (V + \Omega \times r)^2$$

---

[1] もちろん，この原点が剛体の外に来ることもありうる．
[2] V と Ω の方向が互いに垂直でない一般の場合は，V と Ω とが平行なように，すなわち，（与えられた瞬間の）運動がある軸のまわりの回転とこの軸にそう並進運動との合成であるように，座標の原点を選ぶことができる．

$$= \sum \frac{m}{2}V^2 + \sum mV \cdot (\Omega \times r) + \sum \frac{m}{2}(\Omega \times r)^2$$

を得る．速度 V および Ω は，剛体のすべての点に対して同一である．したがって，第1項で $V^2/2$ は和記号の外にだすことができ，和 $\sum m$ は剛体の質量となる．これを μ で表わす．第2項を書きなおすと，

$$\sum mV \cdot (\Omega \times r) = \sum m(V \times \Omega) \cdot r$$
$$= (V \times \Omega) \cdot \sum mr.$$

これからつぎのことがわかる．われわれが仮定したように運動座標系の原点を慣性中心にとるならば，$\sum mr = 0$ であるから，第2項はゼロになる．最後に，第3項のベクトル積の平方を開くと，

$$T = \frac{\mu}{2}V^2 + \frac{1}{2}\sum m\{\Omega^2 r^2 - (\Omega \cdot r)^2\} \qquad (25.1)$$

という結果が得られる．

このように，剛体の運動エネルギーは，二つの項の和の形に表わすことができる．(25.1) の第1項は，並進運動のエネルギーであって，剛体の全質量がその慣性中心に集中しているとした場合と同じ形をしている．第2項は，慣性中心を通る軸のまわりの，角速度 Ω の回転運動のエネルギーである．運動エネルギーをこのように二つの部分に分けることができるのは，剛体に固定した座標系（運動系）の原点を剛体の慣性中心に一致させた場合にかぎられることを強調しておく．

回転の運動エネルギーをテンソル記号で，つまりベクト

ル $r, \boldsymbol{\Omega}$ の成分 x_i, Ω_i によって書きあらためよう[1]:

$$T_\text{回転} = \frac{1}{2}\sum m\{\Omega_i^2 x_l^2 - \Omega_i x_i \Omega_k x_k\}$$
$$= \frac{1}{2}\sum m\{\Omega_i \Omega_k \delta_{ik} x_l^2 - \Omega_i \Omega_k x_i x_k\}$$
$$= \frac{1}{2}\Omega_i \Omega_k \sum m(x_l^2 \delta_{ik} - x_i x_k).$$

ここで恒等式 $\Omega_i = \delta_{ik}\Omega_k$ を使った. δ_{ik} は単位テンソルである（その成分は, $i=k$ のとき 1 に等しく, $i \neq k$ のときゼロ）.

$$I_{ik} = \sum m(x_l^2 \delta_{ik} - x_i x_k) \tag{25.2}$$

というテンソルを導入すると, 剛体の運動エネルギーの表式は結局

$$T = \frac{\mu}{2}V^2 + \frac{1}{2}I_{ik}\Omega_i\Omega_k. \tag{25.3}$$

剛体のラグランジアンは, (25.3) からポテンシャル・エネルギーをひいて

$$L = \frac{\mu}{2}V^2 + \frac{1}{2}I_{ik}\Omega_i\Omega_k - U \tag{25.4}$$

---

[1] この章では, テンソルの添字を i, k, l と書き, 1, 2, 3 の値をとるものとする. そして, つぎのような和の規則によって和の記号をはぶく. すなわち, 2 度くりかえされた添字は, 1, 2, 3 という値について和をとると約束する. たとえば, $A_i B_i = \boldsymbol{A}\cdot\boldsymbol{B}$, $A_i^2 = A_l A_l = \boldsymbol{A}^2$ 等. このような添字をダミーという. もちろん, ダミー添字の記号は任意のものにとりかえることができる（ただ, 与えられた表示において, テンソルの他の添字を表わす記号に一致してはいけない）.

である.ポテンシャル・エネルギーは一般に,剛体の位置を定める六つの変数,すなわち慣性中心の三つの座標 X, Y, Z と運動座標軸の静止座標軸に対する位置を定める三つの角度との関数である.

テンソル I_{ik} は,剛体の**慣性モーメント・テンソル**あるいは単に**慣性テンソル**とよばれる.(25.2) の定義から明らかなように,それは対称である:

$$I_{ik} = I_{ki}. \qquad (25.5)$$

はっきりさせるために,その成分をつぎのようにあからさまな形に書いておく:

$$I_{ik} = \begin{pmatrix} \sum m(y^2+z^2) & -\sum mxy & -\sum mxz \\ -\sum myx & \sum m(x^2+z^2) & -\sum myz \\ -\sum mzx & -\sum mzy & \sum m(x^2+y^2) \end{pmatrix}. \qquad (25.6)$$

成分 I_{xx}, I_{yy}, I_{zz} は,それぞれの軸に関する慣性モーメントとよばれる.

明らかに,慣性テンソルは加法的である——剛体の慣性モーメントは,その各部分の慣性モーメントの和に等しい.

物体を連続体(密度分布 ρ の)とみなせるときは,定義 (25.2) において,和は物体の体積についての積分となる:

$$I_{ik} = \int \rho(x_l^2 \delta_{ik} - x_i x_k) dV. \qquad (25.7)$$

すべての 2 階の対称テンソルと同じく,慣性テンソルは,x_1, x_2, x_3 軸の方向を適当に選ぶことによって対角型になお

すことができる．そのような方向は**慣性主軸**とよばれる．それに対応するテンソルの成分の値を**主慣性モーメント**とよび，I_1, I_2, I_3 で表わす．軸 x_1, x_2, x_3 をそのように選んだとき，回転の運動エネルギーは特に簡単になる：

$$T_{\text{回転}} = \frac{1}{2}(I_1\Omega_1^2 + I_2\Omega_2^2 + I_3\Omega_3^2). \tag{25.8}$$

二つの主慣性モーメントのどれをとっても，残りの二つの和より大きいことはありえないことに注意しよう．たとえば，

$$I_1 + I_2 = \sum m(x_1^2 + x_2^2 + 2x_3^2) \geqq \sum m(x_1^2 + x_2^2) = I_3. \tag{25.9}$$

三つの主慣性モーメントがすべて異なるような物体は，**非対称こま**とよばれる．

主慣性モーメントの二つが相等しければ（$I_1 = I_2 \neq I_3$），その剛体は**対称こま**とよばれる．この場合には，平面 x_1x_2 内の主軸のうちの一つの方向は任意に選ぶことができる．

三つの主慣性モーメントがすべて相等しいとき，剛体は**球状こま**とよばれる．この場合は，慣性主軸として，互いに垂直な任意の三つの軸をとることが許される．

剛体がなんらかの対称性をもてば，慣性主軸を見いだすことは非常に容易になる．慣性中心の位置および慣性主軸の方向がその剛体と同じ対称性をもたねばならないことは明らかだからである．

たとえば，物体に対称面があれば，慣性中心はこの平面内になければならない．そしてさらに，その平面内には二

つの慣性主軸があり，第3の主軸はそれに垂直である．一つの平面内に分布した粒子からなる系は，明らかにそのような場合に属する．このときには，三つの主慣性モーメントのあいだには簡単な関係がある．系の平面を $x_1 x_2$ 面にとれば，すべての粒子に対して $x_3 = 0$ であるから，

$$I_1 = \sum m x_2^2,$$
$$I_2 = \sum m x_1^2,$$
$$I_3 = \sum m(x_1^2 + x_2^2).$$

したがって，

$$I_3 = I_1 + I_2. \tag{25.10}$$

剛体が任意の次数の対称軸をもてば[*]，慣性中心はこの軸の上にある．慣性主軸の一つはこの対称軸に一致し，残りの二つはそれに垂直である．このとき対称軸の次数が2より高ければ，その剛体は対称こまである．実際，そのとき各主軸（対称軸に垂直な）の方向を，ある角度（180°とは異なる）だけ変えることができる，すなわち，これらの軸の選び方は一意的でなくなる．ところが，そのようなことは対称こまの場合にだけ可能である．

特別な場合として，直線にそって分布した粒子の系を考える．この直線を x_3 軸に選ぶと，すべての粒子に対して $x_1 = x_2 = 0$ となり，二つの主慣性モーメントは一致する．そして第3の主慣性モーメントはゼロである：

$$I_1 = I_2 = \sum m x_3^2, \qquad I_3 = 0. \tag{25.11}$$

---

[*] 物体をある軸のまわりに角度 $2\pi/n$ だけ回転させても形状に変わりがないとき，その軸を n 次の対称軸という〔訳者〕．

そのような系は**回転子**とよばれる．回転子が一般の任意な物体と異なる特徴は，それが x_1 軸および x_2 軸のまわりの回転に対応する二つの（三つではない）回転の自由度しかもたないということである．実際，直線のそれ自身のまわりの回転について語ることは，明らかに無意味である．

最後に，慣性テンソルの計算について一言注意しておこう．われわれはこのテンソルを，慣性中心に原点をもつ座標系において定義したのであるが（基本的な (25.3) 式が正しいのはそのような定義に対してのみである），しかし，それを計算するのに，まず，他の原点 O' に関して定義される類似のテンソル

$$I'_{ik} = \sum m(x'^2_l \delta_{ik} - x'_i x'_k)$$

を計算したほうが便利なことがある．距離 OO' をベクトル $\boldsymbol{a}$ で与えると，$\boldsymbol{r} = \boldsymbol{r}' + \boldsymbol{a}$, $x_i = x'_i + a_i$ となる．点 O の定義によって $\sum m\boldsymbol{r} = 0$ であることを考慮すると，

$$I'_{ik} = I_{ik} + \mu(a^2 \delta_{ik} - a_i a_k) \tag{25.12}$$

が見いだされる．この公式を使うと，I'_{ik} を知って容易に求めるテンソル I_{ik} が計算される．

問　題

1. 以下の型の分子を，互いの距離が不変な粒子の系とみなして，主慣性モーメントを定めよ．

a) 1本の直線上に並んだ三つの原子からなる分子．

$$I_1 = I_2 = \frac{1}{\mu}(m_1 m_2 l_{12}^2 + m_1 m_3 l_{13}^2 + m_2 m_3 l_{23}^2),$$

$$I_3 = 0.$$

ここに, m_a は原子 a の質量, l_{ab} は原子 a および b のあいだの距離, 〔μ は全質量〕である.

2原子分子に対しては, 和はただ一つの項になり, まえもって予想できる結果, すなわち, 両方の原子の換算質量と原子間の距離の2乗との積が得られる.

$$I_1 = I_2 = \frac{m_1 m_2}{m_1 + m_2} l^2.$$

b) 2等辺3角形をした3原子分子 (図20〔図で底辺の長さが a, 底辺から m_2 までの長さが h〕).

解 慣性中心は, 3角形の高さを与える垂線の上, 底辺から $m_2 h/\mu$ の距離のところにある. 慣性モーメントは

$$I_1 = \frac{2m_1 m_2}{\mu} h^2, \qquad I_2 = \frac{m_1}{2} a^2, \qquad I_3 = I_1 + I_2.$$

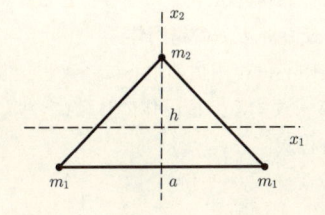

図 20

2. つぎのような一様な物体の主慣性モーメントを求めよ.

a) 長さ l の細い棒.

解 $I_1 = I_2 = \dfrac{1}{12}\mu l^2, \qquad I_3 = 0$

（棒の太さは無視する）.

b) 半径 R の球.

解 $I_1 = I_2 = I_3 = \dfrac{2}{5}\mu R^2$

（和 $I_1 + I_2 + I_3 = 2\rho \displaystyle\int r^2 dV$ を計算する）.

c) 半径 R, 高さ h の円柱.

解 $I_1 = I_2 = \dfrac{\mu}{4}\left(R^2 + \dfrac{h^2}{3}\right), \qquad I_3 = \dfrac{\mu}{2}R^2$

（円柱の軸を x_3 軸にとる）.

d) 辺の長さが a, b, c の直方体.

解 $I_1 = \dfrac{\mu}{12}(b^2 + c^2), \qquad I_2 = \dfrac{\mu}{12}(c^2 + a^2),$

$I_3 = \dfrac{\mu}{12}(a^2 + b^2)$

（x_1, x_2, x_3 軸は辺 a, b, c に平行にとる）.

f) 半軸の長さ a, b, c の楕円体.

解 慣性中心は楕円体の中心に一致し，慣性主軸は楕円体の軸に一致する．楕円体の体積についての積分は，楕円体の方程式

$$\frac{x^2}{a^2} + \frac{y^2}{b^2} + \frac{z^2}{c^2} = 1$$

を単位球の表面の方程式

$$\xi^2 + \eta^2 + \zeta^2 = 1$$

に変える座標変換 $x=a\xi, y=b\eta, z=c\zeta$ によって，球の体積についての積分に帰着させることができる．

たとえば，x 軸に関する慣性モーメントは，

$$I_1 = \rho \iiint (y^2+z^2)dxdydz$$
$$= \rho abc \iiint (b^2\eta^2+c^2\zeta^2)d\xi d\eta d\zeta$$
$$= \frac{1}{2}abcI'(b^2+c^2)$$

となる．ただし，I' は単位半径をもつ球の慣性モーメント〔$8\pi\rho/15$〕である．楕円体の体積が，$4\pi abc/3$ に等しいことに注意すると，結局，慣性モーメントは

$$I_1 = \frac{\mu}{5}(b^2+c^2),$$
$$I_2 = \frac{\mu}{5}(a^2+c^2),$$
$$I_3 = \frac{\mu}{5}(a^2+b^2).$$

3. 物理振り子（重力場のなかで固定された水平軸のまわりに振れる剛体）の微小振動の振動数を求めよ．

解 振り子の慣性中心から回転軸までの距離を l，慣性主軸と回転軸のあいだの角度を α, β, γ とする．変数として，慣性中心から回転軸におろした垂線と鉛直線とのなす角度 φ をとろう．慣性中心の速さは $V=l\dot{\varphi}$，角速度の各慣性主軸への射影は $\dot{\varphi}\cos\alpha, \dot{\varphi}\cos\beta, \dot{\varphi}\cos\gamma$ である．角度 φ は小さいとすると，ポテンシャル・エネルギーの形は

$$U = \mu g l(1-\cos\varphi) \approx \frac{1}{2}\mu g l \varphi^2$$

となる.したがって,ラグランジアンは

$$L = \frac{\mu l^2}{2}\dot\varphi^2 + \frac{1}{2}(I_1\cos^2\alpha + I_2\cos^2\beta + I_3\cos^2\gamma)\dot\varphi^2$$
$$- \frac{\mu g l}{2}\varphi^2$$

である.これから,振動数として

$$\omega^2 = \frac{\mu g l}{\mu l^2 + I_1\cos^2\alpha + I_2\cos^2\beta + I_3\cos^2\gamma}$$

が得られる.

4. 図 21 に示すような系の運動エネルギーを見いだせ.OA および AB は,長さ l の細い一様な棒で,点 A でピンによってつながれている.棒 OA は(図の平面内で)点 O のまわりに回転し,棒 AB の端 B は軸 Ox にそってすべるものとする.

解 棒 OA の慣性中心(棒の中央にある)の速さは,角度 AOB を φ として,$l\dot\varphi/2$ である.したがって,棒 OA の運動エネルギーは

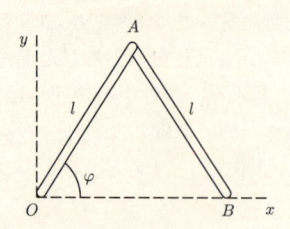

図 21

$$T_1 = \frac{\mu l^2}{8}\dot{\varphi}^2 + \frac{I}{2}\dot{\varphi}^2$$

である（μ は1本の棒の質量）．

棒 AB の慣性中心のデカルト座標は，$X = \frac{3l}{2}\cos\varphi$, $Y = \frac{l}{2}\sin\varphi$．この棒の回転の角速度も $\dot{\varphi}$ であるから，その運動エネルギーは

$$\begin{aligned}T_2 &= \frac{\mu}{2}(\dot{X}^2+\dot{Y}^2)+\frac{I}{2}\dot{\varphi}^2 \\ &= \frac{\mu l^2}{8}(1+8\sin^2\varphi)\dot{\varphi}^2 + \frac{I}{2}\dot{\varphi}^2.\end{aligned}$$

系の全運動エネルギーは

$$T = \frac{\mu l^2}{3}(1+3\sin^2\varphi)\dot{\varphi}^2$$

である（問題 2a で得た $I = \mu l^2/12$ を代入する）．

5. 平面上をころがる円柱（半径 R）の運動エネルギーを見いだせ．円柱の質量は，慣性主軸の一つが円柱の軸に平行で，それから a だけ離れたところを通るようなぐあいに，体積分布しているものとする．この主軸に関す

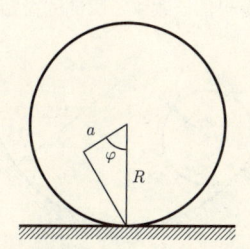

図 **22**

る慣性モーメントを I とする.

解 重心から円柱軸におろした垂線と鉛直線とのあいだの角度 φ を導入する(図22). 各瞬間における円柱の運動は, 瞬間的な軸のまわりの真正な回転とみなすことができる. この回転軸は, その瞬間における円柱と不動の平面との接線に一致する. この回転の角速度は $\dot\varphi$ である(互いに平行なすべての軸のまわりの回転の角速度は同一である). 慣性中心は瞬間的な軸から $\sqrt{a^2+R^2-2aR\cos\varphi}$ の距離にあり, したがって, その速さは

$$V=\dot\varphi\sqrt{a^2+R^2-2aR\cos\varphi}$$

である. 全運動エネルギーは

$$T=\frac{\mu}{2}(a^2+R^2-2aR\cos\varphi)\dot\varphi^2+\frac{I}{2}\dot\varphi^2.$$

6. 半径 R の円柱の内側の面にそってころがる半径 a の一様な円柱の運動エネルギーを見いだせ(図23).

解 両方の円柱の中心を結ぶ直線と鉛直線とがなす角度 φ を導入する. ころがる円柱の慣性中心はその軸の上にあり, その速さは, $V=\dot\varphi(R-a)$ である. 角速度は, 二つの円柱の接線に一致する瞬間的な軸のまわりの真正

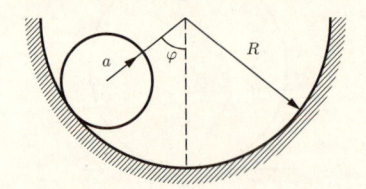

図 23

な回転の速さとして計算される．それは

$$\Omega = \frac{V}{a} = \dot\varphi \frac{R-a}{a}$$

に等しい．円柱の軸のまわりの慣性モーメントを I_3 とすると，

$$T = \frac{\mu}{2}(R-a)^2\dot\varphi^2 + \frac{I_3}{2}\frac{(R-a)^2}{a^2}\dot\varphi^2$$
$$= \frac{3}{4}\mu(R-a)^2\dot\varphi^2$$

(I_3 に問題 2c で得た値を〔R を a に書き直して〕用いる).

§26. 剛体の角運動量

系の角運動量の大きさは，すでに知っているように，その基準となる点の選び方に依存する．剛体の力学においてもっとも便利な方法は，この点として運動座標系の原点，すなわち，物体の慣性中心を選ぶことである．以下で M と書けば，そのように定義された角運動量を表わすものと了解する．

公式 (9.6) によれば，座標原点を物体の慣性中心に選んだとき，その角運動量 M は，物体の各点の慣性中心に対する運動のみに関する《固有角運動量》に一致する．言いかえると，定義式 $M = \sum m\boldsymbol{r}\times\boldsymbol{v}$ において，$\boldsymbol{v}$ として $\boldsymbol{\Omega}\times\boldsymbol{r}$ を代入しなければならない：

$$M = \sum m\boldsymbol{r}\times(\boldsymbol{\Omega}\times\boldsymbol{r})$$
$$= \sum m\{r^2\boldsymbol{\Omega} - \boldsymbol{r}(\boldsymbol{r}\cdot\boldsymbol{\Omega})\},$$

あるいは，テンソル記号を使って

$$M_i = \sum m\{x_l^2 \Omega_i - x_i x_k \Omega_k\}$$
$$= \Omega_k \sum m\{x_l^2 \delta_{ik} - x_i x_k\}.$$

最後に慣性テンソルの定義（25.2）を考慮すると，結局

$$M_i = I_{ik}\Omega_k. \qquad (26.1)$$

x_1, x_2, x_3 軸を物体の慣性主軸の方向にとると，この式はつぎのようになる．

$$M_1 = I_1 \Omega_1, \qquad M_2 = I_2 \Omega_2, \qquad M_3 = I_3 \Omega_3. \qquad (26.2)$$

特に，三つの主慣性モーメントがすべて等しい球状こまに対しては，簡単に

$$\boldsymbol{M} = I\boldsymbol{\Omega} \qquad (26.3)$$

と書ける．すなわち，角運動量ベクトルは角速度ベクトルに比例し，それと同じ方向をもつ．

任意の物体の場合には，ベクトル $\boldsymbol{M}$ は一般的にいってベクトル $\boldsymbol{\Omega}$ と同じ方向をもたない．ただ，物体が慣性主軸のどれか一つのまわりに回転する場合にだけ，$\boldsymbol{M}$ と $\boldsymbol{\Omega}$ が同じ方向をもつ．

いかなる外力の作用も受けていない剛体の自由な運動を考えよう．あまり興味のない一様な並進運動を除外することにすれば，そのときの剛体の運動は自由な回転である．

すべての孤立した系の例にもれず，自由な回転をしている物体の角運動量は保存される．球状こまに対しては，$\boldsymbol{M} =$ 一定という条件は単に $\boldsymbol{\Omega} =$ 一定に帰する．このことは，自由に回転する球状こまの一般的な運動は，静止した軸のまわりの一様な回転であることを表わしている．

回転子の場合も簡単である．このときは，$\boldsymbol{M} = I\boldsymbol{\Omega}$ であ

るのに加えてベクトル $\boldsymbol{\Omega}$ が回転子の軸に垂直である．したがって，回転子の自由な回転は，一つの平面内での一様な回転であって，その回転軸の方向はこの平面に垂直である．

もっと複雑な対称こまの自由回転を求めるのにも，角運動量の保存法則が役立つ．

主慣性軸 x_1, x_2（こまの対称軸 x_3 に垂直）を自由に選べることを利用して，x_2 軸を，保存されるベクトル $\boldsymbol{M}$ と x_3 軸の瞬間的な位置とによってきまる平面に垂直にとる．すると $M_2=0$ となり，(26.2) 式から明らかなように，$\Omega_2=0$ である．これは，$\boldsymbol{M}$ と $\boldsymbol{\Omega}$，それにこまの軸の方向とが，各瞬間ごとに同一の平面内にあることを意味する（図 24）．このことから逆に，こまの軸の上のすべての点の

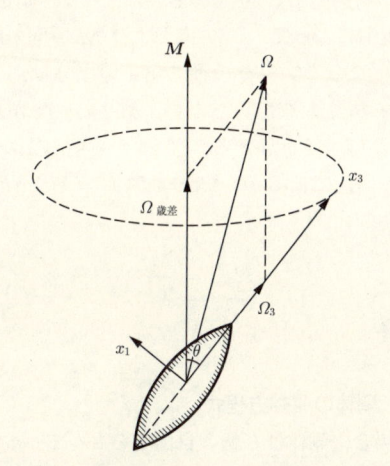

図 24

速度 $v = \boldsymbol{\Omega} \times \boldsymbol{r}$ はすべての瞬間をつうじてその平面に垂直であることがわかる；言いかえると，こまの軸は M の方向のまわりに，円錐を描きながら一様な回転をする（いわゆる，こまの**正常な歳差運動**，その回転が一様であることは以下を見よ）．こまは，この歳差運動と同時に，自分の軸のまわりに一様な回転を行なう．

これら二つの回転の角速度は，角運動量の大きさ M と，M の方向に対するこまの軸の傾きの角度 θ とによって容易に表わされる．自身の軸のまわりのこまの回転の角速度は，ベクトル $\boldsymbol{\Omega}$ のこの軸への射影 Ω_3 である：

$$\Omega_3 = \frac{M_3}{I_3} = \frac{M}{I_3}\cos\theta. \tag{26.4}$$

歳差運動の角速度 $\Omega_{歳差}$ を求めるには，ベクトル $\boldsymbol{\Omega}$ を平行4辺形の規則によって，x_3 方向および M 方向の成分に分けなければならない．そのうち第1の成分は，こまの軸のいかなる移動ももたらさない．第2の成分が，求める歳差運動の角速度を与える．図24から明らかなように，$\sin\theta\,\Omega_{歳差} = \Omega_1$ であるが，$\Omega_1 = M_1/I_1 = M\sin\theta/I_1$ であるから

$$\Omega_{歳差} = \frac{M}{I_1} \tag{26.5}$$

が得られる．

§27. 剛体の運動方程式

一般の場合，剛体は6個の自由度をもっているから，一

般的な運動方程式は6個の独立な方程式を含まなければならない．それは，剛体の運動量および角運動量という二つのベクトルの時間変化率を与えるような形に書くことができる．

それらの方程式のうち前者は，剛体を構成する粒子のおのおのに対する方程式 $\dot{\boldsymbol{p}} = \boldsymbol{f}$ を単に加え合わせることによって得られる．ここに，$\boldsymbol{p}$ は各粒子の運動量，$\boldsymbol{f}$ はそれに働く力である．剛体の全運動量

$$\boldsymbol{P} = \sum \boldsymbol{p} = \mu \boldsymbol{V}$$

および，剛体に働くすべての力の合力 $\sum \boldsymbol{f} = \boldsymbol{F}$ を導入すると，

$$\frac{d\boldsymbol{P}}{dt} = \boldsymbol{F} \tag{27.1}$$

が得られる．

われわれは $\boldsymbol{F}$ を，おのおのの粒子に働くすべての力 $\boldsymbol{f}$ の和として求めた．そのなかには，剛体中の他の粒子からの力も入っているのであるが，しかし，実際に $\boldsymbol{F}$ に入るのは，外部から働く力だけである．剛体そのものの構成粒子相互のあいだに働く力は，すべて互いにうち消しあう．というのも，外力がないときには，すべての孤立系の場合と同じく，剛体の運動量は保存され，したがって $\boldsymbol{F} = 0$ でなければならないからである．

外部の場にある剛体のポテンシャル・エネルギーを U とすれば，力 $\boldsymbol{F}$ は U を物体の慣性中心の座標に関して微分することによって与えられる：

$$F = -\frac{\partial U}{\partial R_0}. \qquad (27.2)$$

実際,剛体が δR_0 だけ平行移動すれば,剛体の各点の位置ベクトル R も同じだけ変化し,したがって,ポテンシャル・エネルギーの変化は

$$\delta U = \sum \frac{\partial U}{\partial R} \cdot \delta R = \delta R_0 \cdot \sum \frac{\partial U}{\partial R} = -\delta R_0 \cdot \sum f$$
$$= -F \cdot \delta R_0.$$

つぎに角運動量 M の時間変化率をきめる第 2 の運動方程式を導こう.結論を簡単にするために,《静止》(慣性) 基準系を,与えられた瞬間に剛体の慣性中心がそれに対して静止しているように選ぶのが便利である.そのようにして得られる運動方程式は,ガリレイの相対性原理のために,他の任意の基準系でもそのまま成り立つ.

さて,

$$\frac{dM}{dt} = \frac{d}{dt}\sum(r \times p) = \sum(\dot{r} \times p) + \sum(r \times \dot{p})$$

であるが,基準系を上のように選んだために(そのとき $V = 0$),与えられた時刻における $\dot{r}$ の値は速度 $v = \dot{R}$ に一致する.ベクトル v と $p = mv$ とは同じ方向をもつから,$\dot{r} \times p = 0$. $\dot{p}$ を力 f でおきかえると,

$$\frac{dM}{dt} = K \qquad (27.3)$$

が得られる.ただし,

$$K = \sum(r \times f). \qquad (27.4)$$

ベクトル $r \times f$ は力 f のモーメントとよばれる．したがって，K は物体に働くすべての力のモーメントの和である．合力 F と同じく，(27.4) の和をとるときにも，実際には外力だけを考えればよい．角運動量の保存法則に対応して，孤立した系の内部で働くすべての力のモーメントの和はゼロにならなければならないからである．

力のモーメントは，角運動量と同様，一般的にいって，それを定める基準となる座標原点の選び方に左右される．(27.3), (27.4) におけるモーメントは，物体の慣性中心に関して定められている．

座標原点を距離 a の点に移したとき，物体の各点の新しい位置ベクトル r' は，古い r と $r = r' + a$ によって結ばれる．したがって，
$$K = \sum (r \times f) = \sum (r' \times f) + \sum (a \times f),$$
あるいは
$$K = K' + a \times F. \tag{27.5}$$
このことから，とくに，全合力 $F = 0$（このような場合，物体には《偶力》が働いているという）ならば，力のモーメントの大きさは座標原点の選び方によらないことが明らかになる．

物体が無限小の角度 $\delta\boldsymbol{\varphi}$ だけ回転したときのポテンシャル・エネルギー U の変化は

$$\delta U = -\sum (f \cdot \delta R) = -\sum f \cdot (\delta\boldsymbol{\varphi} \times r) = -\delta\boldsymbol{\varphi} \cdot \sum (r \times f)$$
$$= -K \cdot \delta\boldsymbol{\varphi}$$

に等しい．これから

$$K = -\frac{\partial U}{\partial \varphi}. \qquad (27.6)$$

力のモーメント全体の和に対するこの式は，すべての力の和についての式（27.2）と対応している．

ベクトル F と K が互いに直交していると仮定しよう．この場合にはいつも（27.5）式の K' をゼロとするような，つまり，

$$K = a \times F \qquad (27.7)$$

とするようなベクトル a を見いだすことができる．その際，a は一意的にはきまらない．F に平行な任意のベクトルを a に付け加えても，等式（27.7）は変わらないからであり，$K'=0$ という条件は運動座標系における定まった点を与えるのでなく，直線を定めるだけである．このように，$K \perp F$ のときには，剛体に働くすべての力からの作用を，一定の直線上に作用点をもつ一つの力 F に帰着させることができる．

たとえば，そのなかで質点に働く力が $f = eE$ という形をしている一様な力の場がそのような場合である．そこでは，E は場を特徴づける定数ベクトル，e は与えられた場に関する粒子の性質を特徴づける量である[1]．そのような場合には，

---

[1] たとえば，一様電場では，E は場の強さ，e は粒子の電荷である．一様な重力場では，E は重力の加速度 g であり，e は粒子の質量 m である．

$$\bm{F} = (\sum e)\bm{E}, \qquad \bm{K} = (\sum e\bm{r}) \times \bm{E}$$

となる．$\sum e \neq 0$ と仮定し，

$$\bm{r}_0 = \frac{\sum e\bm{r}}{\sum e} \tag{27.8}$$

によって定義される位置ベクトル $\bm{r}_0$ を導入する．すると，全体の力のモーメントに対してつぎのような簡単な表式が得られる：

$$\bm{K} = \bm{r}_0 \times \bm{F}. \tag{27.9}$$

こうして，一様な場のなかでの剛体の運動においては，場の影響は，位置ベクトル (27.8) の点に加わる一つの力 $\bm{F}$ の作用に帰着させることができる．その点の位置は，物体自身の性質によって完全にきまってしまう．たとえば，重力場ではこの点は物体の慣性中心〔重心〕に一致する．

§28. 剛体の接触

剛体のつり合いの条件は，運動方程式 (27.1)，(27.3) から明らかなように，それに働く力および力のモーメントがゼロに等しいことであると定式化できる：

$$\bm{F} = \sum \bm{f} = 0, \qquad \bm{K} = \sum (\bm{r} \times \bm{f}) = 0. \tag{28.1}$$

ここで和は，物体に働くすべての外力についてとり，$\bm{r}$ は力の《作用点》の位置ベクトルである．このとき，モーメントの基準となる点（座標原点）はどこにあってもよい．$\bm{F} = 0$ のとき，$\bm{K}$ の値はこの点の選び方には左右されないからである．

われわれの扱う系が，互いに接触したいくつかの剛体で

あれば，それがつり合っているときには，おのおのの剛体に対して条件（28.1）が満足されねばならない．そのようなときには，与えられた物体に，それと接触する他の物体からおよぼされる力をも勘定に入れなければならない．それらの力は物体どうしの接触点に働き，**抗力**とよばれる．いうまでもなく，二つの物体ごとに，それらのあいだの抗力は大きさが等しく，反対方向である．

一般の場合，抗力の大きさも方向も，すべての物体に対するつり合いの式（28.1）を連立方程式として解くことによって求められる．けれども，ある場合には，抗力の方向は問題の条件だけからきまってしまう．たとえば，二つの物体が互いの表面を自由に滑ることができる場合にはそれらのあいだの抗力は表面の法線方向を向いている．

接触した物体が互いに相対的に動くときには，抗力のほかに，散逸的な性質の力——**摩擦力**が生ずる．

接触した物体の運動には二つの型が可能である．すなわち，**滑りところがり**である．滑りの際には，抗力は接触面に垂直であるが，摩擦力は接触面にそう方向にある．

純粋のころがりは，接触点において相対運動がないということによって特徴づけられる．言いかえると，ころがっている物体は，各瞬間に接触点で固定されているのと同様である．そして，抗力の方向は任意，すなわち，必ずしも接触面に垂直とは限らない．ころがりの際の摩擦は，ころがりをさまたげる付加的な力のモーメントとして作用する．

滑りの際の摩擦がまったく無視できるほど小さければ，

物体の表面は完全に滑らかであるといわれる．反対に，物体の表面が，滑りなしのころがりだけを許し，ころがりの際の摩擦がまったく無視できるという性質をもつとき，その表面は完全に粗いといわれる．

これらの二つの場合には，物体の運動に対して摩擦力はおもてだった役割を演じないから，問題は純力学的なものになる．他方，もしも摩擦の具体的なようすが運動にとって本質的であるならば，その運動はもはや純力学的な過程ではない（§20を見よ）．

物体どうしの接触があれば，その自由度の数は，自由な運動のときにくらべて減少する．これまで，そのような種類の問題を考察するときには，現実の自由度の数に直接対応するような座標を導入することによって，そのような事情を表わしてきた．しかし，ころがりに対しては，そういう座標を選ぶことは不可能であることが示される．

ころがっている物体の運動に課せられる条件は，両物体の接触点の速度が等しいということである（たとえば，不動の表面を物体がころがるとき，接触点の速度はゼロでなければならない）．一般の場合，そのような条件は

$$\sum_i c_{\alpha i} \dot{q}_i = 0 \qquad (28.2)$$

という形の拘束の式によって表わされる．ここに，$c_{\alpha i}$ は座標だけの関数である（添字 α は拘束の式の番号を示す）．この式の左辺が，座標のある関数の時間についての完全導関数になっていないときには，この方程式は積分すること

ができない．言いかえると，そのような拘束条件をいくつかの座標だけのあいだの関係に還元し，その関係を利用して，物体の位置を，現実の自由度の数に対応するより少数の座標によって表現するということは不可能である．このような拘束は**非ホロノーム**であるといわれる（逆に，系の座標だけで表わされる拘束は，**ホロノーム**とよばれる）．

例として，平面上での球のころがりを考えよう．いつものように，V で並進運動の速度（球の中心の速度）を，Ω で回転の角速度を表わそう．球の平面との接点の速度は，一般的な公式 $v = V + \Omega \times r$ において $r = -an$ とおけば得られる（a は球の半径，n は，接触平面の接点にたてた法線の方向の単位ベクトルである）．求める拘束条件は，接点において滑りが存在しないことを表わす．したがって

$$V - a\Omega \times n = 0 \qquad (28.3)$$

という式で与えられる．これは積分することができない．速度 V は球の中心の位置ベクトルの時間についての完全導関数であるけれども，しかし，角速度は一般にはいかなる座標の完全導関数でもないからである．したがって拘束 (28.3) は非ホロノームである[1]．

接触のある物体の運動方程式をつくりあげるには，抗力をあからさまに導入する方法がある．この方法（いわゆる

---

1) 円柱のころがりに対する同様の拘束はホロノームであることに注意しよう．この場合，回転軸の空間内での方向はころがりによって変わらず，したがって，$\Omega = d\varphi/dt$ は，円柱の自分の軸のまわりの回転角 φ の完全導関数である．このとき拘束 (28.3) は積分できて，慣性中心の座標と角度 φ とのあいだの関係を与える．

ダランベールの原理の内容がそれである）の要点は，接触している物体のおのおのに対して

$$\frac{d\boldsymbol{P}}{dt}=\sum \boldsymbol{f}, \qquad \frac{d\boldsymbol{M}}{dt}=\sum (\boldsymbol{r}\times \boldsymbol{f}) \qquad (28.4)$$

という式を書き，物体に働く力 $\boldsymbol{f}$ に抗力をも含めるということである．それらの抗力は初めは未知であり，方程式を解くことによって物体の運動とともにきまるのである．この方法は，ホロノームな拘束にも，非ホロノームな拘束にも同じように適用することができる．

問　題

1. 外力 $\boldsymbol{F}$ および力のモーメント $\boldsymbol{K}$ のもとで平面上をころがる一様な球の運動方程式を，ダランベールの原理を使って見いだせ．

解 拘束の式（28.3）はすでに本文中に与えられている．球の平面との接点に働く抗力（$\boldsymbol{R}$ で表わす）を導入して方程式（28.4）を書きおろすと，

$$\mu \frac{d\boldsymbol{V}}{dt}=\boldsymbol{F}+\boldsymbol{R}, \qquad (1)$$

$$I\frac{d\boldsymbol{\Omega}}{dt}=\boldsymbol{K}-a\boldsymbol{n}\times \boldsymbol{R} \qquad (2)$$

となる（ここで，$\boldsymbol{P}=\mu \boldsymbol{V}$ であり，球状こまに対して $\boldsymbol{M}=I\boldsymbol{\Omega}$ であることに注意する）．拘束の式（28.3）を時間について微分して，

$$\dot{\boldsymbol{V}}=a\dot{\boldsymbol{\Omega}}\times \boldsymbol{n}$$

を得る．これを式（1）に代入し，（2）を利用して $\dot{\boldsymbol{\Omega}}$ を

消去すると，抗力と $\boldsymbol{F}$ および $\boldsymbol{K}$ とを結びつける方程式

$$\frac{I}{a\mu}(\boldsymbol{F}+\boldsymbol{R}) = \boldsymbol{K}\times\boldsymbol{n} - a\boldsymbol{R} + a\boldsymbol{n}(\boldsymbol{n}\cdot\boldsymbol{R})$$

が得られる．この方程式を成分に分けて書き，$I = \frac{2}{5}\mu a^2$（§25 の問題 2 b を見よ）とおくと，

$$R_x = \frac{5}{7a}K_y - \frac{2}{7}F_x,$$
$$R_y = -\frac{5}{7a}K_x - \frac{2}{7}F_y,$$
$$R_z = -F_z$$

を得る（ころがりの面を xy 面にとった）．

最後に，これらの表式を (1) に代入すると，与えられた外力とモーメントだけを含む運動方程式が得られる：

$$\frac{dV_x}{dt} = \frac{5}{7\mu}\left(F_x + \frac{K_y}{a}\right), \quad \frac{dV_y}{dt} = \frac{5}{7\mu}\left(F_y - \frac{K_x}{a}\right).$$

角速度の成分 Ω_x, Ω_y は，拘束の式 (28.3) の助けをかりて V_x と V_y とで表わすことができる．Ω_z に対しては，

$$\frac{2}{5}\mu a^2 \frac{d\Omega_z}{dt} = K_z$$

という方程式が成り立つ（式 (2) の z 成分）．

2. 重さ P，長さ l の一様な棒 BD が，図 25 に示すように壁にたてかけてある．棒の下端 B は糸 AB で支えられている．支点に働く抗力と糸の張力とを求めよ．

解 棒の重さは，その中央に働く鉛直下向きの力 P で表わされる．抗力 R_B および R_C の方向はそれぞれ，鉛

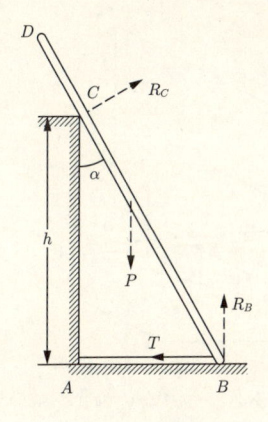

直上向きおよび棒に垂直である．糸の張力 T は B から A に向かう．つり合いの式を解いて

$$R_C = \frac{Pl}{4h}\sin 2\alpha, \qquad R_B = P - R_C \sin\alpha,$$

$$T = R_C \cos\alpha$$

を得る．

3. 重さ P の棒 AB が，その両端を水平面および鉛直面にもたせかけ，2本の水平な糸 AD および BC によってその位置にたもたれている（図26）．糸 BC は，棒 AB を含む鉛直面のなかにある．支点に働く抗力と糸の張力を求めよ．

解 糸の張力 T_A および T_B は，それぞれ A から D，B から C へ向かう．抗力 R_A および R_B はそれぞれの

図 26

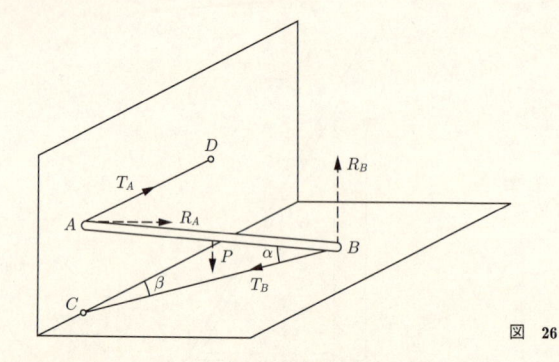

平面に垂直である．つり合いの式を解いて，

$$R_B = P, \quad T_B = \frac{P}{2}\cot\alpha,$$

$$R_A = T_B \sin\beta, \quad T_A = T_B \cos\beta$$

が得られる．

4. 長さ l の 2 本の棒が，上端をピンで接合され，下端を糸 AB によって結びつけられている（図 27）．一方の棒の中点に力 F を加える（棒の重さは無視する）．抗力を求めよ．

解 糸の張力 T は，A に働くものは A から B に向かい，B に働くものは B から A に向かう．点 A および B に働く抗力 R_A, R_B は支えの面に垂直である．接合点において棒 AC に働く抗力を $\boldsymbol{R}_C$ で表わすと，棒 BC には抗力が $-\boldsymbol{R}_C$ 働く．棒 BC に働く力 $\boldsymbol{R}_B, T, -\boldsymbol{R}_C$ のモーメントの和がゼロになるというつり合いの条件によ

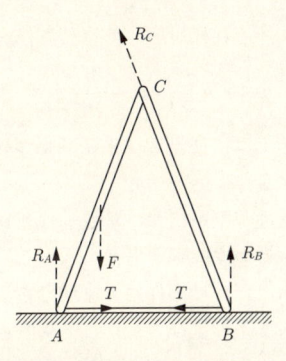

図 27

って，ベクトル $\boldsymbol{R}_C$ の方向は BC にそうという結果が得られる．残りのつり合いの条件（二つの棒のおのおのに対する）から，

$$R_A = \frac{3}{4}F, \quad R_B = \frac{F}{4}, \quad R_C = \frac{F}{4\sin\alpha},$$
$$T = \frac{1}{4}F\cot\alpha$$

が得られる．ここに α は角度 CAB である．

§29. 非慣性基準系における運動

これまで任意の力学系の運動を考察するのに，われわれはいつも慣性基準系に関係させて扱ってきた．慣性基準系においてのみ，たとえば外場のなかにある1個の粒子のラグランジアンは

$$L_0 = \frac{m}{2}\boldsymbol{v}_0^2 - U \tag{29.1}$$

という形をとり，それに対応して運動方程式が

$$m\frac{d\boldsymbol{v}_0}{dt} = -\frac{\partial U}{\partial \boldsymbol{r}}$$

となる（この節では，慣性基準系に関係づけた量に添字 0 をつけて区別する）．

そこで，非慣性基準系における粒子の運動方程式はどんなものであるかという問題を考えよう．この問題を解くための出発点はふたたび最小作用の原理である．この原理の適用範囲は，基準系の選び方によって制限されないのである．この原理とともに，ラグランジュ方程式

$$\frac{d}{dt}\frac{\partial L}{\partial \boldsymbol{v}} = \frac{\partial L}{\partial \boldsymbol{r}} \tag{29.2}$$

も効力を失わない．しかし，ラグランジアンはもはや (29.1) の形をもたない．それを見いだすためには，関数 L_0 に適当な変換をほどこすことが必要である．

その変換は2段階に分けて行なう．まず，慣性系 K_0 に対して速度 $\boldsymbol{V}(t)$ で並進運動をする基準系 K' を考える．系 K_0 および K' に関する粒子の速度 $\boldsymbol{v}_0$ および $\boldsymbol{v}'$ のあいだには，

$$\boldsymbol{v}_0 = \boldsymbol{v}' + \boldsymbol{V}(t) \tag{29.3}$$

という関係がある．これを (29.1) に代入して，K' 系のラグランジアン

$$L' = \frac{m}{2}\boldsymbol{v}'^2 + m\boldsymbol{v}'\cdot\boldsymbol{V} + \frac{m}{2}\boldsymbol{V}^2 - U$$

を得る．ところで，$V^2(t)$ は時間の与えられた関数であり，

別のある時間の関数の t についての完全導関数として表わすことができる．したがって，上の表式の第3項はおとすことができる．さらに，座標系 K' における，粒子の位置ベクトルを $\bm{r}'$ とすれば，$\bm{v}'=d\bm{r}'/dt$ である．ゆえに，

$$m\bm{V}(t)\cdot\bm{v}' = m\bm{V}\cdot\frac{d\bm{r}'}{dt} = \frac{d}{dt}(m\bm{V}\cdot\bm{r}') - m\bm{r}'\cdot\frac{d\bm{V}}{dt}.$$

これをラグランジアンに代入し，ふたたび時間の完全導関数をおとすと，結局

$$L' = \frac{m}{2}\bm{v}'^{2} - m\bm{W}(t)\cdot\bm{r}' - U \qquad (29.4)$$

が得られる．ここに $\bm{W}=d\bm{V}/dt$ は基準系 K' の並進運動の加速度である．(29.4) を用いてラグランジュ方程式をつくると，

$$m\frac{d\bm{v}'}{dt} = -\frac{\partial U}{\partial \bm{r}'} - m\bm{W}(t) \qquad (29.5)$$

が得られる．

　基準系の並進運動の加速度が粒子の運動方程式に与える影響は，一様な力の場があることと同等であり，この場のなかで働く力は粒子の質量と加速度 $\bm{W}$ との積に等しく，この加速度と逆の方向をもつということがわかる．

　つぎに，系 K' と原点を共有し K' に対して角速度 $\bm{\Omega}(t)$ で回転するもう一つの基準系 K を導入する．慣性系 K_0 に対しては，K は並進運動と回転運動とを行なう．

　系 K' に関する粒子の速度 $\bm{v}'$ は，系 K に関する速度 $\bm{v}$ と，系 K といっしょに行なう回転の速度 $\bm{\Omega}\times\bm{r}$ とからで

きている：
$$v' = v + \Omega \times r$$
（系 K および K' における粒子の位置ベクトル r と r' とは一致する）．この表現をラグランジアン（29.4）に代入すると

$$L = \frac{m}{2}v^2 + mv\cdot(\Omega \times r) + \frac{m}{2}(\Omega \times r)^2 - mW\cdot r - U \tag{29.6}$$

を得る．

これが，任意の非慣性座標系における粒子のラグランジアンである．基準系の回転は，ラグランジアンのなかに特別の形をした——粒子の速度について 1 次の——項を出現させることに注意しよう．

ラグランジュ方程式に入ってくる導関数を計算するために，完全微分

$$\begin{aligned}
dL &= mv\cdot dv + mdv\cdot(\Omega \times r) + mv\cdot(\Omega \times dr) \\
&\quad + m(\Omega \times r)\cdot(\Omega \times dr) - mW\cdot dr - \frac{\partial U}{\partial r}\cdot dr \\
&= mv\cdot dv + mdv\cdot(\Omega \times r) + mdr\cdot(v \times \Omega) \\
&\quad + m((\Omega \times r)\times \Omega)\cdot dr - mW\cdot dr - \frac{\partial U}{\partial r}\cdot dr
\end{aligned}$$

を書きおろす．

dv および dr を含む項をまとめて，

$$\frac{\partial L}{\partial v} = mv + m\Omega \times r,$$

$$\frac{\partial L}{\partial \boldsymbol{r}} = m\boldsymbol{v} \times \boldsymbol{\Omega} + m((\boldsymbol{\Omega} \times \boldsymbol{r}) \times \boldsymbol{\Omega}) - m\boldsymbol{W} - \frac{\partial U}{\partial \boldsymbol{r}}$$

を得る.これらの表式を (29.2) に入れて,求める運動方程式が得られる:

$$m\frac{d\boldsymbol{v}}{dt} = -\frac{\partial U}{\partial \boldsymbol{r}} - m\boldsymbol{W} + m\boldsymbol{r} \times \dot{\boldsymbol{\Omega}} + 2m\boldsymbol{v} \times \boldsymbol{\Omega} + m\boldsymbol{\Omega} \times (\boldsymbol{r} \times \boldsymbol{\Omega}). \tag{29.7}$$

基準系の回転によって生ずる《慣性力》は,三つの部分からできていることがわかる.$m\boldsymbol{r} \times \dot{\boldsymbol{\Omega}}$ という力は回転の不均一さに結びついているが,他の二つは回転が一様なときにも存在する.$2m\boldsymbol{v} \times \boldsymbol{\Omega}$ という力は**コリオリ力**とよばれる.この力は以前に考察した(散逸的でない)力のいずれとも異なって,粒子の速度に依存する.$m\boldsymbol{\Omega} \times (\boldsymbol{r} \times \boldsymbol{\Omega})$ という力は**遠心力**とよばれる.その方向は,$\boldsymbol{r}$ と $\boldsymbol{\Omega}$ とできまる平面内にあって,回転軸(すなわち $\boldsymbol{\Omega}$ の方向)に垂直であり,軸から外へ向く.この力の大きさは,粒子の回転軸からの距離を ρ とすると $m\rho\Omega^2$ に等しい.

座標の一様な回転運動だけで並進運動はないという特別の場合を考えよう.(29.6) および (29.7) で $\boldsymbol{\Omega} = \text{const.}$, $\boldsymbol{W} = 0$ とおくと,ラグランジアン

$$L = \frac{m}{2}\boldsymbol{v}^2 + m\boldsymbol{v} \cdot (\boldsymbol{\Omega} \times \boldsymbol{r}) + \frac{m}{2}(\boldsymbol{\Omega} \times \boldsymbol{r})^2 - U, \tag{29.8}$$

および運動方程式

$$m\frac{d\boldsymbol{v}}{dt} = -\frac{\partial U}{\partial \boldsymbol{r}} + 2m\boldsymbol{v} \times \boldsymbol{\Omega} + m\boldsymbol{\Omega} \times (\boldsymbol{r} \times \boldsymbol{\Omega}) \tag{29.9}$$

が得られる．

この場合の粒子のエネルギーを計算しよう．

$$\boldsymbol{p} = \frac{\partial L}{\partial \boldsymbol{v}} = m\boldsymbol{v} + m\boldsymbol{\Omega} \times \boldsymbol{r} \tag{29.10}$$

を $E = \boldsymbol{p} \cdot \boldsymbol{v} - L$ に代入すれば，

$$E = \frac{m}{2}\boldsymbol{v}^2 - \frac{m}{2}(\boldsymbol{\Omega} \times \boldsymbol{r})^2 + U. \tag{29.11}$$

エネルギーのなかには，速度について1次の項がないことに注意しよう．エネルギーに与える基準系の回転の影響は，粒子の座標にのみ依存し，角速度の2乗に比例する項が付加されることである．この付加されたポテンシャル・エネルギー $-(m/2)(\boldsymbol{\Omega} \times \boldsymbol{r})^2$ は**遠心エネルギー**とよばれる．

一様に回転している基準系に対する粒子の速度 $\boldsymbol{v}$ は，この基準系の慣性系 K_0 に対する速度 $\boldsymbol{v}_0$ と

$$\boldsymbol{v}_0 = \boldsymbol{v} + \boldsymbol{\Omega} \times \boldsymbol{r} \tag{29.12}$$

という関係で結ばれる．したがって，系 K での粒子の運動量 $\boldsymbol{p}$ (29.10) は，系 K_0 におけるその運動量 $\boldsymbol{p} = m\boldsymbol{v}_0$ と一致することになる．同時に，角運動量 $\boldsymbol{M}_0 = \boldsymbol{r} \times \boldsymbol{p}_0$ と $\boldsymbol{M} = \boldsymbol{r} \times \boldsymbol{p}$ も一致する．粒子のエネルギーは，系 K と K_0 とで異なる．(29.12) の $\boldsymbol{v}$ を (29.11) に代入すると，

$$\begin{aligned}E &= \frac{m}{2}\boldsymbol{v}_0^2 - m\boldsymbol{v}_0 \cdot (\boldsymbol{\Omega} \times \boldsymbol{r}) + U \\ &= \frac{m}{2}\boldsymbol{v}_0^2 + U - m(\boldsymbol{r} \times \boldsymbol{v}_0) \cdot \boldsymbol{\Omega}\end{aligned}$$

が得られる.初めの二つの項は系 K_0 におけるエネルギー E_0 である.最後の項に角運動量を導入して,次式を得る.
$$E = E_0 - \boldsymbol{M}\cdot\boldsymbol{\Omega}. \tag{29.13}$$

この公式によって,一様に回転する座標系へ移る際のエネルギーの変換規則がきまる.われわれはこの式を 1 個の粒子に対して導いたのであるが,しかし,この結論は任意個の粒子の系にまでただちに一般化することができ,同じ公式 (29.13) が得られることは明らかであろう.

問　題

1. 自由落下する物体が,地球の自転(その角速度は小さいとみなす)によって鉛直方向からそらされる大きさを見いだせ.

解 重力場では,重力の加速度ベクトルを $\boldsymbol{g}$ として $U = -m\boldsymbol{g}\cdot\boldsymbol{r}$ である.方程式 (29.9) で,$\boldsymbol{\Omega}$ の 2 乗に比例する遠心力を無視すると,運動方程式は,
$$\dot{\boldsymbol{v}} = 2\boldsymbol{v}\times\boldsymbol{\Omega}+\boldsymbol{g}. \tag{1}$$

この方程式を逐次近似によって解くのであるが,そのために $\boldsymbol{v}=\boldsymbol{v}_1+\boldsymbol{v}_2$ とおく.ここに $\boldsymbol{v}_1$ は方程式 $\dot{\boldsymbol{v}}_1=\boldsymbol{g}$ の解,すなわち $\boldsymbol{v}_1=\boldsymbol{g}t+\boldsymbol{v}_0$ である($\boldsymbol{v}_0$ は初速度).$\boldsymbol{v}=\boldsymbol{v}_1+\boldsymbol{v}_2$ を (1) に代入し,右辺では $\boldsymbol{v}_1$ だけを残すと,$\boldsymbol{v}_2$ に対する方程式
$$\dot{\boldsymbol{v}}_2 = 2\boldsymbol{v}_1\times\boldsymbol{\Omega} = 2t\boldsymbol{g}\times\boldsymbol{\Omega}+2\boldsymbol{v}_0\times\boldsymbol{\Omega}$$
が得られる.これを積分して

$$r = h + v_0 t + \frac{gt^2}{2} + \frac{t^3}{3}g \times \Omega + t^2 v_0 \times \Omega \qquad (2)$$

を得る．ただし，h は粒子の最初の位置ベクトルである．

z 軸を鉛直上向きに，x 軸を子午線にそって極へ向かう方向にとる．すると

$$g_x = g_y = 0, \qquad g_z = -g\,;$$
$$\Omega_x = \Omega \cos\lambda, \qquad \Omega_y = 0, \qquad \Omega_z = \Omega \sin\lambda$$

である．ここに λ は緯度である（はっきりさせるために，北緯であるとしておこう）．(2) 式で $v_0 = 0$ とおくと

$$x = 0, \qquad y = -\frac{t^3}{3} g \Omega \cos\lambda$$

が得られる．ここで落下時間を $t \approx \sqrt{2h/g}$ でおきかえると，結局

$$x = 0, \qquad y = -\frac{1}{3}\left(\frac{2h}{g}\right)^{3/2} g \Omega \cos\lambda$$

が見いだされる（y の符号が負であることは，東へそれることに対応する）．

2. 地球表面から初速度 v_0 で投げ出された物体の軌道の〔投射〕平面からのずれを求めよ．

解 xz 面を，速度 v_0 がそのなかにあるように選ぶ．はじめの高さは $h = 0$ である．

側方へのずれは，問題 1 の (2) 式から

$$y = -\frac{t^3}{3} g \Omega_x + t^2 (\Omega_x v_{0z} - \Omega_z v_{0x}),$$

あるいは，飛行時間 $t \approx 2v_{0z}/g$ を代入して
$$y = \frac{4v_{0z}^2}{g^2}\Omega\left(\frac{1}{3}v_{0z}\cos\lambda - v_{0x}\sin\lambda\right).$$

3. 地球の自転が振り子の微小振動におよぼす影響を見いだせ（いわゆる**フーコー振り子**）．

解 振り子の鉛直方向の変位は2次の微小量として無視すれば，物体の運動は水平面 xy のなかで行なわれるとみなすことができる．Ω^2 を含む項をおとして，運動方程式を
$$\ddot{x} + \omega^2 x = 2\Omega_z \dot{y}, \qquad \ddot{y} + \omega^2 y = -2\Omega_z \dot{x}$$
の形に書く．ただし，ω は地球の自転を考察に入れない場合の振り子の振動数である．第2の式に i をかけて第1の式に加えると，複素量 $\xi = x + iy$ に対するただ一つの方程式
$$\ddot{\xi} + 2i\Omega_z \dot{\xi} + \omega^2 \xi = 0$$
を得る．$\Omega_z \ll \omega$ のとき，この方程式の解は，
$$\xi = e^{-i\Omega_z t}(A_1 e^{i\omega t} + A_2 e^{-i\omega t})$$
という形をもつ．あるいは，
$$x + iy = e^{-i\Omega_z t}(x_0 + iy_0).$$
ここに，$x_0(t), y_0(t)$ は，地球の自転を考慮に入れないときの振り子の軌道を与える関数である．したがって地球の自転の影響は，この軌道を鉛直方向のまわりに角速度 Ω_z で回転させることに帰する．

第7章　正準方程式

§30. ハミルトン方程式

ラグランジアン（およびそれから導かれるラグランジュ方程式）による力学法則の定式化は，系の力学的状態が一般化座標と一般化速度によって記述されるということを前提にしている．このような記述は唯一の可能性ではない．系の一般化座標と一般化運動量とによる記述は，特に，力学の一般的な問題の研究にとっては多くの優れた点を有している．そこで力学のそのような定式化に対応する運動方程式を求めることが問題となる．

一組の独立変数から他の一組の独立変数への移行は，数学においてルジャンドル変換として知られている変換によって行なわれる．いまの場合，この変換はつぎのように行なわれる．

座標と速度の関数としてのラグランジアンの全微分は

$$dL = \sum_i \frac{\partial L}{\partial q_i}dq_i + \sum_i \frac{\partial L}{\partial \dot{q}_i}d\dot{q}_i.$$

導関数 $\partial L/\partial \dot{q}_i$ は定義により一般化運動量に等しく，またラグランジュ方程式によって $\partial L/\partial q_i = \dot{p}_i$ であるから，上の式はつぎの形に書ける：

$$dL = \sum \dot{p}_i dq_i + \sum p_i d\dot{q}_i. \qquad (30.1)$$

(30.1) の第 2 項を

$$\sum p_i d\dot{q}_i = d(\sum p_i \dot{q}_i) - \sum \dot{q}_i dp_i$$

の形に書き，全微分 $d(\sum p_i \dot{q}_i)$ を左辺に移項して，全体の符号を変えれば，(30.1) から次式を得る：

$$d(\sum p_i \dot{q}_i - L) = -\sum \dot{p}_i dq_i + \sum \dot{q}_i dp_i.$$

左辺の微分されている量は，系のエネルギーを表わしている（§6を見よ）．それが座標と運動量とで表わされているとき，系のハミルトニアンとよばれる：

$$H(p, q, t) = \sum_i p_i \dot{q}_i - L. \qquad (30.2)$$

微分式

$$dH = -\sum \dot{p}_i dq_i + \sum \dot{q}_i dp_i \qquad (30.3)$$

から，つぎの方程式が得られる：

$$\dot{q}_i = \frac{\partial H}{\partial p_i}, \qquad \dot{p}_i = -\frac{\partial H}{\partial q_i}. \qquad (30.4)$$

これが変数 p と q とで書かれた求める運動方程式であり，**ハミルトン方程式**とよばれている．ラグランジュの方法のときの s 個の 2 階微分方程式の代わりに，この方程式系は，$2s$ 個の未知関数 $p(t), q(t)$ についての $2s$ 個の 1 階微分方程式の組になっている．その形式的な簡単さと対称性とのために，**正準方程式**とよばれる．

ハミルトニアンの時間についての完全導関数は，

$$\frac{dH}{dt} = \frac{\partial H}{\partial t} + \sum \frac{\partial H}{\partial q_i} \dot{q}_i + \sum \frac{\partial H}{\partial p_i} \dot{p}_i.$$

ここで $\dot{q}_i$ および $\dot{p}_i$ に方程式 (30.4) を代入すれば, 後の 2 項は互いにうちけしあって

$$\frac{dH}{dt} = \frac{\partial H}{\partial t} \tag{30.5}$$

となる. 特にハミルトニアンが時間に陽に依存しないときには $dH/dt = 0$, すなわち, エネルギーの保存法則があらためて得られる.

ラグランジアンあるいはハミルトニアンが, 力学変数 $q, \dot{q}$ あるいは, q, p のほかにいろいろのパラメータ——力学系自身あるいは系に作用する外部の場の性質を特徴づける量——を含むことがある. それらのパラメータの一つを λ とする. これを変量とみなすことによって, (30.1) の代わりに

$$dL = \sum \dot{p}_i dq_i + \sum p_i d\dot{q}_i + \frac{\partial L}{\partial \lambda} d\lambda.$$

さらに (30.3) の代わりには

$$dH = -\sum \dot{p}_i dq_i + \sum \dot{q}_i dp_i - \frac{\partial L}{\partial \lambda} d\lambda$$

を得る. したがって

$$\left(\frac{\partial H}{\partial \lambda}\right)_{p,q} = -\left(\frac{\partial L}{\partial \lambda}\right)_{\dot{q},q}. \tag{30.6}$$

この関係は, パラメータ λ についてのラグランジアンの偏導関数とハミルトニアンの偏導関数とのあいだを結ぶものである: 導関数についている添字はハミルトニアンの場合には p と q を定数として, ラグランジアンの場合には q と

$\dot{q}$ とを定数として，微分すべきことをしめしている．

この結果を，ほかの形で表わすこともできる．ラグランジアンを，$L = L_0 + L'$ であるとする．ここに L' はもとの関数 L_0 に付加された小さな項を表わす．それに対応するハミルトニアン $H = H_0 + H'$ の付加項 H' は L' とつぎの関係をもつ：

$$(H')_{p,q} = -(L')_{\dot{q},q}. \tag{30.7}$$

問 題

1. 1個の質点のハミルトニアンを，それぞれデカルト座標，円柱座標，球座標で求めよ．

解 デカルト座標 x, y, z では

$$H = \frac{1}{2m}(p_x^2 + p_y^2 + p_z^2) + U(x, y, z).$$

円柱座標 r, φ, z では

$$H = \frac{1}{2m}\left(p_r^2 + \frac{p_\varphi^2}{r^2} + p_z^2\right) + U(r, \varphi, z).$$

球座標 r, θ, φ では

$$H = \frac{1}{2m}\left(p_r^2 + \frac{p_\theta^2}{r^2} + \frac{p_\varphi^2}{r^2 \sin^2\theta}\right) + U(r, \theta, \varphi).$$

2. 一様に回転している基準系で質点のハミルトニアンを求めよ．

解 (29.11) および (29.10) により

$$H = \frac{p^2}{2m} - \boldsymbol{\Omega} \cdot (\boldsymbol{r} \times \boldsymbol{p}) + U.$$

§31. ハミルトン - ヤコビ方程式

最小作用の原理を定式化する際に,われわれは,系が与えられた時刻 t_1 と t_2 で占める2点 $q^{(1)}$ と $q^{(2)}$ を結ぶ径路にそってとられた積分

$$S = \int_{t_1}^{t_2} L dt \qquad (31.1)$$

を考えた.作用の変分の際には,共通の $q(t_1), q(t_2)$ をもつ,互いに接近した径路についてのこの積分の値が比較された.これらの径路のうちで,この積分 S が最小値をとるような径路だけが実際に起こる運動に対応する.

ここでは,作用の概念を別の形で考えよう.すなわち,S は現実の径路にそった運動を特徴づける量であるとみなす.そして,同じ点 $q(t_1) = q^{(1)}$ から出発して,時刻 t_2 には,さまざまの異なる位置を通過するという場合の積分の値を比較してみよう.言いかえると,系が現実にとる径路にたいする作用積分を,積分の上限に相当する時刻における座標の値の関数として考えるのである.

一つの径路からその近くのほかの径路へ移ると,それに対応する作用の変化は(自由度1の場合)表式 (2.5)

$$\delta S = \left[\frac{\partial L}{\partial \dot{q}} \delta q \right]_{t_1}^{t_2} + \int_{t_1}^{t_2} \left(\frac{\partial L}{\partial q} - \frac{d}{dt} \frac{\partial L}{\partial \dot{q}} \right) \delta q \, dt$$

によって与えられる.実際に起こる運動の径路はラグランジュ方程式を満たすから,ここにでてきた積分はゼロになる.第1項では,下限については $\delta q(t_1) = 0$ と仮定している:一方 $\delta q(t_2)$ の値を簡単のために δq と書くことにする.

$\partial L/\partial \dot{q}$ を p におきかえ，結局，$\delta S = p\delta q$ を得る．一般に，任意の数の自由度の場合には

$$\delta S = \sum_i p_i \delta q_i \tag{31.2}$$

となる．この関係から，作用の座標についての偏導関数が，対応する運動量に等しいことが結論される：

$$\frac{\partial S}{\partial q_i} = p_i. \tag{31.3}$$

同じようにして，作用を時間のあらわな関数とみなすこともできる．すなわち径路を，与えられた時刻 t_1 に与えられた位置 $q^{(1)}$ から出発して，与えられた位置 $q^{(2)}$ に，しかしさまざまな異なった時刻 $t_2 = t$ に到達するものとみなせばよい．この意味での偏導関数 $\partial S/\partial t$ は，積分に，対応した変分を行なうことによって求められる．しかし，もっと簡単に，すでに得られた公式 (31.3) を用いてつぎのようにして求めることもできる．作用の定義そのものによって，径路にそった作用の時間についての完全導関数は

$$\frac{dS}{dt} = L \tag{31.4}$$

である．一方，S を上に述べた意味で座標と時刻の関数とみなし，公式 (31.3) をつかえば

$$\frac{dS}{dt} = \frac{\partial S}{\partial t} + \sum_i \frac{\partial S}{\partial q_i}\dot{q}_i = \frac{\partial S}{\partial t} + \sum_i p_i \dot{q}_i.$$

両方の表式を見くらべれば

$$\frac{\partial S}{\partial t} = L - \sum_i p_i \dot{q}_i$$

となる．あるいは

$$\frac{\partial S}{\partial t} = -H(p,q,t). \tag{31.5}$$

公式 (31.3) および (31.5) をまとめて，つぎのように書くことができる．

$$dS = \sum_i p_i dq_i - Hdt. \tag{31.6}$$

これは，作用を (31.1) の積分の上限における座標と時刻の関数とみなしたとき，その全微分を与える表式である．これに対応して，作用は積分形で，

$$S = \int \left(\sum_i p_i dq_i - Hdt \right) \tag{31.7}$$

と書ける．特に，もし $H(p,q)$ が時間に陽に依存せず，したがって，エネルギーが保存しているならば，$H(p,q)$ を定数 E におきかえることができ，S の時間依存は，$-Et$ を加えることに帰してしまう：

$$S(q,t) = S_0(q) - Et. \tag{31.8}$$

ここで

$$S_0(q) = \sum_i \int p_i dq_i. \tag{31.9}$$

関数 $S_0(q)$ は，しばしば**簡約された作用**とよばれる．

関数 $S(q,t)$ は，関係式 (31.5) の運動量 p を偏導関数 $\partial S/\partial q$ におきかえて得られる微分方程式

$$\frac{\partial S}{\partial t}+H\left(\frac{\partial S}{\partial q_1},\cdots,\frac{\partial S}{\partial q_s}\,;\,q_1,\cdots,q_s\,;\,t\right)=0 \quad (31.10)$$

を満たす．この1階偏微分方程式は，**ハミルトン-ヤコビ方程式**とよばれる．外場 $U(x,y,z,t)$ のなかの一質点に対してはつぎのような形になる：

$$\frac{\partial S}{\partial t}+\frac{1}{2m}\left[\left(\frac{\partial S}{\partial x}\right)^2+\left(\frac{\partial S}{\partial y}\right)^2+\left(\frac{\partial S}{\partial z}\right)^2\right]$$
$$+U(x,y,z,t)=0. \quad (31.11)$$

関数 $H(p,q)$ が時間 t に陽に依存しないときには，ハミルトン-ヤコビ方程式は，もうすこし簡単な形に書ける．$S(q,t)$ として (31.8) をとれば，簡約された作用に対して次式が得られる：

$$H\left(\frac{\partial S_0}{\partial q_1},\cdots,\frac{\partial S_0}{\partial q_s}\,;\,q_1,\cdots,q_s\right)=E. \quad (31.12)$$

§32. 断熱不変量

パラメータ λ によって特徴づけられる1次元の有界な運動を行なっている力学系を考えよう．λ は，系自身の性質，あるいは，そのなかに系が存在する外場の性質をきめる．

パラメータ λ はなんらかの外部的原因によって時間とともにゆっくり（いわゆる断熱的に）変化するものとしよう．《ゆっくりな》変化とは，系の運動の周期 T のあいだの λ の変化が小さい変化である：

$$T\frac{d\lambda}{dt}\ll\lambda. \quad (32.1)$$

このような系は閉じておらず，エネルギー E は，もはや，保存していない．しかし，λ の変化がおそいということによって，エネルギー E の変化の速さ $\dot{E}$ が，パラメータ λ の変化の速さ $\dot{\lambda}$ に比例することが確かめられる．これは，系のエネルギー E が，λ についての何らかの関数となっていることを意味する．いいかえれば，系の運動のあいだ，一定にとどまるような E と λ との組み合わせが存在する．このような量は，**断熱不変量**とよばれる．

パラメータ λ に依存する系のハミルトニアンを $H(p, q, \lambda)$ とする．(30.5) により，系のエネルギーの変化の速さは，

$$\frac{dE}{dt} = \frac{\partial H}{\partial t} = \frac{\partial H}{\partial \lambda}\frac{d\lambda}{dt}.$$

この等式を運動の周期にわたって平均しよう．その際 λ （および $\dot{\lambda}$）の変化がおそいことを考慮して，$\dot{\lambda}$ の平均値の記号をとりさる：

$$\overline{\frac{dE}{dt}} = \frac{d\lambda}{dt}\overline{\frac{\partial H}{\partial \lambda}}.$$

また，$\partial H/\partial \lambda$ の平均をとる際に，q と p だけを変化量とみなし，λ は変化量とみなさない．言いかえると，λ が与えられた一定の値をもつとしたら起こるような系の運動について，平均操作を行なうのである．

平均操作をあらわに書くと，

$$\overline{\frac{dE}{dt}} = \frac{d\lambda}{dt}\frac{1}{T}\int_0^T \frac{\partial H}{\partial \lambda}dt.$$

ハミルトン方程式 $\dot{q} = \partial H/\partial p$ によって，

$$dt = \frac{dq}{\partial H/\partial p}$$

となる．この等式を使って，時間についての積分を，座標についての積分に変換する．このとき T もまたつぎの形に書きなおす：

$$T = \int_0^T dt = \oint \frac{dq}{\partial H/\partial p}.$$

ここで $\oint$ は周期のあいだの座標の全変化（《往路》と《復路》の両方）についての積分を表わす．このようにして

$$\overline{\frac{dE}{dt}} = \frac{d\lambda}{dt} \frac{\oint \dfrac{\partial H/\partial \lambda}{\partial H/\partial p} dq}{\oint \dfrac{dq}{\partial H/\partial p}}. \tag{32.2}$$

すでに示したように，この式のなかの積分は与えられた一定の λ に対する運動の軌跡にそって行なわれる．このような軌跡にそってはハミルトニアンは一定の値 E を保ち，一方，運動量は変化する座標 q および二つの独立な定数パラメータ E, λ のきまった関数である．運動量がこのような関数 $p(q; E, \lambda)$ であることを考慮し，等式 $H(p, q; \lambda) = E$ をパラメータ λ について微分すると

$$\frac{\partial H}{\partial \lambda} + \frac{\partial H}{\partial p} \frac{\partial p}{\partial \lambda} = 0,$$

あるいは

$$\frac{\partial H/\partial \lambda}{\partial H/\partial p} = -\frac{\partial p}{\partial \lambda}$$

を得る．これを (32.2) の分子の積分に代入し，また分母の被積分関数を $\partial p/\partial E$ の形に書きなおすと

$$\overline{\frac{dE}{dt}} = -\frac{d\lambda}{dt}\frac{\oint \dfrac{\partial p}{\partial \lambda}dq}{\oint \dfrac{\partial p}{\partial E}dq}, \tag{32.3}$$

あるいは

$$\oint \left(\frac{\partial p}{\partial E}\overline{\frac{dE}{dt}} + \frac{\partial p}{\partial \lambda}\frac{d\lambda}{dt}\right)dq = 0.$$

結局，この等式はつぎの形に書きなおされる：

$$\overline{\frac{dI}{dt}} = 0. \tag{32.4}$$

ここで I は積分

$$I = \frac{1}{2\pi}\oint pdq \tag{32.5}$$

を表わす．この積分は与えられた E と λ に対する運動の径路にそってとられる．この結果は，量 I がパラメータ λ の変化に対して，考えている近似で一定にとどまること，すなわち断熱不変量であることを示している．

系の**位相軌跡**——p を q の関数として描いた曲線——の概念を導入することによって，積分 (32.5) に直観的な幾何学的意味を与えることができる．周期運動をしている系については，位相軌跡は閉じた曲線である．この曲線にそってとられた積分 (32.5) は，その曲線でかこまれた面積を表わしている．

例として，1 次元振動に対して断熱不変量を定めよう．

そのハミルトニアンは

$$H = \frac{p^2}{2m} + \frac{m\omega^2}{2}q^2.$$

ここで ω は，振動子の固有振動数である．位相軌跡の方程式は，エネルギーの保存法則 $H(p,q) = E$ で与えられる．これは半軸が $\sqrt{2mE}$ および $\sqrt{2E/m\omega^2}$ の楕円であり，その面積（を 2π で割ったもの）は

$$I = \frac{E}{\omega} \tag{32.6}$$

である．この量が断熱不変量であるということは，振動子のパラメータがゆっくりと変化する場合には，そのエネルギーは振動数に比例して変化することを意味する．

第8章 相対性原理

§33. 相互作用の伝播速度

古典力学では，物質粒子のあいだの相互作用は相互作用のポテンシャル・エネルギーによって記述され，そのさいポテンシャル・エネルギーは，相互作用をしている粒子の座標の関数として表わされる．このような記述の仕方が，相互作用の伝播は瞬時であるという仮定を含んでいることは，たやすく理解できる．実際，この記述法によれば，特定の瞬間に各粒子に働く他の粒子からの力は，その同じ瞬間における粒子の位置のみによってきまるのである．相互作用している粒子のいずれかが位置を変えれば，その影響はただちに他の粒子に現われる．

しかしながら，自然には瞬間的な相互作用が存在していないことが経験的に示されている．したがって，相互作用の瞬時の伝達という前提から出発する力学は，それ自身のなかに，ある不正確さを含むことになる．実際には，相互作用している物体の一つになんらかの変化が生じたとき，その影響は，ある有限の時間が経過したのちでなければ，他の物体のうえに現われない．二つの物体のあいだの距離をこの時間間隔で割ると，**相互作用の伝播速度**が得られる．

より正確には，この速度は相互作用の最大の伝播速度とよばれるべきである．この速度によってきまるのは，一つの物体に生ずる変化について知らせる**信号**が最初にもう一つの物体に到達するまでの時間間隔にすぎない．相互作用の伝播速度に最大値があることは同時に，この最大値より大きな速度をもつ物体の運動が自然のなかに存在しえないことを意味していることは明らかである．

相対性原理からすれば，特に，相互作用の伝播速度がすべての慣性基準系において**同一**でなければならない．したがって，相互作用の伝播速度は普遍定数である．

この一定の速度は，のちに示すようにまた真空中を光が伝わる速度でもあるから，**光速度**とよばれる．それは普通 c という文字で表わされ，その数値は

$$c = 2.998 \times 10^{10} \text{ cm/sec}. \tag{33.1}$$

古典力学が実際上ほとんどの場合に十分正確であるという事実は，この速度の値が大きいことによって説明される．われわれの扱う速度は，光の速度にくらべて通常きわめて小さいので，光の速度を無限大とする仮定が，いろいろの結論の正確さに実質的な影響を及ぼさないのである．

相対性原理と相互作用の伝播速度の有限性とを結びつけたものは，相互作用の伝播速度が無限大であるという前提にたつガリレイの相対性原理と区別して，**アインシュタインの相対性原理**とよばれる（それは1905年アインシュタインによって定式化された）．

アインシュタインの相対性原理（普通単に相対性原理と

よぶことにする）にもとづく力学は，**相対論的**であるといわれる．運動物体の速度が光の速度にくらべて小さい極限では，伝播速度の有限性が運動におよぼす影響を無視することができる．そのときには，相対論的力学は，相互作用の伝播が瞬間的であるという仮定に基礎をおく古典力学に移行する．相対論的力学から古典力学へのこの極限移行は，相対論的力学の式で，$c \to \infty$ の極限をとることによって形式的に行なうことができる．

空間は，すでに古典力学において相対的である．すなわち，いろいろの事象の空間的関係は，それらを記述する基準系に依存する．二つの同時ではない事象が空間の同一の点で，あるいは一般的にいって，互いにある一定の距離をへだてて生じたという言明は，用いられた基準系を指示したときに初めて意味をもつのである．

これに反して，時間は古典力学においては絶対的である．言いかえれば，時間の性質は基準系に左右されない，すなわちすべての基準系に対してただ一つの時間がある，と仮定されている．このことは，二つの事象がある1人の観測者に対して同時に起こったとすれば，それらは他のあらゆる観測者にとっても同時に起こった，ということを意味する．一般に，与えられた二つの事象のあいだの時間間隔は，すべての基準系において同一でなければならない．

しかしながら，絶対時間という概念がアインシュタインの相対性原理と完全に矛盾することは容易に示される．それには，絶対時間の概念にもとづく古典力学では，一般的

な速度の合成法則が成り立ち，それによると合成運動の速度は，それを構成する運動の速度の単なる（ベクトル）和である，ということを思いおこせば十分である．この法則は普遍的なものであって，相互作用の伝播にも適用されるべきである．このことから，相対性原理に反して，異なる慣性基準系では伝播速度も違った値をもたなければならないことになる．しかし，この問題に関して，実験は完全に相対性原理を確認している．すなわち，マイケルソンによって初めて行なわれた測定（1881年）は，光の速度がその伝播方向にまったくよらないことを示した．ところが，古典力学に従えば，光の速度は，地球の運動の方向に向かうときのほうが逆向きのときよりも小さいはずである．

こうして，相対性原理から，時間が絶対的でないという結論が引きだされる．時間は，異なる基準系では異なった流れ方をするのである．したがって，与えられた二つの事象のあいだに，ある定まった時間が経過したという主張は，この主張が依拠する基準系が指定されたときにのみ意味をもつ．特に，ある基準系で同時の事象も，他の基準系では同時でなくなるであろう．

この事情をはっきり理解するには，つぎの簡単な例を考えてみればよい．それぞれ座標軸 xyz および $x'y'z'$ をもつ二つの慣性基準系 K と K' があって，系 K' は K に対して xx' 軸にそって運動しているとする（28図）〔次頁〕．

x' 軸のうえの点 A から，互いに反対の方向に二つの信号が出たと考えよう．K' 系における信号の伝播速度は，す

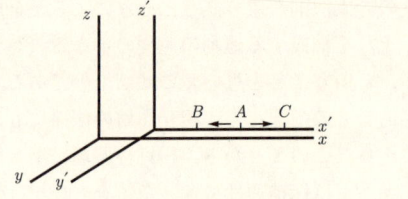

図 28

べての慣性系でそうであるように，(どちらの方向にも) c に等しいから，信号は，(K' 系で) A から等距離にある点 B および C に同一時刻に到着するであろう．しかし，同じ二つの事象（信号の B および C への到達）が K 系の観測者にとってはけっして同時でありえない，ということを理解することは容易である．実際，K 系に相対的な信号の速度は，相対性原理によって同じ c という値をもつが，点 B は信号の源へ向かって（K 系に相対的に）動くのに，点 C は（A から C へ向かって送られる）信号から遠ざかる方向へ動くから，K 系では信号は点 C より早く点 B に到着するであろう．

かくして，アインシュタインの相対性原理は，物理学の基礎的概念に根本的な変更をもちこむ．われわれの日常的経験から導かれた空間および時間の概念は，日常生活でわれわれのでくわす速度が光速度にくらべてきわめて小さいという事実に依拠した近似にすぎないのである．

§34. 世界間隔

以下では，しばしば**事象**という概念を用いる．事象は，それが起こった場所および時刻によって記述される．したがって，ある物質粒子に起こる事象は，その粒子の三つの座標および事象の起こった時刻によって指定される．

仮構的な4次元空間を使用することが，しばしば見通しをよくするのに役立つ．この空間の四つの軸には，三つの空間座標と時間とがしるしづけられているとする．この空間では，事象は**世界点**とよばれる点で表わされる．おのおのの粒子にこの4次元空間のなかのある曲線（**世界線**）が対応する．この線上の点が，すべての時刻にわたって粒子の位置を定める．一様な直線運動をする粒子には，まっすぐな世界線が対応することは明らかである．

さて，光速度不変の原理を数学的な形に表わそう，そのために，互いに相手にたいして一定の速度で運動をしている二つの基準系 K と K' を考える．x 軸と x' 軸とが一致し，y および z 軸が y' および z' 軸に平行になるようにその座標系を選ぶ．系 K および K' における時刻をそれぞれ t, t' と記す．

K 系での座標が x_1, y_1, z_1 の点から，この系の時刻 t_1 に，光速度で進む信号を送りだすことを第1の事象とする．この信号の伝播を K 系で観察しよう．この信号が時刻 t_2 に点 x_2, y_2, z_2 に到達することを第2の事象とする．信号は速度 c で伝わるから，それが進む距離は $c(t_2-t_1)$ である．他方，この同じ距離は $[(x_2-x_1)^2+(y_2-y_1)^2+(z_2-z_1)^2]^{1/2}$ に

等しい．したがって，K 系における二つの事象の座標のあいだの関係を，つぎのように書くことができる：

$$(x_2-x_1)^2+(y_2-y_1)^2+(z_2-z_1)^2-c^2(t_2-t_1)^2 = 0. \tag{34.1}$$

同じ二つの事象，すなわち，この信号の伝播を K' 系から観察することができる．

K' 系における第 1 の事象の座標を x_1', y_1', z_1', t_1'，第 2 の事象の座標を x_2', y_2', z_2', t_2' とする．光の速度は K 系と K' 系とで同じであるから，(34.1) 式と同じようにつぎのようになる：

$$(x_2'-x_1')^2+(y_2'-y_1')^2+(z_2'-z_1')^2-c^2(t_2'-t_1')^2 = 0. \tag{34.2}$$

x_1, y_1, z_1, t_1 および x_2, y_2, z_2, t_2 を任意の二つの事象の座標としたとき

$$s_{12} = \left[c^2(t_2-t_1)^2-(x_2-x_1)^2-(y_2-y_1)^2-(z_2-z_1)^2\right]^{1/2} \tag{34.3}$$

という量は，これらの二つの事象のあいだの**世界間隔**とよばれる．

こうして，光速度不変の原理から，二つの事象の世界間隔が一つの基準系でゼロならば，それは他のすべての基準系でもゼロであるということが導かれる．

二つの事象が互いに無限に接近していれば，それらの世界間隔 ds は

$$ds^2 = c^2dt^2 - dx^2 - dy^2 - dz^2 \tag{34.4}$$

となる.

表式 (34.3) および (34.4) の形より,形式的な数学的見地では,世界間隔を (x, y, z および積 ct を座標軸とする) 仮想的な4次元空間内の2点間の距離とみなすことが可能である.しかしこの量の構成の仕方は,普通の幾何学の規則とくらべると本質的に異なっている:すなわち,世界間隔の2乗をつくるとき,座標の差の2乗に同じ符号ではなく異なった符号をつけて和をとる[1].

先に示したように,一つの慣性系で $ds = 0$ ならば,他の任意の慣性系でも $ds' = 0$ である.他方,ds と ds' とは,同じ次数の微小量である.これら二つの条件から,ds^2 と ds'^2 とは互いに比例しなければならない:

$$ds^2 = ads'^2.$$

この係数 a は,何かに依存しうるにしても,それは二つの慣性系の相対速度の絶対値のみにであり,座標または時間に依存することはありえない.なぜなら,もしそうだとしたら,空間の異なった点,時間の異なった瞬間は等価でなくなり,それは空間と時間の一様性に反するからである.同様に,相対速度の方向に関係することもできない.なぜなら,それは空間の等方性に反するからである.

---

[1] 2次形式 (34.4) によって記述される4次元の幾何学は,通常のユークリッド幾何学と区別して**擬ユークリッド幾何学**とよばれる.この幾何学は,相対性理論との関連で H. ミンコフスキーが導入したものである.

三つの基準系 K, K_1, K_2 を考え，系 K_1 および K_2 の K に相対的な運動の速度をそれぞれ V_1, V_2 とおく．そうすると

$$ds^2 = a(V_1)ds_1^2, \qquad ds^2 = a(V_2)ds_2^2$$

となる．同じ根拠から

$$ds_1^2 = a(V_{12})ds_2^2$$

と書くことができる．ただし，V_{12} は K_2 の K_1 に対する相対速度の絶対値である．これらの関係式を互いに比較して

$$\frac{a(V_2)}{a(V_1)} = a(V_{12}) \tag{34.5}$$

でなければならないことがわかる．ところで，V_{12} はベクトル $\boldsymbol{V}_1$ および $\boldsymbol{V}_2$ の絶対値だけでなく，それらのあいだの角度にも依存する．しかし，関係 (34.5) の左辺には，そのような角度は入ってこない．したがって，明らかにこの関係式は，関数 $a(V)$ が実は定数であるときにのみ，成り立つものである．その定数値は，この関係式そのものから 1 であることがわかる．

こうして

$$ds^2 = ds'^2$$

となる．無限小間隔のあいだに等式が成り立てば，有限の間隔も等しくなる：$s = s'$.

それゆえ，われわれはつぎのきわめて重要な結果に到達する．事象間の世界間隔はすべての慣性基準系において同じである．すなわち，一つの慣性基準系から他の任意の系への変換に際して不変である．この不変性はまた，光速度

一定の数学的表現でもある.

ふたたび x_1, y_1, z_1, t_1 および x_2, y_2, z_2, t_2 を, ある基準系 K における二つの事象の座標とする. この二つの事象が空間の同一の点で生ずることになるような座標系 K' が存在するであろうか?

つぎの記法を導入する:
$$t_2 - t_1 = t_{12},$$
$$(x_2 - x_1)^2 + (y_2 - y_1)^2 + (z_2 - z_1)^2 = l_{12}^2.$$
そうすると, K 系における事象の間隔の 2 乗は
$$s_{12}^2 = c^2 t_{12}^2 - l_{12}^2,$$
K' 系では
$$s_{12}'^2 = c^2 t_{12}'^2 - l_{12}'^2.$$
これらのあいだには, 間隔の不変性のために
$$c^2 t_{12}^2 - l_{12}^2 = c^2 t_{12}'^2 - l_{12}'^2$$
が成り立つ. われわれは, K' 系では二つの事象が同一の点で起こることを望む. すなわち, $l_{12}' = 0$ を要求している. そのときには
$$s_{12}^2 = c^2 t_{12}^2 - l_{12}^2 = c^2 t_{12}'^2 > 0.$$
したがって, 要求される性質をもつ基準系は, $s_{12}^2 > 0$, すなわち, 二つの事象の間隔が実数であるときに存在するのである. 実の世界間隔は**時間的**であるといわれる.

こうして, 二つの事象の間隔が時間的であるならば, それら二つの事象が同一の場所で生ずるような基準系が存在する. この基準系において二つの事象のあいだに経過する時間は

$$t'_{12} = \frac{1}{c}\sqrt{c^2 t_{12}^2 - l_{12}^2} = \frac{s_{12}}{c}. \qquad (34.6)$$

同一の物体において二つの事象が起こるとすれば，それら事象間の間隔はつねに時間的である．なぜなら，物体の速度は c をこえることができないから，二つの事象が起こるあいだに物体が動く距離は ct_{12} より大きくはなりえず，したがって

$$l_{12} < ct_{12}$$

だからである．

さて今度は，二つの事象が同一の時刻に生ずるような基準系を見いだすことができるかどうか，を問題にしよう．前と同じく，K および K' 系に対して，$c^2 t_{12}^2 - l_{12}^2 = c^2 t'^2_{12} - l'^2_{12}$. われわれは $t'^2_{12} = 0$ を要求するのであるから

$$s_{12}^2 = -l'^2_{12} < 0.$$

したがって，二つの事象のあいだの間隔 s_{12} が虚数のときにだけ，求める基準系を見いだすことができる．虚の世界間隔は**空間的**であるといわれる．

こうして，二つの事象の間隔が空間的であるならば，それら二つの事象が同時に生ずるような基準系が存在する．この系において二つの事象の生ずる点のあいだの距離は

$$l'_{12} = \sqrt{l_{12}^2 - c^2 t_{12}^2} = |s_{12}| \qquad (34.7)$$

に等しい．

空間的間隔および時間的間隔という世界間隔の分類は，間隔が不変量であるから，絶対的な概念である．これは，間隔が時間的か空間的かということは，基準系のとり方に

よらないことを意味する．

　ある事象 O を，時間および空間座標の原点にとろう．言いかえると，x, y, z, t 軸をもつ 4 次元座標系において，事象 O の世界点が座標の原点となるのである．さてそこで，他の事象が与えられた事象 O に対してとる関係を考察しよう．わかりやすくするために，空間の 1 次元だけと時間とを考え，それらを二つの軸の上にとる（図 29）．$t=0$ に $x=0$ を通過する粒子の一様な直線運動は，O を通り，t 軸に対して，勾配が粒子の速度に等しいような角度をなす直線によって表わされる．可能な最大の速度は c であるから，この直線が t 軸とのあいだに張ることのできる角度には上限がある．図 29 には，事象 O を反対の向きに通過する（すなわち，$t=0$ に $x=0$ を通る）二つの信号の（光速度での）伝播を表わす二つの直線が描いてある．粒子の運動を表わす線はすべて，aOc および dOb という領域のなかにのみ存在することができる．直線 ab および cd のうえでは

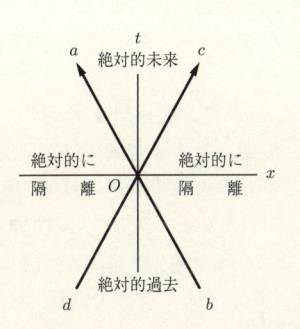

図 29

$x = \pm ct$ である．最初に，その世界点が領域 aOc のなかにあるような事象を考える．この領域内のすべての点に対しては $c^2t^2 - x^2 > 0$ であることは容易にわかる．言いかえれば，この領域内の任意の事象と事象 O との間隔は時間的である．この領域内では $t > 0$ である；すなわち，この領域内の事象は，すべて事象 O よりも《以後》に起こる．しかし，時間的な世界間隔によってへだてられた二つの事象は，いかなる基準系をとっても，同時には起こりえない．したがって，領域 aOc 内のいずれかの事象が，そのなかでは事象 O より《以前》に，すなわち $t < 0$ という時刻に起こるというような基準系を見いだすことは不可能である．このように領域 aOc 内のすべての事象は，すべての基準系において，O に対して未来の事象である．したがって，この領域は，事象 O に対して《絶対的未来》とよぶことができる．

まったく同じように，領域 bOd のなかの事象はすべて O に対して《絶対的過去》に属する：すなわち，この領域内の事象は，いかなる基準系においても，事象 O より以前に生ずる．

最後に，領域 dOa および cOb を考えよう．この領域内の任意の事象と事象 O との世界間隔は空間的である．これら二つの事象は，いかなる基準系においても，空間の異なった点で生ずる．したがって，これらの領域は O に対して《絶対的に隔たっている》ということができる．しかしながら，《同時》，《以前》，《以後》という概念は，これらの領域

では相対的である．これらの領域内の任意の事象に対しては，それが事象 O より以後に起こるような基準系，O より以前に起こるような基準系，そして最後に，O と同時に起こるような基準系が存在するのである．

空間座標をたった一つでなく，三つとも考慮にいれれば，図29 の二本の交線の代わりに，t 軸に一致する軸をもつ，4 次元座標系 x, y, z, t のなかの《錐体》$x^2 + y^2 + z^2 - c^2 t^2 = 0$ が得られるということに注意しよう（この錐体は光錐と呼ばれる）．そうすると，《絶対的未来》および《絶対的過去》の領域は，この錐体の二つの内部によって表わされる．

二つの事象は，それらのあいだの世界間隔が時間的であるときにだけ，因果的な関係をもつことができる．これは，いかなる相互作用も光の速度より大きな速度で伝わることはできないという事実から，ただちに言えることである．たった今知ったように，《以前》とか《以後》とかいう概念が絶対的な意義をもちうるのは，まさにこれらの事象に対してであるが，このことは，原因および結果の概念が意味をもつための必要条件なのである．

§35. 固有時間

ある慣性基準系 K において静止しているわれわれが，任意の運動をしている時計を観察するものとしよう．そしてまた与えられた瞬間に時計の運動の速度 v と一致する速度で K に対して運動している慣性系 K' も考えよう．

微小な時間間隔 dt（われわれの静止している座標系 K

の時計で測った)のあいだに,動いている時計は距離
$$\sqrt{dx^2+dy^2+dz^2}$$
だけ進む.動いている時計がこのあいだにきざむ時間間隔 dt' はいくらであろうか.動いている時計に結びつけた座標系 K' では,この時計は与えられた瞬間に静止している.すなわち,
$$dx'=dy'=dz'=0.$$
世界間隔の不変性によって
$$ds^2=c^2dt^2-dx^2-dy^2-dz^2=c^2dt'^2.$$
これから
$$dt'=dt\sqrt{1-\frac{dx^2+dy^2+dz^2}{c^2dt^2}}.$$
しかるに,
$$\frac{dx^2+dy^2+dz^2}{dt^2}=v^2$$
は,動いている時計の速度の2乗である.したがって
$$dt'=\frac{ds}{c}=dt\sqrt{1-\frac{v^2}{c^2}}. \tag{35.1}$$
この式を積分することによって,静止している時計によれば t_2-t_1 だけの時間が経過するあいだに,動いている時計がきざむ時間の長さを知ることができる:
$$t'_2-t'_1=\int_{t_1}^{t_2}dt\sqrt{1-\frac{v^2}{c^2}}. \tag{35.2}$$

 与えられた対象といっしょに動いている時計の示す時間を,この対象の**固有時間**という.公式 (35.1) および (35.2)

は，運動を観察するのに準拠する基準系における時間によって固有時間を表わすものである．

これらの式からわかるように，動いている物体の固有時間は，つねに静止系における対応する時間間隔よりも短い．言いかえると，動いている時計は静止している時計よりもゆっくり進むのである．

慣性系 K に対していくつかの時計が一様な直線運動をしているとしよう．これらの時計に結びつけられた基準系 K' も慣性系である．さて，K 系の観測者の見地からすると，K' 系の時計は遅れる．逆に，K' 系の立場からみれば，K 系の時計が遅れる．しかし，つぎのことに注意すれば，ここに矛盾はないことが確認される．K' 系の時計が K 系の時計より遅れることをいうためには，つぎのような操作をしなければならない．ある瞬間に K' の時計が K の時計のそばを通りすぎ，その瞬間には二つの時計の読みが一致していたとする．K と K' の二つの時計の歩みを比較するには，もう一度，同じ動いている時計 K' の読みを K のなかの時計の読みとくらべなければならない．しかし今度動いている時計とくらべられるのは，K の先ほどとは別の時計——この比較の瞬間に K' の時計とすれちがう時計である．そうして，K' の時計は今それと比較した K の時計にくらべて遅れている，ということを見いだすのである．二つの基準系の時計の歩みを比較するためには，一方の基準系では複数個の時計を必要とするが，他方の基準系では1個の時計でよい．したがって，この操作は双方の系について対

称的ではない．遅れると判断される時計はつねに同一で，それが他の系の異なったいくつかの時計とくらべられるのである．

　時計が二つあって，その一方が出発点（静止したままの時計の位置）にもどってくる閉じた径路を描くとすれば，明らかに，動く時計は（静止している時計に対して）遅れを示す．動く時計を静止しているとみなす逆の推論は，今度は不可能である．というのは，閉じたトラジェクトリーを描く時計の行なう運動は一様な直線運動でなく，したがって，それに結びつけられた座標系は慣性系ではないからである．自然の法則は慣性基準系に対してのみ同じなのだから，静止している時計に結びついた基準系（慣性系）と動いている時計に結びつけられた系（非慣性系）とは性格が異なり，静止している時計が遅れているはずだという結論に導く論証は成り立たないのである．

§36. ローレンツ変換

　つぎのわれわれの目的は，慣性基準系どうしの変換公式，すなわち，ある事象の K 系における座標 x, y, z, t を知って，その同じ事象の別の慣性系 K' における座標 x', y', z', t' を見いだすための公式を得ることである．

　古典力学では，この問題はガリレイ変換の簡単な公式 (3.1), (3.2) で解ける．K' 系が K 系に対し，共通の x および x' 軸の方向に運動しているとすると，この公式は

$$x = x' + Vt', \quad y = y', \quad z = z', \quad t = t', \tag{36.1}$$

という形になる．この変換はもちろん相対性理論の要求を満たさない．これは，事象間の世界間隔を不変にしない．

相対論的な変換公式は，事象間の世界間隔を不変にしなければならない，という要求そのものの帰結として得られる．

§34で知ったように，事象間の間隔は，それらに対応する4次元座標系のなかの一対の世界点のあいだの距離とみることができる．したがって，求める変換は，4次元のx, y, z, ct空間のなかの距離をすべて不変にしなければならない，といってよい．ところで，そういう変換は，座標系の平行移動と回転とだけである．それらのうち，座標系のそれ自身に平行な移動は，空間座標の原点をずらすこと，ないしは時間の基準点を変えることに導くだけであるから，特に考えなくてもよい．かくして求める変換は数学的には，4次元のx, y, z, ct座標系の回転として表わされるはずである．

4次元空間のあらゆる回転は，それぞれxy, zy, xz, tx, ty, tzの平面のなかの六つの回転に分類することができる（ちょうど，通常の空間のなかのあらゆる回転が，平面xy, zy, xzのなかの三つの回転に分解できるように）．これら六つの回転のうち，最初の三つは空間座標だけを変換する：それらは，普通の空間回転に対応するものである．

tx平面のなかの回転をとりあげよう．この回転によって，yおよびz座標は変化しない．この変換は，特に差$(ct)^2 - x^2$，すなわち点(ct, x)から座標原点までの《距離》

の2乗を不変にたもたなければならない．この変換における新旧両座標のあいだの関係は，最も一般的な形では，ψ を《回転角》として，

$$x = x'\cosh\psi + ct'\sinh\psi,$$
$$ct = x'\sinh\psi + ct'\cosh\psi \tag{36.2}$$

という式で表わされる．これによると実際に $c^2t^2 - x^2 = c^2t'^2 - x'^2$ となることは，たやすく確かめられる．式 (36.2) が座標軸の回転における通常の変換式と異なるのは，三角関数が双曲線関数におきかわっていることである．擬ユークリッド幾何とユークリッド幾何との違いがここに表われている．

われわれが見いだそうとしているのは，慣性基準系 K から，K に対して速度 V で x 軸方向に動いている系 K' への変換公式である．この場合には，明らかに，座標 x と時間 t だけが変化をこうむる．したがって，この変換は (36.2) の形をしているはずである．そうすると，角度 ψ をきめることだけが残るが，ψ が依存しうるのは相対速度 V だけである[1]．

K 系のなかでの，K' 系の原点の運動を考えよう．すると $x' = 0$ となり，式 (36.2) は

$$x = ct'\sinh\psi, \qquad ct = ct'\cosh\psi$$

---

[1] 混乱をさけるために，二つの慣性系間の一定の相対速度は V, 必ずしも一定でない運動粒子の速度は v, とつねに記号を使いわけることに注意．

となる．あるいは，一方を他方で割って

$$\frac{x}{ct} = \tanh \psi.$$

ところが，x/t は明らかに，K' 系の K に対する速度 V であるから

$$\tanh \psi = \frac{V}{c}.$$

これから

$$\sinh \psi = \frac{V/c}{\sqrt{1-\frac{V^2}{c^2}}}, \qquad \cosh \psi = \frac{1}{\sqrt{1-\frac{V^2}{c^2}}}.$$

これらを（36.2）に代入して

$$x = \frac{x'+Vt'}{\sqrt{1-\frac{V^2}{c^2}}}, \quad y = y', \quad z = z', \quad t = \frac{t'+\frac{V}{c^2}x'}{\sqrt{1-\frac{V^2}{c^2}}} \tag{36.3}$$

を得る．これが求める変換公式である．これは**ローレンツ変換**の式とよばれ，以下で基本的に重要となるものである．

x', y', z', t' を x, y, z, t によって表わす逆の公式は，V を $-V$ に変えればきわめて容易に得られる（K 系は K' 系に対して速度 $-V$ で動くから）．また（36.3）式を x', y', z', t' について解いても，それと同じ公式を得ることができる．

$c \to \infty$ の極限，すなわち古典力学へ移ると，ローレンツ変換が実際ガリレイ変換に移行することは，（36.3）から

たやすくわかる．

(36.3) で $V>c$ となると，座標 x,t は虚数になる，これは，光速度よりも大きい速度の運動は不可能だという事実に照応している．さらに光速度で動く基準系を用いることもできない——その場合には，(36.3) の分母がゼロになってしまう．

K 系において，x 軸に平行に 1 本の棒が静止しているとする．この系で測った棒の長さを $\Delta x = x_2 - x_1$ としよう (x_1, x_2 は，K 系における棒の両端の座標である)．さて，この棒の K' 系で測った長さを求めよう．そのためには，K' 系の時刻 t' における棒の両端の座標 (x_2' および x_1') を見いださねばならない．(36.3) から

$$x_1 = \frac{x_1' + Vt'}{\sqrt{1-\frac{V^2}{c^2}}}, \qquad x_2 = \frac{x_2' + Vt'}{\sqrt{1-\frac{V^2}{c^2}}}.$$

K' 系での棒の長さは $\Delta x' = x_2' - x_1'$ である．x_2 から x_1 をひいて

$$\Delta x = \frac{\Delta x'}{\sqrt{1-\frac{V^2}{c^2}}}.$$

棒が静止している基準系で測ったその棒の長さを，その**固有長さ**とよぼう．それを $l_0 = \Delta x$ で表わし，他の任意の基準系 K' で測ったその棒の長さを l で表わそう．そうすると

$$l = l_0 \sqrt{1-\frac{V^2}{c^2}}. \qquad (36.4)$$

このように，棒の長さは，そのなかで棒が静止しているような基準系において最大である．それが速度 V で動いているような系の上では，棒の長さは $\sqrt{1-V^2/c^2}$ 倍に減少する．相対性理論のこの結果は**ローレンツ短縮**とよばれる．

横方向の大きさは運動によって変化しないから，物体の体積 $\mathscr{V}$ も同様の式にしたがって減少する：

$$\mathscr{V} = \mathscr{V}_0 \sqrt{1 - \frac{V^2}{c^2}}. \qquad (36.5)$$

ここに $\mathscr{V}_0$ は物体の**固有体積**である．

固有時間についてすでに知られている結果を（§35），ローレンツ変換からあらためて導くことができる．時計が K' 系に静止しているとしよう．K' 系で空間の1点 x', y', z' において生ずる二つの事象をとる．K' 系で計ったこれらの事象のあいだの時間は $\Delta t' = t'_2 - t'_1$ である．そこで，K 系においてこれらの事象のあいだに経過する時間 Δt を見いだそう．(36.3) から

$$t_1 = \frac{t'_1 + \dfrac{V}{c^2} x'}{\sqrt{1 - \dfrac{V^2}{c^2}}}, \qquad t_2 = \frac{t'_2 + \dfrac{V}{c^2} x'}{\sqrt{1 - \dfrac{V^2}{c^2}}}$$

となる．一方から他方をひいて

$$t_2 - t_1 = \Delta t = \frac{\Delta t'}{\sqrt{1 - \dfrac{V^2}{c^2}}}$$

となり，(35.1) とまったく同じ結果が得られる．

§37. 速度の変換

前の節でわれわれが得たのは，ある事象の一つの基準系での座標から同じ事象の別の基準系での座標を見いだすことを可能にする公式であった．今度は，物質粒子の一つの基準系での速度と第 2 の基準系での速度とを関係づける公式を見いだそう．

ふたたび，K' 系は K 系に対して速度 V で x 軸方向に動くものとする．$v_x = dx/dt$ は K 系での粒子の速度成分，$v'_x = dx'/dt'$ は同じ粒子の K' 系での速度成分とする．

(36.3) から

$$dx = \frac{dx' + V dt'}{\sqrt{1 - \dfrac{V^2}{c^2}}}, \qquad dy = dy', \qquad dz = dz',$$

$$dt = \frac{dt' + \dfrac{V}{c^2} dx'}{\sqrt{1 - \dfrac{V^2}{c^2}}}.$$

初めの三つの式を 4 番目の式で割り，速度 $\boldsymbol{v} = d\boldsymbol{r}/dt$, $\boldsymbol{v}' = d\boldsymbol{r}'/dt'$ の成分で表わすと，

$$v_x = \frac{v'_x + V}{1 + v'_x \dfrac{V}{c^2}}, \quad v_y = \frac{v'_y \sqrt{1 - \dfrac{V^2}{c^2}}}{1 + v'_x \dfrac{V}{c^2}}, \quad v_z = \frac{v'_z \sqrt{1 - \dfrac{V^2}{c^2}}}{1 + v'_x \dfrac{V}{c^2}}$$

(37.1)

となる．これらの公式が速度の変換を定める．これらは，相対性理論における速度の合成法則を表わしている．$c \to \infty$ の

極限の場合には,これらの式は古典力学の公式 $v_x = v'_x + V$, $v_y = v'_y$, $v_z = v'_z$ になる.

特別の場合として,粒子が x 軸に平行に運動するときは,$v_x = v$, $v_y = v_z = 0$ である.そのときは,$v'_y = v'_z = 0$, $v'_x = v'$, かつ

$$v = \frac{v' + V}{1 + v'\dfrac{V}{c^2}}. \tag{37.2}$$

この公式によれば,おのおのが光速度より小さい二つの速度の和は,ふたたび光の速度よりは大きくないということが確認される.

与えられた瞬間における粒子の速度が xy 面内にあるように座標軸を選ぼう.すると,粒子の速度は K 系で成分 $v_x = v\cos\theta$, $v_y = v\sin\theta$ をもち,K' 系で $v'_x = v'\cos\theta'$, $v'_y = v'\sin\theta'$ という成分をもつ (v, v', θ, θ' は,それぞれ K, K' 系での速度の大きさおよび速度が x, x' 軸とのあいだに張る角度である).そうすると,公式 (37.1) を使って

$$\tan\theta = \frac{v'\sqrt{1 - \dfrac{V^2}{c^2}}\sin\theta'}{v'\cos\theta' + V} \tag{37.3}$$

が得られる.この公式は,速度の方向が基準系どうしの変換によってどう変わるかを表わしている.

この公式の特別な場合できわめて重要なものに注目しよう.それは,新しい基準系へ移るときに生ずる光の傾き,すなわち,**光行差**として知られる現象である.その場合 $v = v' = c$ であるから,この公式はつぎのようになる:

$$\tan\theta = \frac{\sqrt{1-\dfrac{V^2}{c^2}}}{\dfrac{V}{c}+\cos\theta'}\sin\theta'. \tag{37.4}$$

$V \ll c$ のときには，(37.4) から V/c の程度までの精度で

$$\tan\theta = \tan\theta'\left(1-\frac{V}{c\cos\theta'}\right)$$

が得られる．$\Delta\theta = \theta'-\theta$（行差角）を導入すると同じ精度で

$$\Delta\theta = \frac{V}{c}\sin\theta' \tag{37.5}$$

が得られる．これは，光行差に対するよく知られた初等的な式である．

§38. 4元ベクトル

事象の座標 (ct, x, y, z) をまとめて，4次元空間のなかの4次元の動径ベクトル（以下では簡単に動径4元ベクトルという）とみることができる．その成分を x^μ と記すことにしよう．ここで μ は 0, 1, 2, 3 という値をとる．すなわち

$$x^0 = ct, \qquad x^1 = x, \qquad x^2 = y, \qquad x^3 = z.$$

動径4元ベクトルの長さの2乗は

$$(x^0)^2 - (x^1)^2 - (x^2)^2 - (x^3)^2$$

という式で与えられる．この量は，ローレンツ変換を特別な場合として含む4次元座標系の任意の回転によって変化しない．

§38. 4元ベクトル

一般に，4次元座標系の変換によって4元動径ベクトルの成分 x^μ と同じように変換される四つの量 A^0, A^1, A^2, A^3 の総体を，**4次元ベクトル**（4元ベクトル）A^μ とよぶ[1]．ローレンツ変換のもとで

$$A^0 = \frac{A'^0 + \dfrac{V}{c}A'^1}{\sqrt{1 - \dfrac{V^2}{c^2}}}, \quad A^1 = \frac{A'^1 + \dfrac{V}{c}A'^0}{\sqrt{1 - \dfrac{V^2}{c^2}}},$$

$$A^2 = A'^2, \quad A^3 = A'^3. \tag{38.1}$$

すべての4元ベクトルの大きさの2乗は，動径4元ベクトルの2乗と同様に

$$(A^0)^2 - (A^1)^2 - (A^2)^2 - (A^3)^2$$

と定義される．この種の表式を書くのに便利なように，4元ベクトルの2《種類》の成分を導入し，添字を上あるいは下側につけた記号 A^μ および A_μ でそれらを表わそう．そして

$$A_0 = A^0, \quad A_1 = -A^1, \quad A_2 = -A^2,$$
$$A_3 = -A^3 \tag{38.2}$$

とする．量 A^μ は4元ベクトルの**反変成分**，A_μ は**共変成分**とよばれる．すると4元ベクトルの2乗はつぎのように書かれる：

$$\sum_{\mu=0}^{3} A^\mu A_\mu = A^0 A_0 + A^1 A_1 + A^2 A_2 + A^3 A_3.$$

---

[1] 本書では，0,1,2,3 の値をとる4次元の添字はギリシャ文字 $\lambda, \mu, \nu, \cdots$ で表わす．

このような和を，和の記号を省略して単に $A^\mu A_\mu$ と書くものとする．一般に，ある表式のなかに 2 度くり返して現われる添字についてはすべて和をとるものと約束し，和の記号は省略する．その際，同じ添字の対のうち一つは上に，他は下につかなければならない．いわゆる**ダミー指標**によって和を示すこの方法は非常に便利なうえ，式をいちじるしく簡単にする．

4 元ベクトルの 2 乗と同様にして，二つの異なる 4 元ベクトルのスカラー積がつくられる：
$$A^\mu B_\mu = A^0 B_0 + A^1 B_1 + A^2 B_2 + A^3 B_3.$$
ここで明らかに $A^\mu B_\mu$ と書くことも $A_\mu B^\mu$ と書くこともできるが，結果はそれによって変わらない．一般に，すべてのダミー指標の対で上と下の添字を入れかえることができる[1]．

積 $A^\mu B_\mu$ は 4 元スカラーである．すなわちそれは 4 次元の座標系の回転に対し不変である．このことを直接たしかめるのは容易だが，すべての 4 元ベクトルが同一の法則で変換されることから（2 乗 $A^\mu A_\mu$ との類似で）それはもともと明らかである．

4 元ベクトルの成分 A^0 は時間成分，A^1, A^2, A^3 は空間成分と（4 元動径ベクトルとの類推で）よばれる．4 元ベクトルの 2 乗は，正，負あるいは 0 に等しい値をとること

---

[1] 現在の文献で，しばしば，4 元ベクトルの指標をすべて省略し，その 2 乗やスカラー積を単に A^2, AB と書くことがある．しかし本書では，このような記号法は使わないことにする．

ができる．この三つの場合に，（やはり間隔に対するよび方との類推から）それぞれ**時間的**，**空間的**および**ゼロ 4 元ベクトル**とよぶ．

純粋に空間的な回転（すなわち，時間軸にかかわりない変換）に対して，4 元ベクトル A^μ の三つの空間成分は 3 次元のベクトル $\boldsymbol{A}$ をつくる．4 元ベクトルの時間成分は，（この変換に対しては）3 次元のスカラーとなる．4 元ベクトルの成分を書き出すとき，しばしば

$$A^\mu = (A^0, \boldsymbol{A})$$

と表わすことがある．このとき同じ 4 元ベクトルの共変成分は，$A_\mu = (A_0, -\boldsymbol{A})$，4 元ベクトルの 2 乗は，$A^\mu A_\mu = (A^0)^2 - \boldsymbol{A}^2$ となる．たとえば，動径 4 元ベクトルでは，

$$x^\mu = (ct, \boldsymbol{r}) \qquad x_\mu = (ct, -\boldsymbol{r}), \qquad x^\mu x_\mu = c^2 t^2 - r^2.$$

3 次元ベクトル（座標 x, y, z における）ではもちろん反変成分と共変成分を区別する必要はない．誤解が生じないかぎりで，その成分を A_i $(i = x, y, z)$ と，下にラテン文字の添字をつけて書くことにしよう．特に，2 度くり返して現われるラテン文字の添字については，三つの値 x, y, z にわたる和をとるものと約束する（たとえば，$\boldsymbol{A} \cdot \boldsymbol{B} = A_i B_i$）．

座標変換のもとで，二つの 4 元ベクトルの成分の積のように変換する 16 個の量 $A^{\mu\nu}$ の総体は，**2 階の 4 次元テンソル**（**4 元テンソル**）とよばれる．より高階の 4 元テンソルも同様に定義される．

2 階の 4 元テンソルの成分は，反変形 $A^{\mu\nu}$，共変形 $A_{\mu\nu}$ および混合形 $A^\mu{}_\nu$ という三つの形に表わすことができる

(最後の場合には，一般に $A^\mu{}_\nu$ と $A_\mu{}^\nu$ とを区別しなければならない，すなわち，下につくのが第1番目の添字であるのか第2番目の添字であるのかに注意しなければならない).異なった形の成分のあいだの関係は，次の一般則で与えられる：時間の添字（0）の上げ下げは，成分の符号を変えないが，空間の添字（1, 2, 3）の上げ下げは符号を変える．たとえば，

$$A_{00} = A^{00},\ A_{01} = -A^{01},\ A_{11} = A^{11},\ \cdots$$
$$A_0{}^0 = A^{00},\ A_0{}^1 = A^{01},\ A^0{}_1 = -A^{01},\ A^1{}_1 = -A^{11},\ \cdots.$$

純粋に空間的な変換のもとで九つの成分 $A^{11}, A^{12}, \cdots$ は3次元のテンソルをつくる．三つの成分 A^{01}, A^{02}, A^{03} および三つの成分 A^{10}, A^{20}, A^{30} は3次元のベクトルの成分，A^{00} は3次元のスカラーになる．

テンソル $A^{\mu\nu}$ は，$A^{\mu\nu} = A^{\nu\mu}$ のとき対称，$A^{\mu\nu} = -A^{\nu\mu}$ のとき反対称とよばれる．反対称テンソルでは，対角成分（すなわち，成分 $A^{00}, A^{11}, \cdots$）は，たとえば $A^{00} = -A^{00}$ でなければならないから，ゼロに等しい．対称テンソル $A^{\mu\nu}$ では，混合成分 $A^\mu{}_\nu$ と $A_\nu{}^\mu$ とは明らかに一致する．このような場合には，添字の一つを他方の上に置いて，単に A^μ_ν と書くことにする．

すべてテンソルの等式においては，その両辺の表式にある自由な（ダミーでない）添字は等しくしかも同様に配置（上あるいは下に）されていなければならない．テンソルの等式中の自由な添字を上下に移すことはできるが，その操

作は等式の各項で同時に行なわれなければならない．異なるテンソルの反変成分と共変成分とを等値するのは《許されない》．かりにある一つの座標系でそのような等式が成立したとしても，それは他の系では破れるであろう．

テンソルの成分 $A^{\mu\nu}$ から和

$$A^\mu{}_\mu = A^0{}_0 + A^1{}_1 + A^2{}_2 + A^3{}_3$$

をとることによってスカラーをつくることができる（ここでもちろん $A^\mu{}_\mu = A_\mu{}^\mu$）．このような和は，テンソルの跡とよばれ，それをつくる演算のことを，テンソルの縮約あるいは簡約と言う．

先に述べた二つの4元ベクトルのスカラー積をつくることも，縮約演算である．すなわちテンソル $A^\mu B_\nu$ からスカラー $A^\mu B_\mu$ をつくることである．一般に，1対の添字の縮約はすべてテンソルの階数を2だけ下げる．たとえば，$A^\mu{}_{\nu\lambda}{}^\nu$ は2階のテンソル，$A^\mu{}_\nu B^\nu$ は4元ベクトル，$A^{\mu\nu}{}_{\mu\nu}$ はスカラーである，等々．

任意の4元ベクトル A^μ に対して，等式

$$\delta^\nu_\mu A^\mu = A^\nu \tag{38.3}$$

が成立するようなテンソル δ^ν_μ は単位テンソルとよばれる．明らかに，このテンソルの成分は

$$\delta^\nu_\mu = \begin{cases} 1, & \mu = \nu \\ 0, & \mu \neq \nu \end{cases} \tag{38.4}$$

である．その跡は，$\delta^\mu_\mu [= \delta^0_0 + \delta^1_1 + \delta^2_2 + \delta^3_3] = 4$ である．

最後に，4次元テンソル解析の微分および積分演算のいくつかについて述べよう．

スカラー φ の 4 元グラジエントは 4 元ベクトルである:
$$\frac{\partial \varphi}{\partial x^\mu} = \left(\frac{1}{c} \frac{\partial \varphi}{\partial t}, \nabla \varphi \right).$$
このとき,微分係数は 4 元ベクトルの共変成分とみなさなければならないことに注意する必要がある.実際,スカラーの微分量
$$d\varphi = \frac{\partial \varphi}{\partial x^\mu} dx^\mu$$
はまたスカラーであり,この形が二つの 4 元ベクトルのスカラー積になっていることからして,上に言ったことは明らかである.

一般に,座標 x^μ による微分演算子,$\partial/\partial x^\mu$ は,4 元ベクトルの演算子の共変成分とみなさなければならない.したがって,たとえば 4 元ベクトルの発散,すなわち反変成分 A^μ が微分される $\partial A^\mu/\partial x^\mu$ という表式は,スカラーである.

3 次元空間では,積分は体積,面,曲線にわたって行なうことができる.4 次元空間では,それに対応して,四つの型の積分が可能である:(1) 4 次元空間のなかの曲線にそった積分;(2) 4 次元空間のなかの (2 次元) 曲面の上の積分;(3) 超曲面,すなわち 3 次元多様体の上の積分;(4) 4 次元の体積にわたる積分.

3 次元のベクトル解析におけるガウスおよびストークスの定理に類似の,4 次元積分を相互に変換するための定理がいくつかある.そのうちわれわれが必要とするのは,4

次元体積にわたる積分を超曲面の上の積分に変える定理だけである．

4次元体積における積分要素
$$d\Omega = dx^0 dx^1 dx^2 dx^3 = cdt\, dV \tag{38.5}$$
はスカラーである．このことは，時間間隔の変換則（35.1）と空間の体積のそれ（36.5）を比較すれば明らかである．超曲面の上の積分要素 dS^μ は，4元ベクトルであり，その大きさは超曲面の要素の《面積》に等しく，その方向はこの要素に垂直である（たとえば，成分 $dS^0 = dxdydz$ は3次元体積要素 dV を表わし，超曲面の要素の超平面 $x^0 = $ const. への射影である）．

閉じた超曲面の上の積分は，積分要素 dS_μ を演算子

$$dS_\mu \to d\Omega \frac{\partial}{\partial x^\mu} \tag{38.6}$$

でおきかえることによって，その超曲面に包まれる4次元体積についての積分に転換される．たとえばベクトル A_μ の積分に対して

$$\oint A^\mu dS_\mu = \int \frac{dA^\mu}{dx^\mu} d\Omega. \tag{38.7}$$

この定理は，ガウスの定理の一般化である．

第9章 相対論的力学

§39. エネルギーと運動量

古典力学におけるように，粒子の相対論的な運動方程式を導くのに最小作用の原理から出発する．まず自由粒子に対する作用積分を見いだすことから始めよう．

この積分は，あれこれの慣性系の選択に依存してはならない，すなわち，ローレンツ変換に対して不変でなければならない．このことから，それがスカラーでなければならないことになる．さらに，積分されるのは1階の微分でなければならない．自由粒子に対してつくることができるこの種のただ一つのスカラーは，世界間隔の要素 ds あるいはそれに粒子に固有の定数をかけたものである．この定数を $-mc$ と表わす．こう表わす理由は以下で明らかになる．

結局，自由粒子に対する作用は

$$S = -mc \int_a^b ds \tag{39.1}$$

という形をとらなければならない．ここで $\int_a^b$ は，それぞれきまった時刻 t_1 と t_2 とに粒子を出発点と終点に見いだすという二つの与えられた事象のあいだの世界線にそってとった積分を表わす．

(35.1) によってこの表式を時間についての積分に書きなおすことができる：

$$S = -mc^2 \int_{t_1}^{t_2} \sqrt{1 - \frac{v^2}{c^2}} dt.$$

これを一般的な定義式 (2.1)

$$S = \int_{t_1}^{t_2} L dt$$

と比較して，自由粒子の相対論的なラグランジアンは

$$L = -mc^2 \sqrt{1 - \frac{v^2}{c^2}} \tag{39.2}$$

であることがわかる．

非相対論的な極限で，小さい速度に対して L を v/c のベキで展開することができる．高次の項を捨てることで

$$L = -mc^2 + \frac{1}{2}mv^2$$

を得る．ラグランジアンの中の定数項は運動方程式に影響しないので，除いてよい．そうすると，古典論の表式 $L = mv^2/2$ に戻る．同時に (39.1) で導入した定数 m の意味が明らかになり，それは粒子の質量と一致する．

粒子の運動量は，微分 $\bm{p} = \partial L / \partial \bm{v}$ で定義される．(39.2) 式を微分して，

$$\bm{p} = \frac{m\bm{v}}{\sqrt{1 - \frac{v^2}{c^2}}} \tag{39.3}$$

が得られる．小さい速度 $(v \ll c)$ に対してこの表式は古典論の $\bm{p} = m\bm{v}$ に移行する．

運動量の時間導関数は粒子に働く力である．

粒子の速度の方向だけが変わるとすれば，すなわち，力は速度に垂直であるとすれば，そのときには

$$\frac{d\boldsymbol{p}}{dt} = \frac{m}{\sqrt{1-\dfrac{v^2}{c^2}}} \frac{d\boldsymbol{v}}{dt}. \tag{39.4}$$

速度は大きさだけが変化するとすれば，すなわち，力が速度に平行であるとすれば

$$\frac{d\boldsymbol{p}}{dt} = \frac{m}{\left(1-\dfrac{v^2}{c^2}\right)^{3/2}} \frac{d\boldsymbol{v}}{dt} \tag{39.5}$$

となる．したがって，力と加速度との比は二つの場合で異なっている．

一般的な定義（6.1）により粒子のエネルギーは，

$$E = \boldsymbol{p}\cdot\boldsymbol{v} - L \tag{39.6}$$

である．L と $\boldsymbol{p}$ との表式（39.2）および（39.3）を代入すると

$$E = \frac{mc^2}{\sqrt{1-\dfrac{v^2}{c^2}}}. \tag{39.7}$$

このきわめて重要な式から，相対論的力学では，$v=0$ でも粒子のエネルギーはゼロにならず，有限の値

$$E = mc^2 \tag{39.8}$$

にとどまることがわかる．これを粒子の**静止エネルギー**と名づける．

小さな速度に対しては $(v/c \ll 1)$，(39.7) を v/c のベキに展開して

$$E \approx mc^2 + \frac{m}{2}v^2$$

を得る．これは静止エネルギーを別とすれば，古典論の粒子の運動エネルギーである．

われわれは今《粒子》について述べているけれども，それが《要素的》であるということはどこにも使っていないということを強調しなければならない．したがって，上で得た多くの式は，たくさんの粒子からできている任意の複合的な物体に対しても，同じ程度に適用することができる．その際には，m は総質量であり，v は物体の全体としての運動の速度であるとみなさなければならない．特に，式 (39.8) は，全体として静止している任意の物体に対しても成り立つ．相対論的力学においては，自由な物体のエネルギー（すなわち，任意の閉じた系のエネルギー）はつねに正の値をもち，物体の質量に直接関係する完全に確定した量であるということに注意を向けよう．このことに関連して，古典力学では物体のエネルギーは任意の加算的な定数をのぞいてのみ決まるのであり，また，正の値も負の値もとりうるということが思いおこされる．

静止している物体のエネルギーには，それを構成している粒子の静止エネルギーのほかに，それらの粒子の運動エネルギーおよび粒子間の相互作用のエネルギーも含まれている．言いかえると，mc^2 は和 $\sum m_a c^2$ に等しくなく（m_a

は各粒子の質量), したがって, m も $\sum m_a$ に等しくない. こうして, 相対論的力学においては, 質量保存の法則は成立しない. 複合物体の質量は, それの諸部分の質量の和に等しくない. その代わりに, 粒子の静止エネルギーをも含めたエネルギーの保存則だけが成り立つのである.

式 (39.3) および (39.7) の両辺を 2 乗してくらべると, 粒子のエネルギーと運動量のあいだにつぎの関係が見いだされる:

$$\frac{E^2}{c^2} = p^2 + m^2 c^2. \tag{39.9}$$

エネルギーを運動量によって表わしたものは, よく知られているようにハミルトニアン H とよばれる:

$$H = c\sqrt{p^2 + m^2 c^2}. \tag{39.10}$$

小さな速度に対しては $p \ll mc$ で, 近似的に

$$H \approx mc^2 + \frac{p^2}{2m}$$

となる. すなわち, 静止エネルギーを別としてよく知られた古典論のハミルトニアンの表式が得られる.

(39.3) および (39.7) からまた, 自由な物質粒子のエネルギーと運動量のあいだにつぎの関係が見いだされる:

$$\boldsymbol{p} = E \frac{\boldsymbol{v}}{c^2}. \tag{39.11}$$

$v = c$ のとき, 粒子の運動量とエネルギーは無限大になる. これは, ゼロと異なる質量 m をもつ粒子は光速度で運

動することができない，ということを意味する．しかしながら，相対論的力学では，光速度で運動する質量ゼロの粒子が存在することができる[1]．(39.11) から，そのような粒子に対しては

$$p = \frac{E}{c} \tag{39.12}$$

である．この式は，粒子のエネルギー E がその静止エネルギー mc^2 にくらべてずっと大きい，いわゆる**超相対論的**な場合には，質量がゼロと異なる粒子に対しても近似的に成立する．

§40. 4 次元運動量

前節で得た結果はそのままでは，ある慣性系から他へ移るときの粒子の運動量とエネルギーの変換公式について答えていない．この問題に答えるためには，これらの量の 4 次元的性質を明らかにしなければならない．

普通の 3 次元のベクトルである粒子の速度 v から，4 元ベクトルをつくることができる．この **4 次元的速度**（4 元速度）は

$$u^\mu = \frac{dx^\mu}{ds} \tag{40.1}$$

である．(35.1) により世界間隔の要素 ds を時間の微分 dt で表わすと

---
[1] 光に類似のこの種の量子は，光子およびニュートリノである．〔現在ではニュートリノはわずかに質量を持つと考えられている．〕

$$u^\mu = \frac{1}{\sqrt{1-\dfrac{v^2}{c^2}}} \frac{dx^\mu}{cdt}$$

と書くことができる．これから，この4元ベクトルの成分は

$$u^\mu = \left(\frac{1}{\sqrt{1-\dfrac{v^2}{c^2}}}, \frac{\boldsymbol{v}}{c\sqrt{1-\dfrac{v^2}{c^2}}} \right) \tag{40.2}$$

であることがわかる．

4元速度の成分は，互いに独立ではない．$dx_\mu dx^\mu = ds^2$ に留意すると，

$$u_\mu u^\mu = 1 \tag{40.3}$$

が得られる．幾何学的には，u^μ は粒子の世界線に接する単位4元ベクトルである．

粒子の **4次元的運動量**（4元運動量）とよばれるのは，4元ベクトル

$$p^\mu = mcu^\mu \tag{40.4}$$

である．4元速度の成分に (40.2) をとり，(39.3) および (39.7) とくらべると，4元運動量の成分は

$$p^\mu = \left(\frac{E}{c}, \boldsymbol{p} \right) \tag{40.5}$$

であることがわかる．

このように，相対論的力学では運動量とエネルギーは一つの4元ベクトルの成分になる．このことからただちにこれらの量の変換公式が得られる．4元ベクトルの変換の一般式 (38.1) に表式 (40.5) を代入すると，

$$p_x = \frac{p'_x + \dfrac{V}{c^2}E'}{\sqrt{1-\dfrac{V^2}{c^2}}}, \quad p_y = p'_y, \quad p_z = p'_z, \quad E = \frac{E' + Vp'_x}{\sqrt{1-\dfrac{V^2}{c^2}}}$$
(40.6)

が求められる．ここで p_x, p_y, p_z は，3次元の運動量 $\boldsymbol{p}$ の成分である．

4元運動量の定義 (40.4) と恒等式 (40.3) から，自由粒子の4元運動量の2乗に対し

$$p_\mu p^\mu = m^2 c^2 \tag{40.7}$$

が得られる．これに (40.5) の成分 p^μ を代入すると関係式 (39.9) にもどる．

§41. 粒子の崩壊

質量 M の物体が自発的に質量 m_1 および m_2 の二つの部分に崩壊するものとしよう．その物体が静止している基準系では，崩壊に際してのエネルギーの保存則は

$$M = E_{10} + E_{20} \tag{41.1}$$

となる[1]．ここで E_{10} および E_{20} は崩壊してできる破片の

---

[1] §41, 42 では，$c=1$ とおく．言いかえると，速度を測る単位として光速を選ぶ（そうすると，長さと時間のディメンションは同一になる）．この選択は，相対論的力学では自然であり，また式の表記を非常に簡略化する．しかし，（かなりの部分で非相対論的な理論を扱う）本書では，原則としてこのような単位系は使わず，またそれを使うときには毎回そのように断ることにする．

 $c=1$ とおいた式を普通の単位系のものに戻すのはむずかしくない．正しいディメンションをもつように光速をもちこめばよい．

エネルギーである．$E_{10} > m_1$, $E_{20} > m_2$ であるから，等式 (41.1) は $M > m_1 + m_2$ の場合にのみ満たされることができる．すなわち，物体が自発的に二つの破片に崩壊することができるのは，破片の質量の和がその物体の質量よりも小さいときだけである．逆に $M < m_1 + m_2$ のときには，物体は安定であって，このような崩壊が自発的に生じることはない．この場合に崩壊を起こさせようとすれば，少なくともその**結合エネルギー** $(m_1 + m_2 - M)$ に等しいエネルギーを外から物体に加えてやらねばならないであろう．

崩壊に際しては，エネルギーの保存則とともに，運動量の保存則が満たされねばならない．すなわち，はじめの物体の運動量がゼロであるから，飛散する破片の運動量の和もゼロでなければならない：$\boldsymbol{p}_{10} + \boldsymbol{p}_{20} = 0$．したがって $p_{10}^2 = p_{20}^2$ あるいは

$$E_{10}^2 - m_1^2 = E_{20}^2 - m_2^2 \tag{41.2}$$

となる．二つの式 (41.1) および (41.2) から，飛散する破片のエネルギーが一義的にきまる：

$$E_{10} = \frac{M^2 + m_1^2 - m_2^2}{2M}, \qquad E_{20} = \frac{M^2 - m_1^2 + m_2^2}{2M}. \tag{41.3}$$

ある意味でこれと逆の問題は，衝突する2個の粒子の，それらの運動量の和がゼロであるような基準系（慣性中心系）におけるエネルギーの総和 M を計算することである．この量を計算することによって，衝突粒子の状態変化や新

しい粒子の《生成》をともなうさまざまの非弾性衝突の起こる可能性についての判定基準が得られる．そのような過程はいずれも，すべての《反応生成物》の質量の和が M を超えないという条件でのみ，実現することができる．

元の基準系（**実験室系**）において，質量 m_1，エネルギー E_1 の粒子が質量 m_2 の静止粒子に衝突するとしよう．二つの粒子のエネルギーの和は
$$E = E_1 + E_2 = E_1 + m_2$$
であり，運動量の和は $\boldsymbol{p} = \boldsymbol{p}_1 + \boldsymbol{p}_2 = \boldsymbol{p}_1$ である．両方の粒子をいっしょにして1個の複合系のように考えると，その全体としての運動の速度は（39.11）によって

$$\boldsymbol{V} = \frac{\boldsymbol{p}}{E} = \frac{\boldsymbol{p}_1}{E_1 + m_2} \tag{41.4}$$

である．これはまた，慣性中心系の実験室系に対する運動の速度でもある．

しかし，求める M を決定するためには，一方の基準系から他方への仮想的な変換を行なうことは必ずしも必要でない．その代わりに，個々の粒子および合成系に同じように公式（39.9）を直接適用してもよい．そのようにすると
$$\begin{aligned} M^2 &= E^2 - p^2 \\ &= (E_1 + m_2)^2 - (E_1^2 - m_1^2) \end{aligned}$$
となり，これから
$$M^2 = m_1^2 + m_2^2 + 2m_2 E_1. \tag{41.5}$$

問 題

静止している質量 M の粒子が質量 m_1, m_2, m_3 の3個の粒子に崩壊する場合に,そのうち1個の崩壊粒子がもち去ることのできるエネルギーの最大値を求めよ.

解 粒子 m_1 が最大のエネルギーをもつとすれば,2個の粒子 m_2, m_3 を合わせた系は可能な最小の質量をもち,それは和 m_2+m_3 に等しい(これらの粒子が同一の速度でいっしょに運動する場合にあたる).こうして,問題が2個の破片への崩壊に帰着されると,(41.3) によって

$$E_{1\,\mathrm{max}} = \frac{M^2+m_1^2-(m_2+m_3)^2}{2M}$$

が得られる.

§42. 弾性衝突

相対論的力学の観点から,粒子の弾性衝突を考察しよう.衝突する二つの粒子(質量 m_1 および m_2)の運動量とエネルギーを $\boldsymbol{p}_1, E_1$, および $\boldsymbol{p}_2, E_2$ とする.衝突後のこれらの量はダッシュをつけて表わす.

衝突におけるエネルギーと運動量の保存則は,まとめて4元運動量の保存則の形に書ける:

$$p_1^\mu + p_2^\mu = p_1'^\mu + p_2'^\mu. \tag{42.1}$$

この4元ベクトルの方程式から,以下の計算に便利な不変な関係をつくろう.そのために (42.1) を

$$p_1^\mu + p_2^\mu - p_1'^\mu = p_2'^\mu$$

という形に書き,両辺を2乗する(すなわち自分自身とのスカラー積をつくる).4元運動量 p_1^μ および $p_1'^\mu$ の2乗は m_1^2 に, p_2^μ と $p_2'^\mu$ の2乗は m_2^2 に等しいから,

$$m_1^2 + p_{1\mu}p_2^\mu - p_{1\mu}p_1'^\mu - p_{2\mu}p_1'^\mu = 0 \tag{42.2}$$

が得られる.同様に,等式 $p_1^\mu + p_2^\mu - p_2'^\mu = p_1'^\mu$ を2乗して次式が得られる:

$$m_2^2 + p_{1\mu}p_2^\mu - p_{2\mu}p_2'^\mu - p_{2\mu}'p_1^\mu = 0. \tag{42.3}$$

衝突前に一方の粒子([標的]粒子 m_2)が静止している実験室系で衝突を考察しよう.このとき $\boldsymbol{p}_2 = 0$, $E_2 = m_2$ で,また (42.2) に現われるスカラー積は

$$\begin{aligned}
p_{1\mu}p_2^\mu &= E_1 m_2, \\
p_{2\mu}p_1'^\mu &= m_2 E_1', \\
p_{1\mu}p_1'^\mu &= E_1 E_1' - \boldsymbol{p}_1 \cdot \boldsymbol{p}_1' \\
&= E_1 E_1' - p_1 p_1' \cos\theta_1
\end{aligned} \tag{42.4}$$

に等しい.ここで θ_1 は入射粒子 m_1 の散乱角である.これらの式を (42.2) に代入して,

$$\cos\theta_1 = \frac{E_1'(E_1 + m_2) - E_1 m_2 - m_1^2}{p_1 p_1'} \tag{42.5}$$

が得られる.同様にして (42.3) から

$$\cos\theta_2 = \frac{(E_1 + m_2)(E_2' - m_2)}{p_1 p_2'} \tag{42.6}$$

が求められる.ただし θ_2 は反跳粒子の運動量 $\boldsymbol{p}_2'$ と入射粒子の運動量 $\boldsymbol{p}_1$ とのつくる角である.これらの公式は二つの粒子の実験室系における散乱角を,衝突におけるエネ

ギーの変化に関係づける.

注意すべきことは, $m_1 > m_2$ のとき, すなわち衝突してくる粒子が静止している粒子より重いときには, 散乱角 θ_1 はある最大値を超えることができないということである. 初等的な計算によって, この最大値は

$$\sin\theta_{1\max} = \frac{m_2}{m_1} \tag{42.7}$$

という式から決まることが容易にわかる[巻末注]. これは古典力学の結果 (14.8) と一致する.

(42.5), (42.6) 式は, 入射粒子の質量が0であり: $m_1 = 0$, これに応じて $p_1 = E_1$, $p_1' = E_1'$ である場合には簡単になる. この場合に, 衝突してくる粒子が衝突後にもつエネルギーを, その粒子のふれの角度によって表わす公式を書きとめておこう:

$$E_1' = \frac{m_2}{1 - \cos\theta_1 + \dfrac{m_2}{E_1}}. \tag{42.8}$$

ふたたび任意の質量の粒子の衝突という一般の場合にもどる. 衝突は重心系で最も簡単に見える. この系での諸量は添字 0 を加えて表わすと, $\boldsymbol{p}_{10} = -\boldsymbol{p}_{20} \equiv \boldsymbol{p}_0$ となる. 運動量保存のために, 二つの粒子の運動量は衝突によってただ向きを変えるだけで, 大きさは相等しく, 方向は互いに逆向きのままである. またエネルギー保存則のおかげで, おのおのの運動量の大きさも変化しない.

重心系での散乱角, すなわち衝突によって運動量 $\boldsymbol{p}_{10}$ および $\boldsymbol{p}_{20}$ が回転する角度を χ とする. この量は重心系にお

§42. 弾性衝突

ける,したがってまた他のすべての基準系における衝突過程を完全に決定する.実験室系における衝突の記述においても,運動量とエネルギー保存則を考慮した上でまだ値の決まらない唯一のパラメータであるこの量を選ぶのが便利である.

実験室系における二つの粒子の衝突後のエネルギーをこのパラメータで表わそう.そのために関係式(42.2)にもどるが,今度は積 $p_{1\mu}p_1'^{\mu}$ を重心系で表わす:

$$p_{1\mu}p_1'^{\mu} = E_{10}E_{10}' - \boldsymbol{p}_{10}\cdot\boldsymbol{p}_{10}'$$
$$= E_{10}^2 - p_0^2\cos\chi$$
$$= p_0^2(1-\cos\chi) + m_1^2$$

(重心系では,おのおのの粒子のエネルギーは衝突によって変化しない:$E_{10}' = E_{10}$).残りの二つの積は,前のとおり実験室系で表わす,すなわち(42.4)のまま使う.その結果

$$E_1 - E_1' = \frac{p_0^2}{m_2}(1-\cos\chi)$$

が得られる.あとは,p_0^2 を実験室系に関する量で表わせばよい.これは不変量 $p_{1\mu}p_2^{\mu}$ の二つの系での値を等しく置くことで容易に行なえる:

$$E_{10}E_{20} - \boldsymbol{p}_{10}\cdot\boldsymbol{p}_{20} = E_1 m_2$$

あるいは

$$\sqrt{(p_0^2+m_1^2)(p_0^2+m_2^2)} = E_1 m_2 - p_0^2.$$

この式を p_0^2 について解くと

$$p_0^2 = \frac{m_2^2(E_1^2 - m_1^2)}{m_1^2 + m_2^2 + 2m_2 E_1} \tag{42.9}$$

が求められる. 保存則 $E_1+m_2=E_1'+E_2'$ も考慮すると, 結局次式が得られる:

$$E_1-E_1' = E_2'-m_2$$
$$= \frac{m_2(E_1^2-m_1^2)}{m_1^2+m_2^2+2m_2E_1}(1-\cos\chi). \quad (42.10)$$

この式は, 第1の粒子が失い, 第2の粒子が受けとったエネルギーを表わす. エネルギーの最大の移動は $\chi=\pi$ のときであり

$$E_{2\,\mathrm{max}}' - m_2 = E_1 - E_{1\,\mathrm{min}}'$$
$$= \frac{2m_2(E_1^2-m_1^2)}{m_1^2+m_2^2+2m_2E_1} \quad (42.11)$$

に等しい.

入射粒子の衝突後の最小の運動エネルギーとそのはじめの運動エネルギーとの比は

$$\frac{E_{1\,\mathrm{min}}'-m_1}{E_1-m_1} = \frac{(m_1-m_2)^2}{m_1^2+m_2^2+2m_2E_1} \quad (42.12)$$

である. 速度の小さい極限では ($E\approx m+mv^2/2$ となり), この比は一定の極限値

$$\left(\frac{m_1-m_2}{m_1+m_2}\right)^2$$

に近づく. エネルギー E_1 の大きい反対の極限では, 比 (42.12) は 0 に近づく. 量 $E_{1\,\mathrm{min}}'$ も一定の極限に近づく. この極限値は

$$E_{1\,\mathrm{min}}' = \frac{m_1^2+m_2^2}{2m_2}$$

に等しい.

$m_2 \gg m_1$, すなわち, 入射粒子の質量が静止している〔標的〕粒子の質量にくらべて小さいと仮定しよう. この場合, 軽い粒子から重い粒子へ移ることのできるエネルギーは, 古典力学に従えば, とるにたりないものである (§14 を見よ). しかし, 相対論的力学では, そうならない. 式 (42.12) から明らかに, 十分大きなエネルギー E_1 に対しては, 移動するエネルギーの割合は 1 の程度にまでなることができる. けれども, 実際にそうなるためには, 粒子 m_1 の速度が 1 の程度である〔光速に近い〕だけでは十分でなく, 容易にわかるように, エネルギーが

$$E_1 \sim m_2$$

の程度であることが必要である. すなわち, 軽い粒子は, 重い粒子の静止エネルギー程度のエネルギーをもたねばならないのである.

これに似た事情が, $m_2 \ll m_1$, すなわち, 重い粒子が軽い粒子にぶつかる場合にもある. このときも, 古典力学によれば, ほとんど無視しうるエネルギーの移動しか起こらない. エネルギーが

$$E_1 \sim \frac{m_1^2}{m_2}$$

の程度になってはじめて, 移動するエネルギーの割合がめだつようになる. ここでも, 問題になるのは, 単に速度が光速度の程度になることでなく, m_1 とくらべられるほどのエネルギーになること, すなわち, 超相対論的な場合で

あることに注意しよう.

問　題

1. 同一質量の二つの粒子に対して，実験室系における衝突後の飛散角を定めよ．

解 等式 (42.1) の両辺を 2 乗すると，
$$p_{1\mu}p_2^{\mu} = p'_{1\mu}p'_2{}^{\mu}$$
が得られる．実験室系で 4 元運動量の積を書き表わすと，Θ を飛散角 ($\boldsymbol{p}'_1$ と $\boldsymbol{p}'_2$ とのあいだの角) として
$$E_1 m_2 = E'_1 E'_2 - p'_1 p'_2 \cos\Theta$$
となる．同じ質量の粒子に対しては ($m_1 = m_2 \equiv m$),
$$p'_1 = \sqrt{E'_1{}^2 - m^2}, \qquad p'_2 = \sqrt{E'_2{}^2 - m^2}$$
で，エネルギー保存則 ($E_1 + m = E'_1 + E'_2$) を考慮すると，これから
$$\cos\Theta = \sqrt{\frac{(E'_1 - m)(E'_2 - m)}{(E'_1 + m)(E'_2 + m)}}$$
が得られる．角 Θ は，$\pi/2$ ($E'_1 \to m$ あるいは $E'_2 \to m$ のとき) から $E'_1 = E'_2$ のとき達せられる最小値 $\Theta_{\min}$ まで変化する．
$$\cos\Theta_{\min} = \frac{E_1 - m}{E_1 + 3m}.$$

2. 同一質量 m の二つの粒子の衝突における E'_1, E'_2, および χ を，実験室系における散乱角 θ_1 で表わせ．

解 式 (42.5) に $p_1 = \sqrt{E_1^2 - m^2}$, $p'_1 = \sqrt{E'_1{}^2 - m^2}$ を代入し，E'_1 について方程式を解くと

$$E_1' = \frac{E_1 + m + (E_1 - m)\cos^2\theta_1}{E_1 + m - (E_1 - m)\cos^2\theta_1} m.$$

さらに

$$E_2' = E_1 + m - E_1' = m + \frac{(E_1^2 - m^2)\sin^2\theta_1}{2m + (E_1 - m)\sin^2\theta_1}$$

が得られる．E_1' を χ で表わす式

$$E_1' = E_1 - \frac{1}{2}(E_1 - m)(1 - \cos\chi)$$

((42.10) より) とくらべると，重心系における散乱角がきまる：

$$\cos\chi = \frac{2m - (E_1 + 3m)\sin^2\theta_1}{2m + (E_1 - m)\sin^2\theta_1}.$$

第2部 電磁気学

第10章　場のなかの電荷

§43. 場の4元ポテンシャル

　粒子の相互作用は，力の**場**という概念のたすけをかりて記述することができる．つまりある粒子が他の粒子に作用をおよぼしたという代わりに，粒子がそれ自身のまわりに場をつくりだし，ついで，この場のなかにいる各粒子にある力が働く，と述べることができる．古典力学では，場は，粒子の相互作用という物理現象を記述する一つの様式でしかなかった．相対性理論では，相互作用の伝播速度が有限であることのために，事態は根本的に変化する．与えられた瞬間にある粒子に働く力は，その同じ瞬間の〔他の〕諸粒子の位置によってはきまらない．1個の粒子の位置の変化の影響が他の粒子におよぶのは，ある時間が経過したあとである．このことは，場それ自体が物理的実在性を獲得することを意味している．われわれは，互いに離れた位置にある粒子の直接の相互作用について語ることはできない．相互作用は，一つの瞬間をとってみれば，空間の隣接した点のあいだでしか行なわれないのである（接触相互作用）．したがって，われわれは，一つの粒子が場と相互作用をし，それに続いて場が第2の粒子と相互作用をすると語らなけ

ればならないのである．

本書の第2部は電磁場の理論にあてられる．まず，粒子と与えられた場との相互作用の研究から始めよう．

与えられた電磁場のなかで運動する粒子に対する作用は二つの部分から，すなわち，自由粒子の作用 (39.1) と，粒子と場との相互作用を記述する項とからなっている．後者の項は，粒子を特徴づける量と，場を特徴づける量との両方を含むはずである．

電磁場との相互作用に関する粒子の性質は，粒子の**電荷** e とよばれるただ一つのパラメータで規定される[1]．それは正あるいは負（あるいはゼロ）の値をとりうる．場の性質は，**4元ポテンシャル**とよばれる4元ベクトル A_μ によって特徴づけられる．その成分は座標と時間の関数である．これらの量は

$$-\frac{e}{c}\int_a^b A_\mu dx^\mu$$

という形の項として作用の中に現われる．ここで関数 A_μ は，粒子の世界線上の点におけるものである．乗数 $1/c$ は

---

[1] 以下に続く議論は，ある程度まで経験的事実の結果とみなされるべきである．電磁場の中の粒子に対する作用の形は，相対論的不変性の要求というような一般的な考察だけからは定めることができない（相対論的不変性の要求は，(43.1) 式に，たとえば A をスカラー関数として，$\int Ads$ という形の項を付け加えることを許す）．

誤解をさけるために，われわれはつねに古典論（量子論でない）を扱っており，それゆえ粒子のスピンに関連した効果はどこでも考えに入れられていないことを注意しておく．

便宜のために導入した．電荷あるいはポテンシャルをすでに知られている量と関係づける式がないかぎり，それらの量を測定するための単位は任意のやり方で選ぶことができることを注意しておく（この問題は§53でもう一度とりあげる）．

こうして，電磁場のなかの粒子に対する作用関数の形はつぎのようになる：

$$S = \int_a^b \left(-mcds - \frac{e}{c} A_\mu dx^\mu \right). \tag{43.1}$$

A^μ の三つの空間成分は，場の**ベクトル・ポテンシャル**とよばれる3次元ベクトル $\boldsymbol{A}$ をつくる．その時間成分は，場の**スカラー・ポテンシャル**とよばれる．それを $A^0 = \varphi$ と表わそう．こうして

$$A^\mu = (\varphi, \boldsymbol{A}). \tag{43.2}$$

したがって，作用積分は，

$$S = \int_a^b \left(-mcds + \frac{e}{c} \boldsymbol{A} \cdot d\boldsymbol{r} - e\varphi dt \right),$$

あるいは，粒子の速度 $\boldsymbol{v} = d\boldsymbol{r}/dt$ を導入して時間についての積分にすると

$$S = \int_{t_1}^{t_2} \left(-mc^2 \sqrt{1 - \frac{v^2}{c^2}} + \frac{e}{c} \boldsymbol{A} \cdot \boldsymbol{v} - e\varphi \right) dt \tag{43.3}$$

となる．この被積分関数はちょうど，電磁場のなかの電荷のラグランジアン

$$L = -mc^2 \sqrt{1 - \frac{v^2}{c^2}} + \frac{e}{c} \boldsymbol{A} \cdot \boldsymbol{v} - e\varphi \tag{43.4}$$

になっている．この関数は自由粒子のラグランジアンと $(e/c)\boldsymbol{A}\cdot\boldsymbol{v}-e\varphi$ という項だけ異なっているが，この項が電荷と場の相互作用を表わすのである．

導関数 $\partial L/\partial \boldsymbol{v}$ は粒子の一般化運動量である．それを $\boldsymbol{P}$ で表わそう：

$$\boldsymbol{P} = \frac{m\boldsymbol{v}}{\sqrt{1-\dfrac{v^2}{c^2}}} + \frac{e}{c}\boldsymbol{A} = \boldsymbol{p} + \frac{e}{c}\boldsymbol{A}. \qquad (43.5)$$

ここで，$\boldsymbol{p}$ で表わしたのは通常の運動量であるが，単に運動量と言えばこれのことを指すものとする．

一般公式

$$\mathscr{H} = \boldsymbol{v}\cdot\frac{\partial L}{\partial \boldsymbol{v}} - L$$

によって，ラグランジアンから場のなかの粒子のハミルトニアンを見いだすことができる[1]．(43.4) を代入してつぎの式が得られる：

$$\mathscr{H} = \frac{mc^2}{\sqrt{1-\dfrac{v^2}{c^2}}} + e\varphi. \qquad (43.6)$$

しかしながら，ハミルトニアンは速度を使わずに，粒子の一般化運動量によって表わさなければならない．(43.5) および (43.6) から $\mathscr{H}-e\varphi$ と $\boldsymbol{P}-(e/c)\boldsymbol{A}$ とのあいだの

---

[1] 本書のこの部分では，場の強さの記号と混同を避けるために，エネルギーおよびハミルトニアンを（E および H の代わりに）花文字 $\mathscr{E}$ および $\mathscr{H}$ で記す．

関係は，場のないときの $\mathscr{H}$ と $\boldsymbol{p}$ とのあいだの関係 (39.9) と同じであることがわかる．すなわち

$$\left(\frac{\mathscr{H}-e\varphi}{c}\right)^2 = m^2c^2 + \left(\boldsymbol{P}-\frac{e}{c}\boldsymbol{A}\right)^2. \tag{43.7}$$

小さい速度，すなわち，古典力学に対しては，ラグランジアン (43.4) は

$$L = \frac{mv^2}{2} + \frac{e}{c}\boldsymbol{A}\cdot\boldsymbol{v} - e\varphi \tag{43.8}$$

となる．この近似では

$$\boldsymbol{p} = m\boldsymbol{v} = \boldsymbol{P} - \frac{e}{c}\boldsymbol{A}$$

で，ハミルトニアンに対してつぎの表式を得る：

$$\mathscr{H} = \frac{1}{2m}\left(\boldsymbol{P}-\frac{e}{c}\boldsymbol{A}\right)^2 + e\varphi. \tag{43.9}$$

§44. 場のなかの電荷の運動方程式

場のなかに置かれた電荷は，場からの力を受けるだけでなく，反対に場に対しても作用をおよぼし，場を変化させる．けれども，電荷 e が大きくなければ，場に対する電荷の作用，すなわち，電荷による場の変化は無視することができる[1]．この場合には，与えられた場のなかの電荷の運動を考察するさいに，場自体は電荷の座標や速度にはよらないと仮定してよい．

---

1) 電荷をこの意味で小さいと見てよい条件は，その運動によって生じるいわゆる放射減衰力が小さいことである（これは §82 で考察される）．

§44. 場のなかの電荷の運動方程式

　与えられた電磁場のなかの電荷の運動方程式は，通常のラグランジュ方程式

$$\frac{d}{dt}\frac{\partial L}{\partial \boldsymbol{v}} = \frac{\partial L}{\partial \boldsymbol{r}} \tag{44.1}$$

で見いだされる．ここに L は（43.4）式で与えられる．

　導関数 $\partial L/\partial \boldsymbol{v}$ は粒子の一般化運動量（43.5）である．さらに

$$\frac{\partial L}{\partial \boldsymbol{r}} \equiv \nabla L = \frac{e}{c}\mathrm{grad}(\boldsymbol{A}\cdot\boldsymbol{v}) - e\,\mathrm{grad}\,\varphi.$$

しかるに，よく知られたベクトル解析の公式から

$$\mathrm{grad}(\boldsymbol{a}\cdot\boldsymbol{b}) = (\boldsymbol{a}\cdot\nabla)\boldsymbol{b} + (\boldsymbol{b}\cdot\nabla)\boldsymbol{a} + \boldsymbol{b}\times\mathrm{rot}\,\boldsymbol{a} + \boldsymbol{a}\times\mathrm{rot}\,\boldsymbol{b}.$$

ただし，$\boldsymbol{a}, \boldsymbol{b}$ は任意の二つのベクトルである．この公式を $\boldsymbol{A}\cdot\boldsymbol{v}$ に適用し，$\boldsymbol{r}$ についての微分は $\boldsymbol{v}$ を一定にして行なわれることに注意すれば

$$\frac{\partial L}{\partial \boldsymbol{r}} = \frac{e}{c}(\boldsymbol{v}\cdot\nabla)\boldsymbol{A} + \frac{e}{c}\boldsymbol{v}\times\mathrm{rot}\,\boldsymbol{A} - e\,\mathrm{grad}\,\varphi$$

となる．したがって，ラグランジュ方程式は

$$\frac{d}{dt}\left(\boldsymbol{p} + \frac{e}{c}\boldsymbol{A}\right) = \frac{e}{c}(\boldsymbol{v}\cdot\nabla)\boldsymbol{A} + \frac{e}{c}\boldsymbol{v}\times\mathrm{rot}\,\boldsymbol{A} - e\,\mathrm{grad}\,\varphi$$

となる．ところで，微分 $(d\boldsymbol{A}/dt)dt$ は二つの部分からなる．すなわち空間の１定点におけるベクトル・ポテンシャルの時間的変化 $(\partial\boldsymbol{A}/\partial t)dt$，および，空間の１点から距離 $d\boldsymbol{r}$ だけ動くことによる変化である．第２の部分は，$(d\boldsymbol{r}\cdot\nabla)\boldsymbol{A}$ である．こうして，微係数 $d\boldsymbol{A}/dt$ の形は

$$\frac{d\boldsymbol{A}}{dt} = \frac{\partial \boldsymbol{A}}{\partial t} + (\boldsymbol{v} \cdot \nabla)\boldsymbol{A}$$

となる．これを前の式に代入して

$$\frac{d\boldsymbol{p}}{dt} = -\frac{e}{c}\frac{\partial \boldsymbol{A}}{\partial t} - e\,\mathrm{grad}\,\varphi + \frac{e}{c}\boldsymbol{v} \times \mathrm{rot}\,\boldsymbol{A}. \qquad (44.2)$$

これが電磁場のなかの粒子の運動方程式である．左辺は粒子の運動量の時間変化率である．したがって，(44.2) の右辺は電磁場のなかの電荷に働く力を表わしている．この力は，二つの部分からなることがわかる．第1の部分〔(44.2) の右辺の第1および第2項〕は粒子の速度によらない．第2の部分（第3項）は速度による，つまり速度に比例し，速度に直交している．

単位電荷あたりのこの第1の型の力を**電場の強さ**といい，$\boldsymbol{E}$ で表わす．そうすると定義によって

$$\boldsymbol{E} = -\frac{1}{c}\frac{\partial \boldsymbol{A}}{\partial t} - \mathrm{grad}\,\varphi. \qquad (44.3)$$

第2の型の力の $\boldsymbol{v}/c$ にかかる因数を単位電荷についてとったものを**磁場の強さ**といい，$\boldsymbol{H}$ で表わす．そうすると定義によって

$$\boldsymbol{H} = \mathrm{rot}\,\boldsymbol{A}. \qquad (44.4)$$

電磁場のなかの電荷の運動方程式はこうして

$$\frac{d\boldsymbol{p}}{dt} = e\boldsymbol{E} + \frac{e}{c}\boldsymbol{v} \times \boldsymbol{H} \qquad (44.5)$$

という形に書くことができる．右辺の表現は**ローレンツ力**とよばれる．第1項（電場が電荷におよぼす力）は電荷の速

度に関係せず，また，$\boldsymbol{E}$ の方向を向いている．第 2 項（磁場が電荷におよぼす力）は電荷の速度に比例し，その方向は，速度と磁場 $\boldsymbol{H}$ との両方に直交している．

速度が光速度にくらべて小さいときは，運動量 $\boldsymbol{p}$ は近似的に古典論の表現 $m\boldsymbol{v}$ に等しく，運動方程式 (44.5) は

$$m\frac{d\boldsymbol{v}}{dt} = e\boldsymbol{E} + \frac{e}{c}\boldsymbol{v}\times\boldsymbol{H}. \tag{44.6}$$

つぎに，粒子の運動エネルギーの時間的変化の割合[1]，すなわち，導関数

$$\frac{d\mathscr{E}_{\mathrm{kin}}}{dt} = \frac{d}{dt}\left(\frac{mc^2}{\sqrt{1-\dfrac{v^2}{c^2}}}\right)$$

の表式を求めよう．たやすくわかるように

$$\frac{d\mathscr{E}_{\mathrm{kin}}}{dt} = \boldsymbol{v}\cdot\frac{d\boldsymbol{p}}{dt}.$$

(44.5) の $d\boldsymbol{p}/dt$ を代入して，$(\boldsymbol{v}\times\boldsymbol{H})\cdot\boldsymbol{v}=0$ を考慮すると，

$$\frac{d\mathscr{E}_{\mathrm{kin}}}{dt} = e\boldsymbol{E}\cdot\boldsymbol{v} \tag{44.7}$$

を得る．この等式の右辺は，場が単位時間のあいだに粒子に対してなす仕事である．仕事をするのは電場だけである．磁場は，そのなかを運動する電荷に対して仕事をしない．これは，磁場が電荷におよぼす力がつねに電荷の速度に直

---

[1] これから先，《運動エネルギー》というとき，静止エネルギーも含めたエネルギー (39.7) を意味する．

交しているいることにもとづくのである.

§5で力学の方程式は, 時間の反転に対して不変であることを注意した. 相対性理論において, 電磁場に対してもこのことが成り立つことをみるのは容易である. しかしこの場合には, t を $-t$ に変えるのに加えて, 磁場の符号を逆にしなければならない. 実際, たやすくわかるように, 運動方程式 (44.5) は
$$t \to -t, \quad E \to E, \quad H \to -H \qquad (44.8)$$
といういれかえによって変化しない.

(44.3) および (44.4) によれば, この置換はスカラー・ポテンシャルを変化させないが, ベクトル・ポテンシャルの符号は変える:
$$\varphi \to \varphi, \quad A \to -A. \qquad (44.9)$$
このように, 電磁場のなかで, ある運動が可能ならば, H の方向が逆になった場のなかで, それと逆の運動が可能である.

問 題

粒子の加速度を, その速度, および電場と磁場の強さによって表わせ.

解 運動方程式 (44.5) において $p = v\mathscr{E}_{\mathrm{kin}}/c^2$ とおき, $d\mathscr{E}_{\mathrm{kin}}/dt$ に対して表式 (44.7) を使うと, 結果は
$$\dot{v} = \frac{e}{m}\sqrt{1-\frac{v^2}{c^2}}\left\{E + \frac{1}{c}v \times H - \frac{1}{c^2}v(v \cdot E)\right\}.$$

§45. ゲージ不変性

ポテンシャルはどの程度まで一意的に定まるものか考えてみよう．場は，そのなかにおかれた電荷の運動に対してそれがおよぼす効果によって特徴づけられる．ところが，運動方程式 (44.5) に現われるのはポテンシャルでなく，場の強さ E と H である．したがって，二つの場は，同じベクトル E と H によって特徴づけられるならば，物理的に同一である．

ポテンシャル A と φ とが与えられれば，これらは (44.3) および (44.4) によって場 E, H を一意的に定める．しかしながら，同一の場に対していくつもの異なったポテンシャルが対応しうる．それを示すためにポテンシャルの四成分 A_μ に $\partial f/\partial x^\mu$ という量を加える．ここに，f は座標と時間の任意の関数である．そうするとポテンシャル A_μ は

$$A'_\mu = A_\mu - \frac{\partial f}{\partial x^\mu} \qquad (45.1)$$

となる．その結果，作用積分 (43.1) には

$$\frac{e}{c}\frac{\partial f}{\partial x^\mu}dx^\mu = d\left(\frac{e}{c}f\right) \qquad (45.2)$$

という全微分の付加項が現われるが，これは運動方程式には影響しない（§2を見よ）．

4元ポテンシャルの代わりにスカラー・ポテンシャルおよびベクトル・ポテンシャルを，x^μ の代わりに座標 ct, x, y, z を使うと，(45.1) の四つの式は

$$\bm{A}' = \bm{A} + \mathrm{grad}\, f,$$
$$\varphi' = \varphi - \frac{1}{c}\frac{\partial f}{\partial t} \tag{45.3}$$

の形に書くことができる．(44.3)，(44.4) からきまる電場および磁場が，$\bm{A}, \varphi$ を $\bm{A}', \varphi'$ に置き換えても実際変化しないことは，容易に確かめることができる．このように，ポテンシャルの変換 (45.3) は場を変化させない．したがって，ポテンシャルは一意的に定まらない．ベクトル・ポテンシャルは任意の関数のグラジエントの範囲で，スカラー・ポテンシャルは同じ関数の時間導関数の範囲でしかきまらないのである．

特に，任意の定数ベクトルをベクトル・ポテンシャルに，また任意の定数をスカラー・ポテンシャルに加えることができる．このことは，$\bm{E}$ と $\bm{H}$ の定義が $\bm{A}$ と φ の導関数のみを含み，したがって，後者に定数を加えても影響がないということからも，ただちに明らかである．

ポテンシャルの変換 (45.3) に対して不変な量だけが物理的な意味をもつ．特に，すべての方程式はこの変換に対して不変でなければならない．この不変性を**ゲージ不変性**（ドイツ語で Eichinvarianz，英語で gauge invariance）という[1]．

---

[1] このことは，もともと (45.2) で仮定されている e の不変性に関係していることを強調しておこう．このように，電気力学の方程式のゲージ不変性と電荷の保存とは互いに密接に関連しているのである．

ポテンシャルがこのように一意的でないことは，任意の付加条件を満たすようにポテンシャルを定めることを可能にする．(45.3) の f を任意に選ぶことができるのだから，われわれが勝手におくことのできる条件は一つであるということを強調しておこう．特に，スカラー・ポテンシャル φ が 0 になるように場のポテンシャルを選ぶことはつねに可能である．しかし，ベクトル・ポテンシャルをゼロにすることは一般に不可能である．なぜなら，条件 $\boldsymbol{A}=0$ は（$\boldsymbol{A}$ の三つの成分に対する）三つの付加条件を表わすからである．

§46. 不変な電磁場

不変な電磁場とは，時間によらない場を意味するものとする．明らかに，不変な場のポテンシャルは，それらが座標だけの関数で時間にはよらないように選ぶことができる．不変な磁場は，前と同じく $\boldsymbol{H}=\operatorname{rot}\boldsymbol{A}$ である．不変な電場は

$$\boldsymbol{E} = -\operatorname{grad}\varphi \tag{46.1}$$

に等しい．このように，不変な電場はスカラー・ポテンシャルだけで定まり，不変な磁場はベクトル・ポテンシャルだけできまる．

われわれは前節で，ポテンシャルは一意的に定まらないことをみた．しかしながら，不変な電磁場を時間によらないポテンシャルで記述するならば，場を変えないでスカラー・ポテンシャルに加えることができるのは任意の定数（座標にも時間にもよらない）だけであることは容易に納得

できる．普通 φ に対しては，無限遠でゼロになるという付加条件をつける．そうすると，今言った任意定数が定まり，不変な場のスカラー・ポテンシャルは一意的にきまる．他方，ベクトル・ポテンシャルは，一意的に決まらない．すなわち，座標の任意の関数のグラジエントをそれに加えることができる．

さて，不変な電磁場のなかの電荷のエネルギーを求めよう．場が不変ならば，電荷に対するラグランジアンもあらわには時間に依存しない．われわれが知っているように，そのときはエネルギーが保存され，ハミルトニアンに一致する．(43.6) によって

$$\mathscr{E} = \frac{mc^2}{\sqrt{1-\dfrac{v^2}{c^2}}} + e\varphi \qquad (46.2)$$

である．このように，粒子のエネルギーに $e\varphi$ という項，すなわち場のなかの電荷の位置エネルギーが付加される．エネルギーはスカラー・ポテンシャルにのみ依存し，ベクトル・ポテンシャルにはよらないという重要な事実に注目しよう．言いかえると，磁場は電荷のエネルギーに影響しないということを意味する．電場だけが，粒子のエネルギーを変化させることができるのである．このことは，以前にも言ったように，電場と違って磁場は電荷に対して仕事をしないということに関連している．

場の強さが空間のすべての点で同じとき，その場は**一様**であると言われる．一様な電場のスカラー・ポテンシャルは，

$$\varphi = -\boldsymbol{E}\cdot\boldsymbol{r} \qquad (46.3)$$

によって場の強さで表わされる．実際 $\boldsymbol{E}$ が定数（定ベクトル）であるから，

$$\mathrm{grad}(\boldsymbol{E}\cdot\boldsymbol{r}) = (\boldsymbol{E}\cdot\nabla)\boldsymbol{r} = \boldsymbol{E}.$$

つぎに，一様な磁場のベクトル・ポテンシャルを，場の強さ $\boldsymbol{H}$ で表わそう．ポテンシャル $\boldsymbol{A}$ が

$$\boldsymbol{A} = \frac{1}{2}\boldsymbol{H}\times\boldsymbol{r} \qquad (46.4)$$

と書けることはたやすく証明される．実際，$\boldsymbol{H}$ は定数（定ベクトル）であるから，ベクトル解析のよく知られた公式を使って

$$\mathrm{rot}(\boldsymbol{H}\times\boldsymbol{r}) = \boldsymbol{H}\,\mathrm{div}\,\boldsymbol{r} - (\boldsymbol{H}\cdot\nabla)\boldsymbol{r} = 2\boldsymbol{H}$$

である（$\mathrm{div}\,\boldsymbol{r}=3$ に注意する）．

§47. 一様な不変の電場のなかの運動

一様な不変の電場 $\boldsymbol{E}$ のなかでの電荷 e の運動を考えよう．場の方向を x 軸にとる．明らかに，運動は一つの平面のなかで行なわれる．この平面を xy 面に選ぼう．そうすると，運動方程式 (44.5) は

$$\dot{p}_x = eE, \qquad \dot{p}_y = 0$$

という形をとる．したがって

$$p_x = eEt, \qquad p_y = p_0. \qquad (47.1)$$

ただし，時間の基準点は $p_x=0$ の瞬間にとり，そのときの粒子の運動量を p_0 としてある．

粒子の運動エネルギー（場のなかでもつ位置エネルギー

を別にしたエネルギー）は $\mathscr{E}_{\rm kin} = c\sqrt{m^2c^2+p^2}$ である．これに (47.1) を代入して

$$\mathscr{E}_{\rm kin} = \sqrt{m^2c^4 + c^2p_0^2 + (ceEt)^2}$$
$$= \sqrt{\mathscr{E}_0^2 + (ceEt)^2} \qquad (47.2)$$

となる．ここで $\mathscr{E}_0$ は $t=0$ でのエネルギーである．

(39.11) によれば，粒子の速度は $\boldsymbol{v} = \boldsymbol{p}c^2/\mathscr{E}_{\rm kin}$ である．したがって今の場合 $v_x = \dot{x}$ として

$$\frac{dx}{dt} = \frac{p_x c^2}{\mathscr{E}_{\rm kin}} = \frac{c^2 eEt}{\sqrt{\mathscr{E}_0^2 + (ceEt)^2}}$$

を得る．積分によって

$$x = \frac{1}{eE}\sqrt{\mathscr{E}_0^2 + (ceEt)^2} \qquad (47.3)$$

が見いだされる（積分定数はゼロとおいた）．

y を決定する式は

$$\frac{dy}{dt} = \frac{p_y c^2}{\mathscr{E}_{\rm kin}} = \frac{p_0 c^2}{\sqrt{\mathscr{E}_0^2 + (ceEt)^2}}$$

である．これから

$$y = \frac{p_0 c}{eE} \sinh^{-1} \frac{ceEt}{\mathscr{E}_0}. \qquad (47.4)$$

この式から t を y によって表わし，それを (47.3) に代入すれば，トラジェクトリーの式が得られる．すなわち

$$x = \frac{\mathscr{E}_0}{eE} \cosh \frac{eEy}{p_0 c}. \qquad (47.5)$$

このように，一様な電場のなかでは，電荷はカテナリー（懸

垂線）を描いて運動する．

粒子の速度が $v \ll c$ ならば，$p_0 = mv_0$, $\mathscr{E}_0 = mc^2$ とおき，(47.5) を $1/c$ のベキ級数に展開することができる．すると，高次の項を省略して

$$x = \frac{eE}{2mv_0^2}y^2 + \text{const.}$$

を得る．すなわち，電荷は放物線にそって動くという，古典力学でよく知られた結果が得られる．

§48. 一様な不変の磁場のなかの運動

つぎに，一様な磁場 H のなかでの電荷 e の運動を考えよう．磁場の方向を z 軸にとる．運動方程式

$$\dot{\boldsymbol{p}} = \frac{e}{c}\boldsymbol{v} \times \boldsymbol{H}$$

を，運動量に

$$\boldsymbol{p} = \frac{\mathscr{E}\boldsymbol{v}}{c^2}$$

を代入して，別の形に書く．ここに $\mathscr{E}$ は粒子のエネルギーであって，磁場のなかでは一定である．このようにして，運動方程式は

$$\frac{\mathscr{E}}{c^2}\frac{d\boldsymbol{v}}{dt} = \frac{e}{c}\boldsymbol{v} \times \boldsymbol{H} \qquad (48.1)$$

となる．あるいは，成分に分けて書くと

$$\dot{v}_x = \omega v_y, \qquad \dot{v}_y = -\omega v_x, \qquad \dot{v}_z = 0 \qquad (48.2)$$

である．ここで

$$\omega = \frac{ecH}{\mathscr{E}} \tag{48.3}$$

という記号を導入した.

(48.2) の第2の式に i をかけて第1の式に加えると

$$\frac{d}{dt}(v_x + iv_y) = -i\omega(v_x + iv_y)$$

となる. これから, a を複素定数として

$$v_x + iv_y = ae^{-i\omega t}.$$

a は, v_{0t}, α を実数として $a = v_{0t}e^{-i\alpha}$ と書ける. そうすると

$$v_x + iv_y = v_{0t}e^{-i(\omega t + \alpha)}$$

となり, 実部と虚部を分けると

$$\begin{aligned} v_x &= v_{0t}\cos(\omega t + \alpha), \\ v_y &= -v_{0t}\sin(\omega t + \alpha) \end{aligned} \tag{48.4}$$

が得られる. 定数 v_{0t} と α とは初期条件によってきまる. α は初期位相であり, v_{0t} については (48.4) から

$$v_{0t} = \sqrt{v_x^2 + v_y^2},$$

すなわち, v_{0t} は粒子の xy 面内での速度の大きさで, 運動のあいだじゅう一定である.

(48.4) をもう一度積分することによって

$$\begin{aligned} x &= x_0 + r\sin(\omega t + \alpha), \\ y &= y_0 + r\cos(\omega t + \alpha) \end{aligned} \tag{48.5}$$

が見いだされる. ただし

$$r = \frac{v_{0t}}{\omega} = \frac{v_{0t}\mathscr{E}}{ecH} = \frac{cp_t}{eH} \tag{48.6}$$

である（p_t は，運動量の xy 面への射影）．(48.2) の第3の式から $v_z = v_{0z}$ となり

$$z = z_0 + v_{0z} t. \tag{48.7}$$

(48.5) および (48.7) から明らかなように，電荷は一様な磁場のなかでらせんを描いて運動する．そのらせんの軸は磁場の方向に一致し，その半径 r は (48.6) で与えられる．粒子の速度の大きさは一定である．$v_{0z} = 0$，すなわち，電荷が場の方向の速度成分をもたない特別の場合には，電荷は場に垂直な面のなかの円周上を動く．

ω という量は，上の式からわかるように，場に垂直な面のなかでの粒子の回転運動の角振動数である．

粒子の速度が小さければ，近似的に $\mathscr{E} = mc^2$ とおくことができる．そうすると，振動数は

$$\omega = \frac{eH}{mc} \tag{48.8}$$

となる．

問　題

1. その大きさと方向が時間とともにゆっくり変化する一様な磁場のなかの電荷の運動に対する断熱不変量を求めよ．

解 一様な磁場のなかでは，それに垂直な平面のなかの運動は周期的であるから，断熱不変量は（§32 をみよ），運動の全周期，この場合には円周にわたってとった積分

$$I = \frac{1}{2\pi}\oint \boldsymbol{P}_t \cdot d\boldsymbol{l}$$

である（$\boldsymbol{P}_t$ は一般化運動量のこの面上への射影）．$\boldsymbol{P}_t = \boldsymbol{p}_t + \dfrac{e}{c}\boldsymbol{A}$ を代入して，

$$I = \frac{1}{2\pi}\oint \boldsymbol{p}_t \cdot d\boldsymbol{l} + \frac{e}{2\pi c}\oint \boldsymbol{A} \cdot d\boldsymbol{l}$$

が得られる．第1の項では，$\boldsymbol{p}_t$ が大きさ一定で $d\boldsymbol{l}$ の方向を向くことに注意し，第2の項にはストークスの定理を適用し，rot $\boldsymbol{A} = \boldsymbol{H}$ を使うと

$$I = rp_t - \frac{e}{2c}Hr^2$$

となる．ただし，r は軌道の半径である．この等式に r の表式（48.6）を代入して

$$I = \frac{cp_t^2}{2eH}$$

を得る[巻末注]．これから，H が変化するとき，接線方向の運動量 p_t は $\sqrt{H}$ に比例して変化することがわかる．

2. 一様な不変の磁場のなかにおかれた荷電空間振動子の振動数を求めよ．この振動子の固有振動数（場のないときの振動数）を ω_0 とする．〔ただし，粒子の速度が小さくて，(48.8) 式が使えるとする．〕

解 磁場（z 軸の方向を向いた）のなかの振動子の強制振動の方程式は

$$\ddot{x} + \omega_0^2 x = \frac{eH}{mc}\dot{y},$$

$$\ddot{y}+\omega_0 y = -\frac{eH}{mc}\dot{x},$$

$$\ddot{z}+\omega_0^2 z = 0.$$

第2の式に i をかけて第1の式に加え，$\xi = x+iy$ とおけば

$$\ddot{\xi}+\omega_0^2 \xi = -i\frac{eH}{mc}\dot{\xi}$$

となる．これから，場に垂直な平面内での振動数は

$$\omega = \sqrt{\omega_0^2 + \frac{1}{4}\left(\frac{eH}{mc}\right)^2} \pm \frac{eH}{2mc}$$

であることが見いだされる．場 H が弱ければ，この式は

$$\omega = \omega_0 \pm \frac{eH}{2mc}$$

となる．場の方向にそっての振動は場のないときと変わらない．

§49. 一様な不変の電場および磁場のなかの電荷の運動

最後に，一様で不変な電場と磁場の両方が存在するときの電荷の運動を考察しよう．電荷の速度が小さく $v \ll c$，したがって運動量が $\boldsymbol{p} = m\boldsymbol{v}$ であるような場合に限定する．のちにみるように，このためには，電場が磁場にくらべて小さくなければならない．

$\boldsymbol{H}$ の方向を z 軸にとり，$\boldsymbol{H}$ と $\boldsymbol{E}$ を含む面を yz 面に選ぶ．すると運動方程式

$$m\dot{\boldsymbol{v}} = e\boldsymbol{E} + \frac{e}{c}\boldsymbol{v}\times\boldsymbol{H}$$

は

$$m\ddot{x} = \frac{e}{c}\dot{y}H, \quad m\ddot{y} = eE_y - \frac{e}{c}\dot{x}H, \quad m\ddot{z} = eE_z \tag{49.1}$$

の形に書ける．第3の式から，z 方向には電荷は一定の加速度で運動することがわかる．すなわち

$$z = \frac{eE_z}{2m}t^2 + v_{0z}t. \tag{49.2}$$

(49.1) の第2の式に i をかけ，第1の式と組み合わせると

$$\frac{d}{dt}(\dot{x}+i\dot{y}) + i\omega(\dot{x}+i\dot{y}) = i\frac{e}{m}E_y$$

が見いだされる（$\omega = eH/mc$）．$\dot{x}+i\dot{y}$ を未知関数とみなしたとき，この方程式の積分は，この式で右辺がないときの積分と，右辺があるときの特殊解との和で与えられる．前者は $ae^{-i\omega t}$，後者は $eE_y/m\omega = cE_y/H$ であるから

$$\dot{x}+i\dot{y} = ae^{-i\omega t} + \frac{cE_y}{H}.$$

定数 a は一般に複素数である．実の b と α を使ってそれを $a = be^{i\alpha}$ と書けば，a には $e^{-i\omega t}$ がかかるから，時間の原点を適当に選んで，位相 α に任意の値を与えることができる．そこで，a が実になるように α を選ぶ．すると，$\dot{x}+i\dot{y}$ を実部と虚部に分けて

§49. 一様な不変の電場および磁場のなかの電荷の運動

$$\dot{x} = a\cos\omega t + \frac{cE_y}{H}, \qquad \dot{y} = -a\sin\omega t \qquad (49.3)$$

が得られる．$t=0$ では，速度は x 軸の方向を向く．粒子の速度は時間の周期関数であることがわかる．速度の平均値は，

$$\bar{v}_x = \frac{cE_y}{H}, \qquad \bar{v}_y = 0 \qquad (49.4)$$

に等しい．電場と磁場が交差するとき，そのなかの電荷の運動の平均速度は，しばしば**電磁的移動**の速度と呼ばれる．その方向は両方の場に直交し，電荷の符号によらない．

この節のすべての式は，粒子の速度が光速度にくらべて小さいことを仮定している．この仮定が成り立つためには，特に電場と磁場が条件

$$\frac{E_y}{H} \ll 1 \qquad (49.5)$$

を満たす必要があることがわかる．しかし，E_y と H の絶対的な大きさは任意であってよい．

方程式 (49.3) をもう一度積分して，$t=0$ で $x=y=0$ となるように積分定数を選べば

$$x = \frac{a}{\omega}\sin\omega t + \frac{cE_y}{H}t,$$
$$y = \frac{a}{\omega}(\cos\omega t - 1) \qquad (49.6)$$

が得られる．

曲線のパラメータ表示とみれば，これらの式はトロコイドを与える．a が絶対値において cE_y/H より大きいか，小

図 30

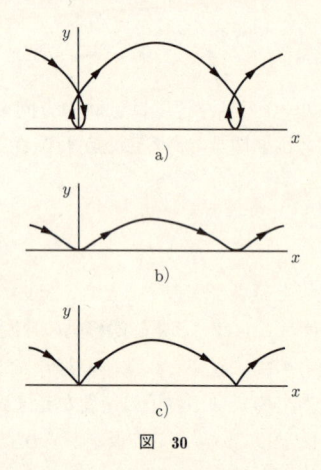

さいかに従って，トラジェクトリーの xy 面への射影は，それぞれ図 30 a), b) に示すような形となる．

$a = -cE_y/H$ ならば，(49.6) は

$$x = \frac{cE_y}{\omega H}(\omega t - \sin \omega t),$$

$$y = \frac{cE_y}{\omega H}(1 - \cos \omega t) \qquad (49.7)$$

となる．すなわち，トラジェクトリーの xy 面への射影はサイクロイドである（図 30 c）．

§50. 電磁場テンソル

場の強さをそのポテンシャルで表わす公式 (44.3) およ

び (44.4) は 3 次元的な形で与えられており，したがって座標系の変換に対するこれらの量の変換則を明らかにするためには不都合である．

二つの 3 次元ベクトル $\boldsymbol{E}$ および $\boldsymbol{H}$ のすべての成分の集りが，反対称 4 元テンソル

$$F_{\mu\nu} = \frac{\partial A_\nu}{\partial x^\mu} - \frac{\partial A_\mu}{\partial x^\nu} \tag{50.1}$$

の成分の総体として与えられることはたやすくわかる（これは**電磁場テンソル**とよばれる）．このテンソルの個々の成分の意味は，$A_\mu = (\varphi, -\boldsymbol{A})$ を定義 (50.1) に代入すればすぐ明らかになる．添字 $\mu = 0, 1, 2, 3$ は行，ν は列を番号づけるものとして，結果を行列の形に書くことができる：

$$F_{\mu\nu} = \begin{pmatrix} 0 & E_x & E_y & E_z \\ -E_x & 0 & -H_z & H_y \\ -E_y & H_z & 0 & -H_x \\ -E_z & -H_y & H_x & 0 \end{pmatrix}. \tag{50.2}$$

同じテンソルの反変成分は，空間成分の添字一つを上げるごとに符号が変わることでこれと異なる：

$$F^{\mu\nu} = \begin{pmatrix} 0 & -E_x & -E_y & -E_z \\ E_x & 0 & -H_z & H_y \\ E_y & H_z & 0 & -H_x \\ E_z & -H_y & H_x & 0 \end{pmatrix}. \tag{50.3}$$

テンソル $F_{\mu\nu}$ を使えば，場のなかの電荷の運動方程式は

$$\frac{dp^\mu}{ds} = \frac{e}{c} F^{\mu\nu} u_\nu \tag{50.4}$$

という形に書けることに注意しよう. 3次元表式 (40.2), (40.5), (50.3) を用いて (さらに $ds = cdt\sqrt{1-v^2/c^2}$ に注意して) この等式の両辺を書き表わすと, $\mu = 1, 2, 3$ のときにはベクトルの方程式 (44.6) の三つの成分が, そして $\mu = 0$ のときには仕事の式 (44.7) が得られることは容易にわかる.

ここまでくれば, 場 $\boldsymbol{E}$ および $\boldsymbol{H}$ の変換公式を4元テンソルの一般的な変換公式から見いだすことができる. 2階の4元テンソル $F^{\mu\nu}$ の成分は, 座標の積 $x^\mu x^\nu$ と同様に変換する. ローレンツ変換 (36.3) に際して座標 $x^2 = y$ および $x^3 = z$ は変化しない. それゆえ, 成分 F^{23} も変化しない:

$$F^{23} = F'^{23}.$$

さらに, 同じ理由で成分 F^{02}, F^{03} および F^{12}, F^{13} は座標 $x^0 = ct$ および $x^1 = x$ と同様に変換する:

$$F^{02} = \frac{F'^{02} + \dfrac{V}{c}F'^{12}}{\sqrt{1 - \dfrac{V^2}{c^2}}}, \qquad F^{12} = \frac{F'^{12} + \dfrac{V}{c}F'^{02}}{\sqrt{1 - \dfrac{V^2}{c^2}}}.$$

F^{03}, F^{13} に対しても同様. 最後に, 成分 F^{01} は積 $x^0 x^1$ のように変換しなければならない. これから

$$F^{01} = \frac{1}{1 - \dfrac{V^2}{c^2}} \left\{ F'^{01} + \frac{V^2}{c^2} F'^{10} + \frac{V}{c}(F'^{00} + F'^{11}) \right\}$$

となるであろう．しかし今の場合テンソル $F^{\mu\nu}$ は反対称であるから $F'^{01} = -F'^{10}$, $[F^{00} = F^{11} = 0]$. これから
$$F^{01} = F'^{01}.$$

ここでテンソル $F^{\mu\nu}$ の成分を (50.3) に従って場 $\boldsymbol{E}$ および $\boldsymbol{H}$ の成分で表わせば，電場に対する変換公式

$$E_x = E'_x, \quad E_y = \frac{E'_y + \dfrac{V}{c} H'_z}{\sqrt{1 - \dfrac{V^2}{c^2}}}, \quad E_z = \frac{E'_z - \dfrac{V}{c} H'_y}{\sqrt{1 - \dfrac{V^2}{c^2}}}$$
(50.5)

および磁場に対する式

$$H_x = H'_x, \quad H_y = \frac{H'_y - \dfrac{V}{c} E'_z}{\sqrt{1 - \dfrac{V^2}{c^2}}}, \quad H_z = \frac{H'_z + \dfrac{V}{c} E'_y}{\sqrt{1 - \dfrac{V^2}{c^2}}}$$
(50.6)

が得られる．

このように，電場および磁場も，大多数の物理量と同じく相対的である：すなわち，それらは，基準系が異なれば異なった性格をもつのである．特に，電場または磁場がある基準系ではゼロであり，同時に他の系では存在するということが可能である．

K' 系で磁場 $H'=0$ ならば，(50.5) と (50.6) にもとづいて容易に証明できるように，K 系の電場と磁場のあいだにつぎの関係が成り立つ：

$$\boldsymbol{H} = \frac{1}{c} \boldsymbol{V} \times \boldsymbol{E}. \tag{50.7}$$

K'系で$E'=0$ならば，K系では

$$E = -\frac{1}{c}V \times H \tag{50.8}$$

である．したがって，いずれの場合にも，K系では，磁場と電場とは互いに直交している．これらの式はもちろん逆の意味ももっている：もしある基準系Kにおいて場EとHが互いに直交していれば（しかし大きさは等しくない），場が純粋に電気的かあるいは磁気的になるような基準系K'が存在する．

§51. 場の不変量

電場と磁場の強さのベクトルから，一つの基準系から他へ変換したとき変化しないような不変量をつくることができる．

4元スカラー$F_{\mu\nu}F^{\mu\nu}$をつくることでこのような量が得られる．それを3次元形式に書きあらわすと，

$$F_{\mu\nu}F^{\mu\nu} = 2(H^2 - E^2)$$

となる．こうして，求める不変量の一つは

$$H^2 - E^2 = \text{inv}. \tag{51.1}$$

公式（50.5～6）により直接計算してみれば容易に証明できるように，ローレンツ変換に対して和$E_x H_x + E_y H_y + E_z H_z$もまた不変である．したがって，

$$\boldsymbol{E} \cdot \boldsymbol{H} = \text{inv}. \tag{51.2}$$

しかしながら，これら二つの不変量のあいだには，空間座標系の**反転**すなわち，座標x, y, zの符号を同時に変える

変換に対する性質に関して，本質的な違いがある．このような変換の際，真の（あるいは，いわゆる**極性**）ベクトルの成分は符号を変えることを思い出そう．二つの極性ベクトルのベクトル積として表わすことができるベクトルの成分は，反転に際して不変である（このようなベクトルは，**軸性**とよばれる）．二つの極性ベクトルあるいは二つの軸性ベクトルのスカラー積は，真のスカラーである，すなわちそれは反転に対し不変である．軸性ベクトルと極性ベクトルとのスカラー積は，**擬スカラー**である．それは反転に際して符号を変える．

さて，定義 (44.3〜4) によると，E は極性ベクトルであるが，H は軸性ベクトルである（極性ベクトル ∇ および A のベクトル積）．これから明らかに，$H^2 - E^2$ は真のスカラーであるが，$E \cdot H$ は擬スカラーである（その 2 乗 $(E \cdot H)^2$ は真のスカラーとなる）ことがわかる．

表式 (51.1〜2) の不変性から導かれることを二，三あげておく．ある一つの基準系で場 E と H の大きさが等しければ（$E^2 = H^2$），それらの大きさは他のすべての慣性基準系でも等しい．ある一つの基準系で場 E および H が互いに直交するならば（$E \cdot H = 0$），それらは他のすべての基準系で直交する．

もし $E \cdot H = 0$ ならば，（$E^2 - H^2 < 0$ あるいは > 0 に応じて）$E = 0$ あるいは $H = 0$ となるような，すなわち，場がまったく磁場だけあるいは電場だけになるような基準系を見いだすことができる．逆に，もしある一つの基準系で

$E=0$ あるいは $H=0$ ならば,前の段落の終りに述べたことに従って,他のすべての基準系でそれらは直交する.

$E\cdot H=0$ だけでなく $E^2-H^2=0$ である場合,すなわち二つの不変量がともにゼロである場合は例外である.このとき E と H は,すべての基準系で大きさが等しく互いに直交している.

第11章 場の方程式

§52. マクスウェル方程式の第1の組

表式

$$H = \operatorname{rot} A, \quad E = -\frac{1}{c}\frac{\partial A}{\partial t} - \operatorname{grad} \varphi$$

から，これらの場に対する方程式，つまり E と H とだけを含む関係がたやすく求められる．そのために $\operatorname{rot} E$ を求める：

$$\operatorname{rot} E = -\frac{1}{c}\frac{\partial}{\partial t}\operatorname{rot} A - \operatorname{rot} \operatorname{grad} \varphi.$$

ところが，すべて勾配 (grad) の回転 (rot) はゼロである．ゆえに

$$\operatorname{rot} E = -\frac{1}{c}\frac{\partial H}{\partial t}. \tag{52.1}$$

方程式 $\operatorname{rot} A = H$ の両辺の発散をとり，$\operatorname{div} \operatorname{rot} = 0$ を思い起こすと

$$\operatorname{div} H = 0 \tag{52.2}$$

が得られる．

方程式 (52.1) と (52.2) は，マクスウェル方程式の第1の組とよばれている[1]．この二つの方程式では，場の性質

はまだ完全には決定されない，ということに注意しよう．このことは，この二つの方程式が磁場の時間的変化（導関数 $\partial \boldsymbol{H}/\partial t$）は定めるが，導関数 $\partial \boldsymbol{E}/\partial t$ は決定しないことから明らかである．

方程式 (52.1) および (52.2) は積分形に書くことができる．ガウスの定理によると

$$\int \mathrm{div}\, \boldsymbol{H} dV = \oint \boldsymbol{H} \cdot d\boldsymbol{f}.$$

ここで右辺の積分は，左辺の積分の行なわれる体積をかこむ閉曲面全体にわたって行なう．(52.2) によって

$$\oint \boldsymbol{H} \cdot d\boldsymbol{f} = 0 \qquad (52.3)$$

を得る．あるベクトルのある曲面の上での積分は，その曲面を通るそのベクトルの束とよばれる．したがって，任意の閉曲面を通る磁束はゼロである．

ストークスの定理によると

$$\int \mathrm{rot}\, \boldsymbol{E} \cdot d\boldsymbol{f} = \oint \boldsymbol{E} \cdot d\boldsymbol{l}.$$

ここで右辺の積分は，左辺の積分が行なわれる曲面を限る閉曲線の上で行なう．(52.1) から任意の曲面に対して両辺を積分して

$$\oint \boldsymbol{E} \cdot d\boldsymbol{l} = -\frac{1}{c} \frac{\partial}{\partial t} \int \boldsymbol{H} \cdot d\boldsymbol{f} \qquad (52.4)$$

---

1) マクスウェル方程式（電気力学の基礎方程式）は，1860 年代にマクスウェルによって最初に定式化された．

が得られる．あるベクトルの閉曲線にそっての積分を，ベクトルのその閉曲線のまわりの**循環**とよぶ．電場の循環はまた，与えられた閉曲線についての**起電力**ともよばれる．したがって，任意の閉曲線についての起電力は，その閉曲線を境界とする面を通る磁束の時間導関数に負の符号をつけたものに等しい．

§53. 電磁場の作用関数

電磁場とそのなかにおかれた粒子とからなる系全体に対する作用関数 S は，三つの部分から成り立っているはずである：

$$S = S_f + S_m + S_{mf}. \qquad (53.1)$$

ここに，S_m は粒子のもつ性質にだけ依存する作用の部分である．明らかに，この部分は自由な粒子，すなわち場がないときの粒子に対する作用にちょうど一致する．一つの自由粒子に対する作用は (39.1) で与えられる．いくつかの粒子があるときには，それらの全体に対する作用は個々の粒子に対する作用の和である．したがって

$$S_m = -\sum mc \int ds. \qquad (53.2)$$

S_{mf} という量は，粒子と場とのあいだの相互作用に依存するような作用の部分である．§43でみたように，いくつかの粒子がある場合には

$$S_{mf} = -\sum \frac{e}{c} \int A_\mu dx^\mu \qquad (53.3)$$

を得る．この和の各項において，A_μ は対応する粒子のある空間・時間の点における場のポテンシャルである．和 $S_m + S_{mf}$ は，場のなかの電荷に対する作用（43.1）としてすでにおなじみのものである．

最後に，S_f は場それ自身の性質にのみ依存するような作用の部分である．すなわち，S_f は電荷が存在しないときの場に対する作用なのである．今までは，与えられた電磁場のなかの粒子の運動だけを問題にしていたから，粒子に関係しない量 S_f には注意を払わなかった．というのは，この項は，粒子の運動に影響をおよぼすことはできないからである．しかしながら，場自身を決定する方程式を見いだそうというときには，この項が不可欠である．このことは，作用の $S_m + S_{mf}$ という部分からは，場に対して二つの方程式（52.1）および（52.2）だけしか得られなかったという事実に対応している．この二つではまだ場の完全な決定には十分でないのである．

場に対する作用 S_f の形を決定するために，電磁場の非常に重要なつぎの性質から出発しよう．実験が示すように，電磁場はいわゆる**重ね合わせの原理**を満足する．この原理の内容は，一つの電荷がある場をつくり，他の電荷が第 2 の場をつくるならば，二つの粒子がいっしょにつくる場は各粒子が個々につくる場を単に合成したものである，という命題で表わされる．このことは，各点の場の強さは，その点での個々の場の強さの（ベクトル）和に等しいことを意味する．

場の方程式の任意の解は，自然に存在することのできる場を与える．重ね合わせの原理によると，任意のそのような場の和もまた自然に存在しうる場でなければならない，つまり場の方程式を満足しなければならない．

よく知られているように，線型微分方程式はまさにこの性質，つまり任意の解の和はまた解であるという性質をもっている．したがって，場の方程式は線型微分方程式でなければならない．

この議論から，作用 S_f に対する積分記号下には場について 2 次の表式がこなければならないことが結論される．この場合にだけ，場の方程式は線型になる．というのは，場の方程式は作用の変分をとることによって得られ，変分の際に積分記号下の表式は次数を 1 だけ減ずるからである．

ポテンシャルが作用 S_f に対する表式のなかに入ることはできない．なぜなら，ポテンシャルは一義的にはきまらないからである（S_{mf} においては，一義的でないことは重要でない）．したがって，S_f は電磁場テンソル $F_{\mu\nu}$ のある関数の積分でなければならない．ところが，作用はスカラーでなければならず，したがって，ある（真の）スカラーの積分でなければならない．積 $F_{\mu\nu}F^{\mu\nu}$ だけがそのような量である[1]．

---

[1] S_f の被積分関数は $F_{\mu\nu}$ の導関数を含んではならない．なぜなら，ラグランジアンは座標のほかに，ただそれらの時間に関する 1 階導関数だけを含むことができるが，今の場合，「座標」（すなわち，最小作用の原理において変分を受けるパラメータ）の役割を演ずるのは，場のポテンシャル A_μ だからである．これは力学

このようにして、S_f は

$$S_f = a \iint F_{\mu\nu} F^{\mu\nu} dV dt, \qquad dV = dxdydz$$

という形をもたなければならない．ここで積分は，空間全体と二つの与えられた時刻のあいだの時間にわたってとる．a はある定数．積分記号下には $F_{\mu\nu}F^{\mu\nu} = 2(H^2 - E^2)$ がくる．場 E は導関数 $\partial \boldsymbol{A}/\partial t$ を含むが，作用のなかには $(\partial \boldsymbol{A}/\partial t)^2$ が正の符号を伴って現われなければならない（したがって E^2 は正符号をもたなければならない）ことはたやすくわかる．なぜなら，かりに S_f のなかの $(\partial \boldsymbol{A}/\partial t)^2$ の符号が負だとすると，（考えている時間間隔における）ポテンシャルの時間的変化が十分急激ならば，つねに $(\partial \boldsymbol{A}/\partial t)^2$ は任意に大きくなることができ，したがって，S_f を任意に大きな絶対値をもつ負の量にすることができるからである．そうなれば，S_f は最小作用の原理から要求されるように極小値をもつことができなくなる．したがって，a は負でなければならない．

a の数値は場の測定に用いる単位のとり方に依存する．a の値および場の測定の単位を定めてしまったあとでは，他のすべての電磁的な量の測定に対する単位はきまってしまうということに注意しよう．以下ではわれわれはいわゆる**ガウス単位系**を用いることにする．この単位系では，a は

における事情に類似している．そこでは，力学系のラグランジアンは粒子の座標とそれらの時間に関する1階導関数だけを含んでいる．

ディメンションなしの量で, $-1/16\pi$ に等しい.

したがって, 場に対する作用は

$$S_f = -\frac{1}{16\pi c}\int F_{\mu\nu}F^{\mu\nu}d\Omega, \qquad d\Omega = cdtdxdydz \tag{53.4}$$

という形をもつ. 3次元的な形では

$$S_f = \frac{1}{8\pi}\iint (E^2 - H^2)dVdt. \tag{53.5}$$

言いかえると, 場のラグランジアンは

$$L_f = \frac{1}{8\pi}\int (E^2 - H^2)dV \tag{53.6}$$

である. 場＋粒子に対する作用の形は

$$S = -\sum \int mcds - \sum \int \frac{e}{c}A_\mu dx^\mu$$
$$-\frac{1}{16\pi c}\int F_{\mu\nu}F^{\mu\nu}d\Omega. \tag{53.7}$$

与えられた場のなかの電荷の運動方程式を導くに際して仮定された, 電荷が小さいということは, ここでは仮定されていないことに注意しよう. したがって, A_μ および $F_{\mu\nu}$ は実際の場, つまり, 外部の場と電荷自身によってつくられる場とを加えたものを表わす. A_μ および $F_{\mu\nu}$ はここでは電荷の位置と速度に依存する.

§54. 4次元電流ベクトル

電荷を点とみなす代わりに, 数学的な便宜のためしばし

ば電荷を空間に連続的に分布したものとして考えることがある．そのときには，**電荷密度** ρ を，ρdV が体積 dV のなかに含まれた電荷となるように導入することができる．密度 ρ は一般に座標と時間の関数である．ある体積にわたっての ρ の積分は，その体積のなかに含まれている電荷である．

ここで忘れてはならないのは，電荷が実際には点状であり，したがって密度 ρ は点電荷が位置している点をのぞいては，いたるところゼロであること，そして積分 $\int \rho dV$ はその体積中に含まれる電荷の和に等しくなければならない，ということである．したがって ρ は δ 関数を用いてつぎのような形に表わすことができる[1]：

---

1) δ 関数 $\delta(x)$ はつぎのように定義される：ゼロと異なるすべての x の値に対して $\delta(x)=0$；$x=0$ に対しては，積分が
$$\int_{-\infty}^{+\infty} \delta(x)dx = 1 \qquad (\mathrm{I})$$
となるような具合に $\delta(0)=\infty$.

この定義からつぎのような性質がひきだされる：もし $f(x)$ が任意の連続関数であれば
$$\int_{-\infty}^{+\infty} f(x)\delta(x-a)dx = f(a) \qquad (\mathrm{II})$$
であり，特に
$$\int_{-\infty}^{+\infty} f(x)\delta(x)dx = f(0) \qquad (\mathrm{III})$$
(積分の限界はもちろん $\pm\infty$ でなくてもよく，積分領域は，δ 関数がゼロにならない点をそれが含むかぎり，任意であってよい).

つぎの等式も成り立つ：
$$\delta(-x) = \delta(x), \qquad \delta(ax) = \frac{1}{|a|}\delta(x). \qquad (\mathrm{IV})$$
これらの等式の意味は，左辺および右辺が積分記号下に因子とし

§54. 4次元電流ベクトル

$$\rho = \sum_a e_a \delta(\boldsymbol{r} - \boldsymbol{r}_a), \tag{54.1}$$

ここで和は問題にするすべての電荷にわたり,かつ $\boldsymbol{r}_a$ は電荷 e_a の位置ベクトルである.

粒子の電荷はその定義からして不変量である.すなわち,それは基準系のとり方に関係しない.他方,密度 ρ は一般に不変量ではない——積 ρdV のみが不変量である.

等式 $de = \rho dV$ の両辺に dx^μ をかけると

$$de\,dx^\mu = \rho\,dV\,dx^\mu = \rho\,dV\,dt\frac{dx^\mu}{dt}.$$

左辺は4元ベクトルである(なぜなら de はスカラーで dx^μ は4元ベクトルであるから).このことは,右辺もまた4元ベクトルでなければならないことを意味する.しかし $dV\,dt$ はスカラーでなければならないから,$\rho dx^\mu/dt$ は4元ベクトルである.このベクトル(それを j^μ で表わそう)は,電流の4元ベクトルとよばれる:

$$j^\mu = \rho \frac{dx^\mu}{dt}. \tag{54.2}$$

このベクトルの三つの空間成分は,$\rho dx/dt$,$\rho dy/dt$,$\rho dz/dt$ という成分をもった通常の空間におけるベクトル,

---

て入れられたとき同じ結果を与える,ということである:

$\delta(x)$ が一つの変数 x に対して定義されたのとまったく同様に,3次元の δ 関数,$\delta(\boldsymbol{r})$ を導入することができる.それは3次元の座標系の原点をのぞいたところゼロに等しく,かつその全空間にわたる積分は1である.積 $\delta(x)\delta(y)\delta(z)$ をこのような関数として使うことができる.

すなわち
$$j = \rho v \tag{54.3}$$
というベクトルをつくる. ただし v は与えられた点における電荷の速度である. 電流の4元ベクトルの時間成分は, $c\rho$ である. したがって
$$j^\mu = (c\rho, j). \tag{54.4}$$

4元電流ベクトルを作用に対する表式 (53.7) に導入し, その表式の第2項を変形しよう. この節の議論から, 点電荷 e の代わりに密度 ρ をもつ連続な電荷の分布を用いることができる. そうすると, 前に与えた表式の代わりに, 電荷についての和を全体積についての積分でおきかえて

$$-\frac{1}{c}\int \rho A_\mu dx^\mu dV$$

と書かなければならない. これを

$$-\frac{1}{c}\int \rho \frac{dx^\mu}{dt} A_\mu dV dt = -\frac{1}{c^2}\int A_\mu j^\mu d\Omega$$

という形に書きかえる. このようにして, 作用 S は

$$S = -\sum \int mc\,ds - \frac{1}{c^2}\int A_\mu j^\mu d\Omega$$
$$-\frac{1}{16\pi c}\int F_{\mu\nu} F^{\mu\nu} d\Omega \tag{54.5}$$

という形をとる.

§55. 連続の方程式

ある体積中に含まれる全電荷の時間的変化はその導関数

$$\frac{\partial}{\partial t}\int \rho dV$$

で決定される．

他方において，単位時間内の全電荷の変化は，単位時間にその体積を去って外側へ出てゆく，あるいは逆にその内部へ入ってくる電荷の量によってきまる．考えている体積をかこむ表面の要素 $d\boldsymbol{f}$ を単位時間に通過する電荷の量は，$\rho\boldsymbol{v}\cdot d\boldsymbol{f}$ に等しい．ただし $\boldsymbol{v}$ は要素 $d\boldsymbol{f}$ が位置している空間の点での電荷の速度である．ベクトル $d\boldsymbol{f}$ は，つねに表面の外法線，すなわち考えている体積の外側に向かう法線の方向に向いている．したがって $\rho\boldsymbol{v}\cdot d\boldsymbol{f}\equiv \boldsymbol{j}\cdot d\boldsymbol{f}$ は，電荷が体積から出てゆくときには正で，電荷が体積に入ってくるときには負である．したがって，与えられた体積から単位時間に出てゆく電荷の総量は $\oint \boldsymbol{j}\cdot d\boldsymbol{f}$ である．ここで，積分はその体積をかこむ閉曲面全体にわたる．

この二つの表式が等しいことから

$$\frac{\partial}{\partial t}\int \rho dV = -\oint \boldsymbol{j}\cdot d\boldsymbol{f} \qquad (55.1)$$

が得られる．左辺は与えられた体積中の全電荷が増大するとき正であるから，負の符号が右辺に現われる．方程式 (55.1) はいわゆる**連続の方程式**であり，電荷の保存を積分形で表わすものである．

この方程式はまた微分形に書くこともできる．そのために (55.1) の右辺にガウスの定理を適用して

$$\oint \boldsymbol{j} \cdot d\boldsymbol{f} = \int \operatorname{div} \boldsymbol{j}\, dV.$$

これから

$$\int \left(\operatorname{div} \boldsymbol{j} + \frac{\partial \rho}{\partial t} \right) dV = 0$$

が得られる.この式は任意の体積についての積分に対して成り立たなければならないから,被積分関数がゼロでなければならない:

$$\operatorname{div} \boldsymbol{j} + \frac{\partial \rho}{\partial t} = 0. \qquad (55.2)$$

これが微分形の連続の方程式である.

δ関数の形に書いた ρ に対する表式 (54.1) が自動的に連続の方程式を満たすことは,たやすく確かめられる.簡単のために全部でたった1個しか電荷がないと仮定しよう.そうすると

$$\rho = e\delta(\boldsymbol{r} - \boldsymbol{r}_0).$$

電流 $\boldsymbol{j}$ はこの場合,$\boldsymbol{v}$ をその電荷の速度として

$$\boldsymbol{j} = e\boldsymbol{v}\delta(\boldsymbol{r} - \boldsymbol{r}_0)$$

である.導関数 $\partial \rho / \partial t$ を決定しよう.電荷が運動するときその座標は変化する.すなわちベクトル $\boldsymbol{r}_0$ は変化する.それゆえ

$$\frac{\partial \rho}{\partial t} = \frac{\partial \rho}{\partial \boldsymbol{r}_0} \cdot \frac{\partial \boldsymbol{r}_0}{\partial t}.$$

ところが $\partial \boldsymbol{r}_0 / \partial t$ はまさしく電荷の速度 $\boldsymbol{v}$ である.しかも,ρ は $\boldsymbol{r} - \boldsymbol{r}_0$ の関数であるから

$$\frac{\partial \rho}{\partial \boldsymbol{r}_0} = -\frac{\partial \rho}{\partial \boldsymbol{r}}.$$

したがって

$$\frac{\partial \rho}{\partial t} = -\boldsymbol{v}\cdot\mathrm{grad}\,\rho = -\mathrm{div}(\rho\boldsymbol{v})$$

(もちろん電荷の速度 $\boldsymbol{v}$ は $\boldsymbol{r}$ に依存しない). このようにして, われわれは方程式 (55.2) に到達する.

4次元形式では連続の方程式 (55.2) が, 4元電流ベクトルの4次元発散はゼロ, すなわち

$$\frac{\partial j^\mu}{\partial x^\mu} = 0 \qquad (55.3)$$

という形をとることは, 容易に証明される.

§56. マクスウェル方程式の第2の組

最小作用の原理を用いて場の方程式を求めるには, 電荷の運動は与えられたものと仮定し, 場だけを, つまり (ここで系の「一般化座標」の役割を演ずる) ポテンシャルだけを変化させなければならない (他方, 運動方程式を求めるためには, 場を与えられたものとして粒子のトラジェクトリーを変化させた). この手続きは4次元形式で行なうのが便利である.

したがって (54.5) の第1項の変分は今の場合ゼロであり, 第2項では電流 j^μ を変化させてはならない. このようにして

$$\delta S = -\frac{1}{c}\int\left(\frac{1}{c}j^\mu \delta A_\mu + \frac{1}{8\pi}F^{\mu\nu}\delta F_{\mu\nu}\right)d\Omega = 0$$

（第2項の変分では，$F^{\mu\nu}\delta F_{\mu\nu} = F_{\mu\nu}\delta F^{\mu\nu}$ を考慮する）．
ここで $\delta F_{\mu\nu}$ に

$$F_{\mu\nu} = \frac{\partial A_\nu}{\partial x^\mu} - \frac{\partial A_\mu}{\partial x^\nu}$$

を代入して，

$$\delta S = -\frac{1}{c}\int\left(\frac{1}{c}j^\mu \delta A_\mu + \frac{1}{8\pi}F^{\mu\nu}\frac{\partial}{\partial x^\mu}\delta A_\nu \right.$$
$$\left. - \frac{1}{8\pi}F^{\mu\nu}\frac{\partial}{\partial x^\nu}\delta A_\mu\right)d\Omega$$

が得られる．第2項で，和をとる添字 μ および ν を入れかえ，さらに $F^{\nu\mu}$ を $-F^{\mu\nu}$ に変える．そうすると，第2項と第3項は等しくなり，

$$\delta S = -\frac{1}{c}\int\left(\frac{1}{c}j^\mu \delta A_\mu - \frac{1}{4\pi}F^{\mu\nu}\frac{\partial}{\partial x^\nu}\delta A_\mu\right)d\Omega$$

を得る．さらに

$$-\frac{1}{4\pi}F^{\mu\nu}\frac{\partial}{\partial x^\nu}\delta A_\mu = -\frac{1}{4\pi}\frac{\partial}{\partial x^\nu}(F^{\mu\nu}\delta A_\mu) + \frac{1}{4\pi}\delta A_\mu \frac{\partial F^{\mu\nu}}{\partial x^\nu}$$

と書き，この第1項の積分に4次元のガウスの定理（38.7）を使うと，

$$\delta S = -\frac{1}{c}\int\left(\frac{1}{c}j^\mu + \frac{1}{4\pi}\frac{\partial F^{\mu\nu}}{\partial x^\nu}\right)\delta A_\mu d\Omega$$
$$+ \frac{1}{4\pi c}\int F^{\mu\nu}\delta A_\mu dS_\nu \qquad (56.1)$$

§56. マクスウェル方程式の第 2 の組

となる．最後の項には積分の限界での値を入れなければならない．座標についての積分の限界は無限遠であり，そこでは場はゼロである．時間積分の限界においては，すなわち，与えられた最初と最後の時刻においては，ポテンシャルの変分がゼロである．それは，最小作用の原理に従ってこれらの時刻では場が与えられているからである．このようにして，(56.1) の最後の項はゼロであり，作用が最小の条件として

$$\int \left(\frac{1}{c} j^\mu + \frac{1}{4\pi} \frac{\partial F^{\mu\nu}}{\partial x^\nu} \right) \delta A_\mu d\Omega = 0$$

が得られる．最小作用の原理による変分 δA_μ は任意であるから，δA_μ の係数をゼロに等しいとおかなければならない：

$$\frac{\partial F^{\mu\nu}}{\partial x^\nu} = -\frac{4\pi}{c} j^\mu. \tag{56.2}$$

$\mu = 0, 1, 2, 3$ に対するこれら四つの方程式を 3 次元形式に表わそう．$\mu = 1$ に対しては

$$\frac{1}{c} \frac{\partial F^{10}}{\partial t} + \frac{\partial F^{11}}{\partial x} + \frac{\partial F^{12}}{\partial y} + \frac{\partial F^{13}}{\partial z} = -\frac{4\pi}{c} j^1.$$

テンソル $F^{\mu\nu}$ の成分に対する値を代入して

$$\frac{1}{c} \frac{\partial E_x}{\partial t} - \frac{\partial H_z}{\partial y} + \frac{\partial H_y}{\partial z} = -\frac{4\pi}{c} j_x$$

が得られる．これは続く二つの式 ($\mu = 2, 3$) といっしょにして一つのベクトル方程式に書くことができる：

$$\operatorname{rot} \boldsymbol{H} = \frac{1}{c}\frac{\partial \boldsymbol{E}}{\partial t} + \frac{4\pi}{c}\boldsymbol{j}. \tag{56.3}$$

最後に，$\mu=0$ の方程式は

$$\operatorname{div} \boldsymbol{E} = 4\pi\rho \tag{56.4}$$

を与える．

方程式 (56.3) および (56.4) はベクトル表示で書かれたマクスウェル方程式の第2の組である[1]．マクスウェル方程式の第1の組といっしょにして，それらは電磁場を完全に決定し，このような場の理論，つまり**電気力学**の基礎方程式となる．

これらの方程式を積分形に書いてみよう．(56.4) をある体積について積分し，ガウスの定理

$$\int \operatorname{div} \boldsymbol{E}\, dV = \oint \boldsymbol{E}\cdot d\boldsymbol{f}$$

を用いると

$$\oint \boldsymbol{E}\cdot d\boldsymbol{f} = 4\pi \int \rho\, dV \tag{56.5}$$

を得る．したがって閉曲面を通る**全電束**はその面によってかこまれた体積中に含まれた全電荷の 4π 倍に等しい．

(56.3) を開曲面について積分し，ストークスの定理

$$\int \operatorname{rot} \boldsymbol{H}\cdot d\boldsymbol{f} = \oint \boldsymbol{H}\cdot d\boldsymbol{l}$$

を使うと次式が得られる：

---

[1] 真空中の電磁場のなかの点電荷に適用できる形にマクスウェル方程式を定式化したのは，H. A. ローレンツである．

$$\oint \boldsymbol{H} \cdot d\boldsymbol{l} = \frac{1}{c}\frac{\partial}{\partial t}\int \boldsymbol{E} \cdot d\boldsymbol{f} + \frac{4\pi}{c}\int \boldsymbol{j} \cdot d\boldsymbol{f}. \qquad (56.6)$$

ここに

$$\frac{1}{4\pi}\frac{\partial \boldsymbol{E}}{\partial t} \qquad (56.7)$$

という量は**変位電流**とよばれる．(56.6) を

$$\oint \boldsymbol{H} \cdot d\boldsymbol{l} = \frac{4\pi}{c}\int \left(\boldsymbol{j} + \frac{1}{4\pi}\frac{\partial \boldsymbol{E}}{\partial t}\right) \cdot d\boldsymbol{f}$$

という形に書けば，任意の閉曲線にそった磁場の循環は，この閉曲線によってかこまれた面を通過する真の電流と変位電流との和の $4\pi/c$ 倍に等しいことがわかる．

マクスウェル方程式から，すでにおなじみの連続の方程式を求めることができる．(56.3) の両辺の発散をとると

$$\operatorname{div}\operatorname{rot}\boldsymbol{H} = \frac{1}{c}\frac{\partial}{\partial t}\operatorname{div}\boldsymbol{E} + \frac{4\pi}{c}\operatorname{div}\boldsymbol{j}$$

が得られる．ところが $\operatorname{div}\operatorname{rot}\boldsymbol{H} = 0$ で (56.4) によると $\operatorname{div}\boldsymbol{E} = 4\pi\rho$ である．こうしてふたたび方程式 (55.2) を得る．

§57. エネルギーの密度と流れ

(56.3) の両辺に $\boldsymbol{E}$ を，そして (52.1) の両辺に $\boldsymbol{H}$ をかけ，得られる方程式を組み合わせる．そうするとつぎのようになる：

$$\frac{1}{c}\boldsymbol{E}\cdot\frac{\partial \boldsymbol{E}}{\partial t}+\frac{1}{c}\boldsymbol{H}\cdot\frac{\partial \boldsymbol{H}}{\partial t}=$$
$$-\frac{4\pi}{c}\boldsymbol{j}\cdot\boldsymbol{E}-(\boldsymbol{H}\cdot\operatorname{rot}\boldsymbol{E}-\boldsymbol{E}\cdot\operatorname{rot}\boldsymbol{H}).$$

よく知られたベクトル解析の公式

$$\operatorname{div}(\boldsymbol{a}\times\boldsymbol{b})=\boldsymbol{b}\cdot\operatorname{rot}\boldsymbol{a}-\boldsymbol{a}\cdot\operatorname{rot}\boldsymbol{b}$$

を用いて，この関係を

$$\frac{1}{2c}\frac{\partial}{\partial t}(E^2+H^2)=-\frac{4\pi}{c}\boldsymbol{j}\cdot\boldsymbol{E}-\operatorname{div}(\boldsymbol{E}\times\boldsymbol{H})$$

あるいは

$$\frac{\partial}{\partial t}\left(\frac{E^2+H^2}{8\pi}\right)=-\boldsymbol{j}\cdot\boldsymbol{E}-\operatorname{div}\boldsymbol{S} \qquad (57.1)$$

という形に書きなおす．ベクトル

$$\boldsymbol{S}=\frac{c}{4\pi}\boldsymbol{E}\times\boldsymbol{H} \qquad (57.2)$$

はポインティング・ベクトルとよばれる．

（57.1）をある体積について積分し，右辺の第2項にガウスの定理を適用する．そうすると

$$\frac{\partial}{\partial t}\int\frac{E^2+H^2}{8\pi}dV=-\int\boldsymbol{j}\cdot\boldsymbol{E}dV-\oint\boldsymbol{S}\cdot d\boldsymbol{f}. \qquad (57.3)$$

もし積分が全空間におよぶならば，面積分は消える（場は無限遠でゼロ）．さらに，$\int\boldsymbol{j}\cdot\boldsymbol{E}dV$ という積分は，すべての電荷についての和 $\sum e\boldsymbol{v}\cdot\boldsymbol{E}$ と表わすことができ，それに（44.7）

$$e\boldsymbol{v}\cdot\boldsymbol{E}=\frac{d}{dt}\mathscr{E}_{\mathrm{kin}}$$

を代入する．そうすると，(57.3) は

$$\frac{d}{dt}\left\{\int\frac{E^2+H^2}{8\pi}dV+\sum\mathscr{E}_{\rm kin}\right\}=0. \qquad(57.4)$$

したがって，電磁場とそのなかに存在する粒子とからなる閉じた系に対して，この方程式の括弧のなかの量は保存される．この表式の第 2 項はすべての粒子の（静止エネルギーを含めた：235 ページの注をみよ）運動エネルギーである．したがって第 1 項は場自体のエネルギーである．それゆえ，われわれは

$$W=\frac{E^2+H^2}{8\pi} \qquad(57.5)$$

という量を電磁場の**エネルギー密度**とよぶことができる．それは単位体積あたりの場のエネルギーである．

もし有限の体積について積分するならば，(57.3) の面積分は一般に消えないから，その方程式を

$$\frac{\partial}{\partial t}\left\{\int\frac{E^2+H^2}{8\pi}dV+\sum\mathscr{E}_{\rm kin}\right\}=-\oint\boldsymbol{S}\cdot d\boldsymbol{f} \qquad(57.6)$$

という形に書くことができる．ここで，括弧のなかの第 2 項は，今度は考えている体積内にある粒子についてのみ和をとったものである．左辺は場と粒子との全エネルギーの単位時間当りの変化である．したがって，積分 $\oint\boldsymbol{S}\cdot d\boldsymbol{f}$ は，与えられた体積をかこむ曲面を横切る場のエネルギーの流れと解釈されなければならない．それゆえ，ポインティング・ベクトル $\boldsymbol{S}$ はこの流れの密度——表面の単位面積を単位時間に通過する場のエネルギーの大きさなのである．

§58. 運動量の密度と流れ

電磁場はまた，エネルギーとともに，空間にある定まった密度で分布する運動量をも持つ．場の強さでこの密度を表わすことは，前節で使ったのと同様の方法で行なわれる．

積分
$$\int \frac{1}{4\pi c}(\boldsymbol{E} \times \boldsymbol{H})dV$$
の時間微分を計算しよう．積分記号の下で微分を行ない，微分 $\partial \boldsymbol{E}/\partial t$ および $\partial \boldsymbol{H}/\partial t$ をマクスウェル方程式 (52.1) (56.3) で書きなおすと，以下の関係が得られる：

$$\frac{\partial}{\partial t}\int \frac{\boldsymbol{E} \times \boldsymbol{H}}{4\pi c}dV$$
$$= \frac{1}{4\pi c}\int \left(\boldsymbol{E} \times \frac{\partial \boldsymbol{H}}{\partial t}\right)dV + \frac{1}{4\pi c}\int \left(\frac{\partial \boldsymbol{E}}{\partial t} \times \boldsymbol{H}\right)dV$$
$$= -\frac{1}{4\pi}\int (\boldsymbol{E} \times \operatorname{rot}\boldsymbol{E} + \boldsymbol{H} \times \operatorname{rot}\boldsymbol{H})dV$$
$$\quad -\frac{1}{c}\int (\boldsymbol{j} \times \boldsymbol{H})dV.$$

最初の積分で被積分関数をベクトル解析の公式

$$\nabla(\boldsymbol{a}\cdot\boldsymbol{b}) = \boldsymbol{a} \times \operatorname{rot}\boldsymbol{b} + \boldsymbol{b} \times \operatorname{rot}\boldsymbol{a} + (\boldsymbol{a}\cdot\nabla)\boldsymbol{b} + (\boldsymbol{b}\cdot\nabla)\boldsymbol{a}$$

を使って変形する．そうすると

$$\boldsymbol{E} \times \operatorname{rot}\boldsymbol{E} = \frac{1}{2}\nabla E^2 - (\boldsymbol{E}\cdot\nabla)\boldsymbol{E}$$

が得られる．さらに
$$(\boldsymbol{E}\cdot\nabla)\boldsymbol{E} = (\nabla\cdot\boldsymbol{E})\boldsymbol{E} - \boldsymbol{E}(\nabla\cdot\boldsymbol{E})$$

に注意する．ただし $(\nabla \cdot \boldsymbol{E})\boldsymbol{E}$ における演算子 ∇ はそのあとの二つの因子の両方に作用するものとする．最後に，マクスウェル方程式 (56.4) によると

$$\nabla \cdot \boldsymbol{E} \equiv \mathrm{div}\,\boldsymbol{E} = 4\pi\rho$$

であるから，

$$\boldsymbol{E} \times \mathrm{rot}\,\boldsymbol{E} = \frac{1}{2}\nabla E^2 - (\nabla \cdot \boldsymbol{E})\boldsymbol{E} + 4\pi\rho\boldsymbol{E}$$

と書ける．積 $\boldsymbol{H} \times \mathrm{rot}\,\boldsymbol{H}$ も同様に変形するが，$\mathrm{div}\,\boldsymbol{H} = 0$ であるから，

$$\boldsymbol{H} \times \mathrm{rot}\,\boldsymbol{H} = \frac{1}{2}\nabla H^2 - (\nabla \cdot \boldsymbol{H})\boldsymbol{H}$$

となる．こうして，

$$\begin{aligned}
&\frac{\partial}{\partial t}\int \frac{\boldsymbol{E} \times \boldsymbol{H}}{4\pi c}dV \\
&= -\int \frac{1}{4\pi}\left\{\frac{1}{2}\nabla(E^2+H^2) - (\nabla \cdot \boldsymbol{E})\boldsymbol{E} - (\nabla \cdot \boldsymbol{H})\boldsymbol{H}\right\}dV \\
&\quad -\int \left\{\rho\boldsymbol{E} + \frac{1}{c}\boldsymbol{j} \times \boldsymbol{H}\right\}dV.
\end{aligned} \tag{58.1}$$

第1項の積分記号のなかの演算子 ∇ は，そのあとにある因子のすべてに作用する．ベクトル解析の規則（ガウスの定理の一般形）に従って演算子 $dV \cdot \nabla$ を面要素 $d\boldsymbol{f}$ におきかえることによりこの積分を表面積分に変える．第2の積分には電荷密度と電流が現われるが，それを与えられた体積中に分布している点電荷についての和の形に書きなおそう．その結果，等式 (58.1) はつぎのような形になる：

$$\frac{\partial}{\partial t}\int \frac{\bm{E}\times\bm{H}}{4\pi c}dV$$
$$= -\oint \frac{1}{4\pi}\left\{\frac{E^2+H^2}{2}d\bm{f} - \bm{E}(\bm{E}\cdot d\bm{f}) - \bm{H}(\bm{H}\cdot d\bm{f})\right\}$$
$$-\sum e\left(\bm{E} + \frac{1}{c}\bm{v}\times\bm{H}\right). \tag{58.2}$$

もし積分が全空間について行なわれるとすると，(無限遠における) 表面積分はゼロとなる．(58.2) の和のなかの表式は，電荷に働く力である．運動方程式 (44.5) によって，それは粒子の運動量の変化率 $d\bm{p}/dt$ でおきかえられる．こうして (58.2) 式は

$$\frac{\partial}{\partial t}\left\{\int \frac{\bm{E}\times\bm{H}}{4\pi c}dV + \sum \bm{p}\right\} = 0 \tag{58.3}$$

と書くことができる．

明らかにこれは，粒子＋場という系の全運動量の保存則にほかならない．したがって，括弧のなかの第1項は，電磁場の運動量であり，積分記号のなかの表式は運動量密度とみなすことができる；それを $\bm{P}^{(\mathrm{em})}$ で表わそう：

$$\bm{P}^{(\mathrm{em})} = \frac{\bm{E}\times\bm{H}}{4\pi c} = \frac{\bm{S}}{c^2}. \tag{58.4}$$

運動量密度が ($1/c^2$ という定数因子を除いて) 場のエネルギー流の密度と一致することに注意しよう．

(58.2) の左辺の積分が場のある有限な体積についての積分であるとすると，面積分はゼロにはならない．3次元テンソル

$$\sigma_{ik} = \frac{1}{4\pi}\left\{\frac{E^2+H^2}{2}\delta_{ik} - E_i E_k - H_i H_k\right\} \quad (58.5)$$

を導入して，それをもっと簡単な形に書こう．その個々の成分は

$$\sigma_{xx} = \frac{1}{8\pi}(E_y^2 + E_z^2 - E_x^2 + H_y^2 + H_z^2 - H_x^2),$$

$$\sigma_{xy} = -\frac{1}{4\pi}(E_x E_y + H_x H_y)$$

等々．

(58.2) の面積分の被積分項はベクトルである；テンソル (58.5) を使うと，その i 番目の成分は，$\sigma_{ik}df_k$ と書ける．したがって，運動量の保存則のベクトル方程式 (58.2) は，個々の成分で表わすとつぎのような形になる：

$$\frac{\partial}{\partial t}\left\{\int P_i^{(\mathrm{em})}dV + \sum p_i\right\} = -\oint \sigma_{ik}df_k. \quad (58.6)$$

これから明らかなように，この式の右辺の積分は，今考えている体積から流出する場の運動量の流れを表わす．積 $\sigma_{ik}df_k$ は，面要素 $d\boldsymbol{f}$ をよぎる運動量の流れである．単位法線ベクトルを $\boldsymbol{N}$ とすると，$d\boldsymbol{f} = \boldsymbol{N}df$. したがって

$$\sigma_{ik}df_k = \sigma_{ik}N_k df$$

であり，成分 $\sigma_{ik}N_k$ をもつベクトルは，$\boldsymbol{N}$ 方向の運動量の流れの密度，すなわち $\boldsymbol{N}$ に垂直な単位面積の面をよぎる運動量の流れであることがわかる．(58.5) の σ_{ik} を代入すると，このベクトルは

$$\frac{1}{4\pi}\left\{\frac{E^2+H^2}{2}\boldsymbol{N} - \boldsymbol{E}(\boldsymbol{N}\cdot\boldsymbol{E}) - \boldsymbol{H}(\boldsymbol{N}\cdot\boldsymbol{H})\right\} \quad (58.7)$$

に等しいことが見いだされる．

　テンソル σ_{ik} は，**マクスウェルの応力テンソル**とよばれる．上に述べたことから，σ_{ik} の成分は運動量の i 成分の x^k 軸方向への流れである．(58.5) からわかるように，応力テンソルは対称である（$\sigma_{ik}=\sigma_{ki}$）ことを注意しておく．

第12章　不変な電磁場

§59. クーロンの法則

不変な電場（**静電場**）に対するマクスウェル方程式は

$$\operatorname{div} \boldsymbol{E} = 4\pi\rho, \qquad (59.1)$$

$$\operatorname{rot} \boldsymbol{E} = 0 \qquad (59.2)$$

という形をもつ．電場 $\boldsymbol{E}$ はスカラー・ポテンシャルのみによって

$$\boldsymbol{E} = -\operatorname{grad} \varphi \qquad (59.3)$$

という関係で表わされる．(59.3) を (59.1) に代入すると，静電場のポテンシャルが満たす方程式が得られる：

$$\Delta\varphi = -4\pi\rho. \qquad (59.4)$$

この方程式は**ポアソン方程式**とよばれる（$\Delta \equiv \operatorname{div}\operatorname{grad}$）．特に，真空，すなわち $\rho = 0$ の場合には，ポテンシャルは**ラプラス方程式**

$$\Delta\varphi = 0 \qquad (59.5)$$

を満たす．

この最後の方程式から特に，電場はいかなるところにも極大あるいは極小をもつことができないことが結論される．なぜなら，φ が極値をもつためには，座標に関する φ の1階導関

数がゼロであり，2階導関数 $\partial^2\varphi/\partial x^2, \partial^2\varphi/\partial y^2, \partial^2\varphi/\partial z^2$ がすべて同じ符号をもつことが必要である．最後の要求は不可能である．というのは，その場合 (59.5) を満たすことはできないからである．

さて，点電荷のつくる場を求めよう．対称性を考慮すれば場が電荷 e のある点からの位置ベクトルの方向に向いていることは明らかである．同じ考察から明らかなことは，場の値 E は電荷からの距離 R にのみ依存することである．この大きさを見いだすために，(59.1) の積分形 (56.5) を用いる．電荷 e を中心として描いた半径 R の球面を通る電束は $4\pi R^2 E$ であるが，この電束は $4\pi e$ に等しくなければならない．このことより

$$E = \frac{e}{R^2}.$$

ベクトル表示では場 $\boldsymbol{E}$ は

$$\boldsymbol{E} = \frac{e\boldsymbol{R}}{R^3} \tag{59.6}$$

と書くことができる．このように，点電荷のつくる場は電荷からの距離の 2 乗に逆比例している（**クーロンの法則**）．この場のポテンシャルは明らかに

$$\varphi = \frac{e}{R}. \tag{59.7}$$

いくつかの電荷よりなる系のときには，この系によってつくられる場は，重ね合わせの原理によって各粒子が個々につくる場の和に等しい．とりわけ，このような場のポテ

ンシャルは，R_a を電荷 e_a からポテンシャルを求める点までの距離として

$$\varphi = \sum_a \frac{e_a}{R_a} \qquad (59.8)$$

と書ける．電荷密度 ρ を導入すれば，この式は

$$\varphi = \int \frac{\rho}{R} dV \qquad (59.9)$$

という形をとる．ここで R は体積要素 dV から場の与えられた点（《観測点》）までの距離である．

点電荷に対する ρ および φ の値，つまり $\rho = e\delta(\boldsymbol{R})$ および $\varphi = e/R$ を (59.4) に代入して得られる数学的な関係を記しておこう：

$$\Delta\left(\frac{1}{R}\right) = -4\pi\delta(\boldsymbol{R}). \qquad (59.10)$$

§60. 電荷の静電エネルギー

電荷の系を考察し，そのエネルギーを定めよう．われわれは場のエネルギーから，つまり，エネルギー密度に対する表式 (57.5) から出発する．すなわち，電荷の系のエネルギーは

$$U = \frac{1}{8\pi} \int E^2 dV$$

に等しいはずである．ここで $\boldsymbol{E}$ はこれらの電荷のつくる場であり，積分は全空間にわたる．$\boldsymbol{E} = -\mathrm{grad}\,\varphi$ を代入すると，U をつぎの形に変形することができる：

$$U = -\frac{1}{8\pi}\int \boldsymbol{E}\cdot\mathrm{grad}\,\varphi dV$$
$$= -\frac{1}{8\pi}\int \mathrm{div}(\boldsymbol{E}\varphi)dV + \frac{1}{8\pi}\int \varphi\,\mathrm{div}\,\boldsymbol{E}dV.$$

ガウスの定理によると,第1の積分は,積分の行なわれる体積をかこむ表面についての $\boldsymbol{E}\varphi$ の積分に等しいが,積分は全空間にわたってとられ,無限遠では場がゼロであるから,この積分は消える.第2の積分に $\mathrm{div}\,\boldsymbol{E}=4\pi\rho$ を代入して,電荷の系のエネルギーに対するつぎの表式が得られる:

$$U = \frac{1}{2}\int \rho\varphi dV. \tag{60.1}$$

点電荷 e_a よりなる系に対しては,積分の代わりに電荷についての和

$$U = \frac{1}{2}\sum_a e_a\varphi_a \tag{60.2}$$

の形に書くことができる.ここで φ_a は,電荷 e_a がある点における,すべての電荷がつくる場のポテンシャルである.

(59.8)によって,ポテンシャル φ_a は,

$$\varphi_a = \sum_b \frac{e_b}{R_{ab}}$$

に等しい.ただし R_{ab} は電荷 e_a, e_b のあいだの距離である.点電荷の系に対してはこの表式は,電荷 e_a 自身の場のポテンシャル(和のなかの $b=a$ の項で,$R_{aa}=0$ となる)にあたる無限大の項を含む.それに対応して,エネルギー

(60.2) に，電荷相互の距離に無関係な無限大の定数が現われる．エネルギーのこの部分，すなわち電荷の《自己》エネルギーは，物理的な意味をもたない（以下を見よ）から，引き去らなければならない．そうすると相互の距離に依存する電荷の相互作用エネルギーだけが残る．それは

$$U' = \frac{1}{2}\sum e_a \varphi'_a \qquad (60.3)$$

に等しい．ここで

$$\varphi'_a = \sum_{b(\neq a)} \frac{e_b}{R_{ab}} \qquad (60.4)$$

は，e_a の位置している点における，e_a 以外のすべての電荷がつくるポテンシャルである．言いかえると

$$U' = \frac{1}{2}\sum_{a \neq b} \frac{e_a e_b}{R_{ab}} \qquad (60.5)$$

と書くことができる．とりわけ，二つの粒子の相互作用エネルギーは

$$U' = \frac{e_1 e_2}{R_{12}}. \qquad (60.6)$$

上に述べた電荷をもつ素粒子の無限大の自己エネルギーのことに立ち帰ろう．それは，粒子を点状とみなした結果生じたのである．ところで古典論的（量子論的でない）相対性理論では，その基本原理からしてそのように〔粒子を点と〕考えなければならないのである．

実際，古典論で素粒子と言うとき，われわれはその粒子の座標と全体としての運動の速度とによって力学的状態が

完全に記述されるようなものを考えるのである．もしこのような粒子がひろがりをもつものであれば，それはどんな場合にも絶対的な剛体（すなわち変形できない固体）と考えなければならない．なぜなら，変形できることは，そもそも固体の異なった部分が独立に変位する可能性につながるからである．ところが相対論的力学では絶対的な剛体の存在は一般に不可能である．このことは次の考察から明らかになる．

剛体がその任意の一点に働く外からの作用によって運動を始めるとしよう．もしそれが絶対的な剛体であるならば，そのすべての点は，作用を受けた点と同時に運動を始めるにちがいない．もしそうでなければ，この固体は変形できることになる．ところで，相互作用の伝達の速度には限界があるから，作用は出発点から残りの部分に有限速度で伝わり，したがって固体のすべての点が同時に動き出すことは不可能である．

このように，電気力学に従えば，電子は無限大の《自己》エネルギー，したがって無限大の質量をもたなければならないことになる．この結論が物理的に無意味であることは，十分小さな距離が問題になるとき，論理的に完結した物理学の理論としての電気力学が内部矛盾を呈することを示している．このような距離がどの程度の大きさを問題にすることができる．電子の電磁気的自己エネルギーがその静止エネルギー mc^2 と同じ程度の値をもたなければならないことに注意すれば，この問題に答えることができる．いま

かりに電子がある大きさ r_e をもつものとすると，その自己ポテンシャル・エネルギーは e^2/r_e の程度になるであろう．これら二つの量が同じ程度の大きさであるという条件，$e^2/r_e \sim mc^2$ から，つぎの評価が得られる：

$$r_e \sim \frac{e^2}{mc^2}. \tag{60.7}$$

この大きさ（それは電子の《半径》とよばれる）は，電子への電気力学の適用限界を定めるもので，電気力学の基本原理自体からの帰結である．しかしながら，実際には量子的現象[1]の考察がここに与えた古典電気力学の適用限界よりもずっと強い限界をそれに課していることを考慮しなければならない．

§61. 一様な運動をしている電荷の場

速度 V で一様に運動している電荷 e がつくる電場を決定しよう．静止系を K 系とよぶ；電荷とともに動いている基準系を K' 系とする．電荷は K' 系の座標の原点に位置しているとしよう．K' 系は K 系に対して x 軸方向に運動している：y および z 軸は y' および z' 軸に平行である．時刻 $t=0$ において二つの系の原点は一致するとする．したがって K 系における電荷の座標は $x=Vt, y=z=0$ である．K' 系では不変な電場

---

[1] 量子効果は，$\hbar$ をプランクの定数としたとき，$\hbar/mc$ 程度の距離〔$\hbar/mc = 137e^2/mc^2$〕で重要になってくる．

$$\boldsymbol{E}' = \frac{e\boldsymbol{R}'}{R'^3} \tag{61.1}$$

があり,磁場はない.

K 系への変換は公式 (50.5) で行なわれ,

$$E_x = \frac{ex'}{R'^3}, \quad E_y = \frac{ey'}{R'^3\sqrt{1-\dfrac{V^2}{c^2}}}, \quad E_z = \frac{ez'}{R'^3\sqrt{1-\dfrac{V^2}{c^2}}} \tag{61.2}$$

を与える.ここで R' を K 系の座標 x, y, z で表わさなければならない.ローレンツ変換の公式によって:

$$x' = \frac{x - Vt}{\sqrt{1-\dfrac{V^2}{c^2}}}, \quad y' = y, \quad z' = z.$$

これから

$$R'^2 = \frac{R^{*2}}{1-\dfrac{V^2}{c^2}}, \tag{61.3}$$

ここで

$$R^{*2} = (x - Vt)^2 + \left(1 - \frac{V^2}{c^2}\right)(y^2 + z^2). \tag{61.4}$$

これを (61.2) に代入して

$$\boldsymbol{E} = \left(1 - \frac{V^2}{c^2}\right)\frac{e\boldsymbol{R}}{R^{*3}} \tag{61.5}$$

が得られる.ここで $\boldsymbol{R}$ は電荷 e から場の観測点 x, y, z までの動径ベクトルである(その成分は $x-Vt, y, z$).

E に対するこの表式は，運動の方向と動径ベクトル $\boldsymbol{R}$ とのあいだの角度 θ を導入することによって，他の形に書くことができる．明らかに，$y^2+z^2=R^2\sin^2\theta$ であり，したがって，R^{*2} をつぎの形に書くことができる：

$$R^{*2} = R^2\left(1-\frac{V^2}{c^2}\sin^2\theta\right).$$

そうすると $\boldsymbol{E}$ に対しつぎの表式を得る：

$$\boldsymbol{E} = \frac{e\boldsymbol{R}}{R^3}\frac{1-\dfrac{V^2}{c^2}}{\left(1-\dfrac{V^2}{c^2}\sin^2\theta\right)^{3/2}}. \tag{61.6}$$

電荷から一定の距離 R に対して，場 E の値は，θ が 0 から $\pi/2$ まで増大する（あるいは，θ が π から $\pi/2$ まで減少する）に従って増大する．運動の方向 ($\theta=0,\pi$) の場 $E_\parallel$ は最小値をとる．それは

$$E_\parallel = \frac{e}{R^2}\left(1-\frac{V^2}{c^2}\right)$$

に等しい．最大の場は速度に垂直 ($\theta=\pi/2$) な方向のもので

$$E_\perp = \frac{e}{R^2}\frac{1}{\sqrt{1-\dfrac{V^2}{c^2}}}$$

に等しい．速度が増大するにつれて，場 $E_\parallel$ は減少し，$E_\perp$ は増大することに注意しよう．このことを直観的に，運動する電荷の電場は運動方向に《収縮する》ということができる．光速度に近い速度 V に対して，公式 (61.6) の分

母は，$\theta = \pi/2$ のまわりの θ のせまい区間においてゼロに近い．この区間の《幅》は

$$\Delta\theta \sim \sqrt{1 - \frac{V^2}{c^2}}$$

程度の大きさである[巻末注]．したがって高速度で運動する電荷がそこから一定の距離の点に作る電場は赤道面の付近のせまい角度の領域内でのみ大きい．そしてこの区間の幅は V が増大するにつれて $\sqrt{1-(V^2/c^2)}$ に比例して減少する．

K 系での磁場は

$$\boldsymbol{H} = \frac{1}{c}\boldsymbol{V} \times \boldsymbol{E} \tag{61.7}$$

に等しい〔(50.7) をみよ〕．速度 $V \ll c$ に対しては，近似的に $\boldsymbol{E} = e\boldsymbol{R}/R^3$ が得られ，したがってまた次式が得られる：

$$\boldsymbol{H} = \frac{e}{c}\frac{\boldsymbol{V} \times \boldsymbol{R}}{R^3}. \tag{61.8}$$

問 題

一様な速度 $\boldsymbol{V}$ で運動している二つの電荷のあいだの相互作用の力を（K 系で）求めよ．

解 求める力 $\boldsymbol{F}$ を，電荷の一つ (e_2) のつくる場のなかにあるもう一つの電荷 (e_1) に働く力として計算しよう．(61.7) によって

$$\boldsymbol{F} = e_1 \boldsymbol{E}_2 + \frac{e_1}{c}\boldsymbol{V} \times \boldsymbol{H}_2$$

$$= e_1\left(1 - \frac{V^2}{c^2}\right)\boldsymbol{E}_2 + \frac{e_1}{c^2}\boldsymbol{V}(\boldsymbol{V}\cdot\boldsymbol{E}_2).$$

これに (61.6) の $\boldsymbol{E}_2$ を代入して，運動の方向の力の成分 (F_x) および垂直方向の成分 (F_y) を得る：

$$F_x = \frac{e_1 e_2}{R^2}\frac{\left(1 - \dfrac{V^2}{c^2}\right)\cos\theta}{\left(1 - \dfrac{V^2}{c^2}\sin^2\theta\right)^{3/2}},$$

$$F_y = \frac{e_1 e_2}{R^2}\frac{\left(1 - \dfrac{V^2}{c^2}\right)^2 \sin\theta}{\left(1 - \dfrac{V^2}{c^2}\sin^2\theta\right)^{3/2}}.$$

ここで $\boldsymbol{R}$ は e_2 から e_1 への動径ベクトルで，θ は $\boldsymbol{R}$ と $\boldsymbol{V}$ とのあいだの角度である．

§62. 双極モーメント

電荷の系が，それ自身の大きさにくらべて大きな距離はなれたところにつくる場を考察しよう．

電荷の系のなかに原点をもつ座標系を導入する．おのおのの電荷の位置ベクトルを $\boldsymbol{r}_a$ としよう．すべての電荷がつくる場の位置ベクトル $\boldsymbol{R}_0$ をもつ点におけるポテンシャルは

$$\varphi = \sum_a \frac{e_a}{|\boldsymbol{R}_0 - \boldsymbol{r}_a|} \tag{62.1}$$

である（和はすべての電荷にわたる）：ここで $\boldsymbol{R}_0 - \boldsymbol{r}_a$ は，

電荷 e_a からわれわれがポテンシャルを求めようとする点までの動径ベクトルである.

われわれは,大きな $R_0(R_0 \gg r_a)$ に対するこの表式を調べなければならない.このために
$$f(R_0-r) \approx f(R_0) - r \cdot \mathrm{grad}\, f(R_0)$$
(grad において微分演算はベクトル R_0 の座標に作用する)という公式を使って,それを r_a/R_0 のベキに展開する.1次の項までとると

$$\varphi = \frac{\sum e_a}{R_0} - \sum e_a r_a \cdot \mathrm{grad}\,\frac{1}{R_0}. \tag{62.2}$$

和
$$\boldsymbol{d} = \sum e_a \boldsymbol{r}_a \tag{62.3}$$
は電荷の系の**双極モーメント**とよばれる.

もしすべての電荷の和,$\sum e_a$ がゼロであれば,双極モーメントは座標原点の選び方に関係しないことに注意しなければならない.そのわけは,二つの異なった座標系における同一の電荷の位置ベクトル $\boldsymbol{r}_a$ と $\boldsymbol{r}_a'$ とが,$\boldsymbol{a}$ をある一定ベクトルとして

$$\boldsymbol{r}_a' = \boldsymbol{r}_a + \boldsymbol{a}$$

によって関係づけられるからである.したがって,もし $\sum e_a = 0$ であれば,双極モーメントは両方の系で同じである:

$$\boldsymbol{d}' = \sum e_a \boldsymbol{r}_a' = \sum e_a \boldsymbol{r}_a + \boldsymbol{a}\sum e_a = \boldsymbol{d}.$$

特に,反対符号の二つの電荷($\pm e$)に対する双極モーメントは,$\boldsymbol{r}$ を電荷 $-e$ から $+e$ への動径ベクトルとして,

$d = er$ となる.

もし系の全電荷がゼロに等しければ,大きな距離におけるこの系の場のポテンシャルは

$$\varphi = -\boldsymbol{d}\cdot\mathrm{grad}\frac{1}{R_0} = \frac{\boldsymbol{d}\cdot\boldsymbol{R}_0}{R_0^3} \tag{62.4}$$

である.場の強さは

$$\boldsymbol{E} = -\mathrm{grad}\Big(\frac{\boldsymbol{d}\cdot\boldsymbol{R}_0}{R_0^3}\Big)$$

$$= -\frac{1}{R_0^3}\mathrm{grad}(\boldsymbol{d}\cdot\boldsymbol{R}_0) - (\boldsymbol{d}\cdot\boldsymbol{R}_0)\mathrm{grad}\frac{1}{R_0^3}.$$

結局 $\boldsymbol{n}$ を $\boldsymbol{R}_0$ の方向の単位ベクトルとして,

$$\boldsymbol{E} = \frac{3(\boldsymbol{n}\cdot\boldsymbol{d})\boldsymbol{n} - \boldsymbol{d}}{R_0^3}. \tag{62.5}$$

このようにして,全電荷がゼロに等しい系のつくる場のポテンシャルは,系からの距離の大きいところでは,距離の2乗に逆比例し,場の強さは距離の3乗に逆比例する.この場は $\boldsymbol{d}$ の方向のまわりに軸対称性をもつ.この方向(それを z 軸にとろう)を含む面内の $\boldsymbol{E}$ の成分は

$$E_z = d\frac{3\cos^2\theta - 1}{R_0^3}, \qquad E_y = d\frac{3\sin\theta\cos\theta}{R_0^3} \tag{62.6}$$

である.この面内の動径方向および接線方向の成分は

$$E_R = d\frac{2\cos\theta}{R_0^3}, \qquad E_\theta = -d\frac{\sin\theta}{R_0^3}. \tag{62.7}$$

§63. 4重極モーメント

ポテンシャルの $1/R_0$ のベキへの展開

$$\varphi = \varphi^{(0)} + \varphi^{(1)} + \varphi^{(2)} + \cdots \qquad (63.1)$$

において, 項 $\varphi^{(n)}$ は $1/R_0^{n+1}$ に比例する. われわれは第1項がすべての電荷の和によって定められることをみた. 系の双極ポテンシャルとよばれる第2項 $\varphi^{(1)}$ は, 系の双極モーメントによって決定される.

展開の第3項は

$$\varphi^{(2)} = \frac{1}{2} \sum e x_i x_k \frac{\partial^2}{\partial X_i \partial X_k} \left(\frac{1}{R_0}\right) \qquad (63.2)$$

に等しい. ただし和はすべての電荷についてとる. ここで電荷を番号づける指標を省いた. x_i はベクトル $\boldsymbol{r}$ の成分であり, X_i はベクトル $\boldsymbol{R}_0$ のそれである. ポテンシャルのこの部分は, 通常, **4重極ポテンシャル**とよばれる. 電荷の和と系の双極モーメントとが両方ともゼロに等しいならば, 展開は $\varphi^{(2)}$ から始まる.

表式 (63.2) には六つの量 $\sum e x_i x_k$ が現われる. しかしながら, 場が実際には6個の独立な量にではなく, 5個だけに依存することは, たやすくわかる. このことは, 関数 $1/R_0$ がラプラス方程式, つまり

$$\Delta\left(\frac{1}{R_0}\right) \equiv \delta_{ik} \frac{\partial^2}{\partial X_i \partial X_k}\left(\frac{1}{R_0}\right) = 0$$

を満たすという事実から結論される. したがって $\varphi^{(2)}$ を

$$\varphi^{(2)} = \frac{1}{2} \sum e \left(x_i x_k - \frac{1}{3} r^2 \delta_{ik} \right) \frac{\partial^2}{\partial X_i \partial X_k}\left(\frac{1}{R_0}\right)$$

という形に書くことができる．テンソル

$$D_{ik} = \sum e(3x_i x_k - r^2 \delta_{ik}) \qquad (63.3)$$

は系の**4重極モーメント**とよばれる．D_{ik} の定義から，その対角成分の和がゼロに等しいことは明らかである：

$$D_{ii} = 0. \qquad (63.4)$$

したがって，対称テンソル D_{ik} は全部で五つの独立成分をもっている．D_{ik} を使って

$$\varphi^{(2)} = \frac{D_{ik}}{6} \frac{\partial^2}{\partial X_i \partial X_k}\left(\frac{1}{R_0}\right) \qquad (63.5)$$

と書くことができる．あるいは，微分演算を行なって

$$\frac{\partial^2}{\partial X_i \partial X_k}\left(\frac{1}{R_0}\right) = \frac{3X_i X_k}{R_0^5} - \frac{\delta_{ik}}{R_0^3},$$

さらに $\delta_{ik} D_{ik} = D_{ii} = 0$ であることを考えると

$$\varphi^{(2)} = \frac{D_{ik} n_i n_k}{2R_0^3}. \qquad (63.6)$$

すべての対称な3次元テンソルと同じように，テンソル D_{ik} も対角化することができる．そのとき，条件 (63.4) のために，一般の場合三つの主値のうち二つだけが独立である．もし電荷の系がある軸（z軸）に関して対称であるならば[1]，その軸がテンソル D_{ik} の主軸の一つとなり，あとの二つの軸の xy 平面における位置は任意である．しかも三つの主値はすべて関連している：

---

1) 2よりも高い任意の次数の対称軸が念頭におかれている．

$$D_{xx} = D_{yy} = \frac{-1}{2}D_{zz}. \tag{63.7}$$

成分 D_{zz} を D と書くと（この場合には，通常この D を単に4重極モーメントとよぶ），ポテンシャルが

$$\varphi^{(2)} = \frac{D}{4R_0^3}(3\cos^2\theta - 1) \tag{63.8}$$

という形で得られる．ここで θ は R_0 と z 軸とのあいだの角度である．

前節で双極モーメントについて述べたと同様にして，もし系の全電荷も双極モーメントもともにゼロに等しければ，系の4重極モーメントは座標原点の選び方に関係しないことがたやすく証明される．

同じようなやり方で，展開 (63.1) の後続の項を書き下すことができる．展開の第 l 項は l 階のテンソル（2^l 重極モーメントのテンソルとよばれる）によって定められる．そのテンソルはすべての添字について対称であり，また添字の任意の一対について簡約（縮約）するとゼロになる．このようなテンソルは，$2l+1$ 個の独立な成分をもつことを示すことができる．

問 題

一様に帯電した楕円体の，その中心に関する4重極モーメントを求めよ．

解 (63.3) の和を楕円体の体積についての積分に変えて

$$D_{xx} = \rho \iint (2x^2 - y^2 - z^2) dx dy dz,$$

等々，が得られる．体積積分は，§25の問題2で行なったように，球の体積についての積分に変換される．結局

$$D_{xx} = \frac{e}{5}(2a^2 - b^2 - c^2),$$
$$D_{yy} = \frac{e}{5}(2b^2 - a^2 - c^2),$$
$$D_{zz} = \frac{e}{5}(2c^2 - a^2 - b^2)$$

が得られる．ここで $e = \frac{4\pi}{3} abc\rho$ は楕円体の全電荷である．

§64. 外場のなかの電荷の系

今度は外部の電場のなかにおかれた電荷の系を考察しよう．今，この外場のポテンシャルを $\varphi(\boldsymbol{r})$ によって表わすことにする．おのおのの電荷の位置エネルギーは $e_a \varphi(\boldsymbol{r}_a)$ であり，系の全位置エネルギーは

$$U = \sum_a e_a \varphi(\boldsymbol{r}_a) \tag{64.1}$$

である．ここでも電荷の系の内部に原点をもつ座標系を導入する．$\boldsymbol{r}_a$ はこの座標系における電荷 e_a の位置ベクトルである．

外場は電荷の系の領域にわたってゆるやかに変化する．すなわちこの系にとっては**準一様**である，と仮定しよう．このときわれわれはエネルギー U を $\boldsymbol{r}_a$ のベキに展開する

ことができる．この展開
$$U = U^{(0)} + U^{(1)} + U^{(2)} + \cdots \tag{64.2}$$
において，第1項は
$$U^{(0)} = \varphi_0 \sum_a e_a \tag{64.3}$$
である．ただし φ_0 は原点におけるポテンシャルの値である．この近似において系のエネルギーは，かりにすべての電荷が1点にあるとした場合のものと同じである．

展開の第2項は
$$U^{(1)} = (\mathrm{grad}\,\varphi)_0 \cdot \sum e_a \boldsymbol{r}_a.$$
原点における場の強さ $\boldsymbol{E}_0$ と系の双極モーメント $\boldsymbol{d}$ を導入すると，
$$U^{(1)} = -\boldsymbol{d}\cdot\boldsymbol{E}_0. \tag{64.4}$$

準一様な外場の中で系の受ける力の総和は，問題にしている項までの近似では
$$\boldsymbol{F} = \boldsymbol{E}_0 \sum e_a + \mathrm{grad}(\boldsymbol{d}\cdot\boldsymbol{E})_0$$
に等しい．もし全電荷がゼロに等しいならば，第1項は消え，
$$\boldsymbol{F} = (\boldsymbol{d}\cdot\nabla)\boldsymbol{E} \tag{64.5}$$
となる^(巻末注)．すなわち，力は場の強さの（原点での）導関数によって定められる．ところが系に働く力のモーメントは
$$\boldsymbol{K} = \sum (\boldsymbol{r}_a \times e_a \boldsymbol{E}_0) = \boldsymbol{d}\times\boldsymbol{E}_0 \tag{64.6}$$
であり，場の強さ自体によって与えられる．

おのおの全電荷がゼロで，それぞれ双極モーメントが $\boldsymbol{d}_1$ および $\boldsymbol{d}_2$ である二つの系を考えよう．互いのあいだの距離

R はそれぞれの内部の広がりにくらべて大きいとする．両者の相互作用のポテンシャルエネルギー U を求めよう．そのために，これらの系のうちの一方が，他方のつくる場のなかにあるとみなす．$\boldsymbol{E}_1$ を第1の系のつくる場とすると

$$U = -\boldsymbol{d}_2 \cdot \boldsymbol{E}_1$$

である．$\boldsymbol{E}_1$ に表式 (62.5) を代入すると

$$U = \frac{\boldsymbol{d}_1 \cdot \boldsymbol{d}_2 - 3(\boldsymbol{d}_1 \cdot \boldsymbol{n})(\boldsymbol{d}_2 \cdot \boldsymbol{n})}{R^3} \tag{64.7}$$

が得られる．ここで $\boldsymbol{n}$ は一方の系から他方への方向の単位ベクトルである．

一つの系の全電荷がゼロと異なる（e に等しい）場合に対しては，同様にして

$$U = e \frac{\boldsymbol{d} \cdot \boldsymbol{n}}{R^2} \tag{64.8}$$

が得られる．ただし $\boldsymbol{n}$ は双極子から電荷に向かう単位ベクトルである．

展開 (64.2) のつぎの項は

$$U^{(2)} = \frac{1}{2} \sum e x_i x_k \frac{\partial^2 \varphi_0}{\partial x_i \partial x_k}$$

である．ここでも，§63におけるように電荷を番号づける添字を省いた．$\partial^2 \varphi_0 / \partial x_i \partial x_k$ はポテンシャルの原点における2階導関数である．ところでポテンシャル φ はラプラスの方程式

$$\frac{\partial^2 \varphi}{\partial x_i^2} = \delta_{ik} \frac{\partial^2 \varphi}{\partial x_i \partial x_k} = 0$$

を満たす.したがって $U^{(2)}$ を

$$U^{(2)} = \frac{1}{2}\frac{\partial^2 \varphi_0}{\partial x_i \partial x_k}\sum e\left(x_i x_k - \frac{1}{3}\delta_{ik}r^2\right),$$

あるいは

$$U^{(2)} = \frac{D_{ik}}{6}\frac{\partial^2 \varphi_0}{\partial x_i \partial x_k} \tag{64.9}$$

と書くことができる.

§65. 不変な磁場

有限な運動を行なっている電荷の系によってつくられる磁場を考察する.有限な運動においては粒子はいかなるときにも有限な空間領域のなかにとどまり,さらにその運動量もつねに有限である.このような運動は**定常的な性格**をもっており,電荷のつくる(時間について)平均した磁場 $\overline{\boldsymbol{H}}$ を考察することが意義をもつ.したがってこの磁場は座標だけの関数であり,時間の関数ではない.つまりそれは不変である.

平均の場 $\overline{\boldsymbol{H}}$ に対する方程式を見いだすために,マクスウェル方程式

$$\mathrm{div}\,\boldsymbol{H} = 0, \qquad \mathrm{rot}\,\boldsymbol{H} = \frac{1}{c}\frac{\partial \boldsymbol{E}}{\partial t} + \frac{4\pi}{c}\boldsymbol{j}$$

の時間平均をとる.このうち最初の式は単に

$$\mathrm{div}\,\overline{\boldsymbol{H}} = 0 \tag{65.1}$$

を与える.第2の方程式において,導関数 $\partial \boldsymbol{E}/\partial t$ の平均値は,一般にすべての有界な領域で変化する量の導関数が

そうであるように,ゼロである[1]. したがって, 第2のマクスウェル方程式は

$$\operatorname{rot} \overline{\boldsymbol{H}} = \frac{4\pi}{c} \overline{\boldsymbol{j}} \qquad (65.2)$$

となる.これら二つの方程式が不変な場 $\overline{\boldsymbol{H}}$ を定める.平均のベクトル・ポテンシャル $\overline{\boldsymbol{A}}$ を

$$\operatorname{rot} \overline{\boldsymbol{A}} = \overline{\boldsymbol{H}}$$

によって導入しよう.これを方程式 (65.2) に代入すると

$$\operatorname{grad} \operatorname{div} \overline{\boldsymbol{A}} - \Delta \overline{\boldsymbol{A}} = \frac{4\pi}{c} \overline{\boldsymbol{j}}.$$

ところで,われわれは,場のベクトル・ポテンシャルが一義的に定義されず,それに任意の付加条件を課しうることを知っている.このことにもとづいて,ポテンシャル $\overline{\boldsymbol{A}}$ を

$$\operatorname{div} \overline{\boldsymbol{A}} = 0 \qquad (65.3)$$

となるように選ぶ.そうすると不変な磁場のベクトル・ポテンシャルを定義する方程式は

$$\Delta \overline{\boldsymbol{A}} = -\frac{4\pi}{c} \overline{\boldsymbol{j}}. \qquad (65.4)$$

---

[1] f をこのような量としよう.このとき,導関数 df/dt のある時間 T にわたる平均は

$$\overline{\frac{df}{dt}} = \frac{1}{T} \int_0^T \frac{df}{dt} dt = \frac{f(T) - f(0)}{T}$$

である.$f(t)$ は有界な領域内でだけ変化するから,T を無限に大きくするときこの平均値はゼロに近づく.

(65.4) が不変な電場のスカラー・ポテンシャルに対するポアソン方程式 (59.4) とまったく同じ形であることに注意すれば，この方程式の解は容易に見いだされる．そこでの電荷密度 ρ の代わりに，ここでは電流密度 $\overline{j}/c$ がくる．ポアソン方程式の解 (59.9) との類推により

$$\overline{A} = \frac{1}{c} \int \frac{\overline{j}}{R} dV \tag{65.5}$$

と書くことができる．ただし，R は場の観測点から体積要素 dV までの距離である．

公式 (65.5) で，j の代わりに積 ρv を代入し，すべての電荷が点状であることを思い起こせば，積分から電荷についての和に移ることができる．この際，積分 (65.5) において R は単なる積分変数であり，したがって，平均化の操作とは無関係であるということに留意しなければならない．積分 $\int (j/R) dV$ の代わりに和 $\sum (e_a v_a / R_a)$ を書くならば，この R_a はそれぞれの電荷からの動径ベクトル〔の長さ〕であり，電荷の運動によって変化する．したがって，われわれは

$$\overline{A} = \frac{1}{c} \sum \overline{\frac{e_a v_a}{R_a}} \tag{65.6}$$

と書かなければならない．ここで，平均は和の記号のなかの表式全体についてとる．

$\overline{A}$ を知れば磁場を求めることができる：

$$\overline{H} = \mathrm{rot}\, \overline{A} = \mathrm{rot}\, \frac{1}{c} \int \frac{\overline{j}}{R} dV.$$

演算子 rot は，場を求める点の座標に作用する．したがって rot は積分記号の中にいれることができ，また j は微分の際一定とみなすことができる．f および a を任意のスカラーおよびベクトルとしたとき

$$\mathrm{rot}(f\boldsymbol{a}) = f\,\mathrm{rot}\,\boldsymbol{a} + \mathrm{grad}\,f \times \boldsymbol{a}$$

というよく知られた公式を $\overline{\boldsymbol{j}} \cdot 1/R$ に適用して

$$\mathrm{rot}\,\frac{\overline{\boldsymbol{j}}}{R} = \mathrm{grad}\left(\frac{1}{R}\right) \times \overline{\boldsymbol{j}} = \frac{\overline{\boldsymbol{j}} \times \boldsymbol{R}}{R^3}$$

を得る．したがって

$$\overline{\boldsymbol{H}} = \frac{1}{c}\int \frac{\overline{\boldsymbol{j}} \times \boldsymbol{R}}{R^3}dV \tag{65.7}$$

である（動径ベクトル $\boldsymbol{R}$ は体積要素 dV から場を求めている点に向かう）．これはビオ-サヴァールの法則である．

§66. 磁気モーメント

定常運動している電荷の系によってつくられる磁場の，系から十分離れた点における，すなわち，系の大きさにくらべて大きな距離の点における平均値を考察しよう．

§62 でやったように，電荷の系の内部のどこかに原点をもつ座標系を導入する．ここでも r_a でもって各電荷の位置ベクトルを表わし，R_0 でもって場を計算しようとする点の位置ベクトルを表わす．それで $R_0 - r_a$ は電荷 e_a から場の点までの動径ベクトルである．(65.6) によるとベクトル・ポテンシャルとして

が得られる．

§62におけると同様，この表式を r_a のベキに展開する．1次の項までとって（添字 a を省く）

$$\overline{\boldsymbol{A}} = \frac{1}{cR_0}\sum\overline{e\boldsymbol{v}} - \frac{1}{c}\sum\overline{e\boldsymbol{v}\left(\boldsymbol{r}\cdot\nabla\frac{1}{R_0}\right)}$$

を得る．第1項で

$$\sum\overline{e\boldsymbol{v}} = \overline{\frac{d}{dt}\sum e\boldsymbol{r}}$$

と書くことができる．ところが有限な区間内で変化する量 $\sum e\boldsymbol{r}$ の導関数の平均値はゼロである．したがって，$\overline{\boldsymbol{A}}$ に対してつぎの表式が残る．

$$\overline{\boldsymbol{A}} = -\frac{1}{c}\sum\overline{e\boldsymbol{v}\left(\boldsymbol{r}\cdot\nabla\frac{1}{R_0}\right)} = \frac{1}{cR_0^3}\sum\overline{e\boldsymbol{v}(\boldsymbol{r}\cdot\boldsymbol{R}_0)}.$$

この表式をつぎのように変形する．$\boldsymbol{v}=\dot{\boldsymbol{r}}$ に注意して

$$\sum e(\boldsymbol{R}_0\cdot\boldsymbol{r})\boldsymbol{v} = \frac{1}{2}\frac{d}{dt}\sum e\boldsymbol{r}(\boldsymbol{r}\cdot\boldsymbol{R}_0)$$
$$+ \frac{1}{2}\sum e[\boldsymbol{v}(\boldsymbol{r}\cdot\boldsymbol{R}_0) - \boldsymbol{r}(\boldsymbol{v}\cdot\boldsymbol{R}_0)]$$

と書くことができる（$\boldsymbol{R}_0$ は定ベクトルであることに留意して）．この表式を $\overline{\boldsymbol{A}}$ に代入すると，（時間導関数を含む）第1項の平均はここでもゼロとなり

$$\overline{\boldsymbol{A}} = \frac{1}{2cR_0^3}\sum\overline{e[\boldsymbol{v}(\boldsymbol{r}\cdot\boldsymbol{R}_0) - \boldsymbol{r}(\boldsymbol{v}\cdot\boldsymbol{R}_0)]}$$

が得られる．系の**磁気モーメント**とよばれるベクトル

$$\boldsymbol{m} = \frac{1}{2c}\sum(e\boldsymbol{r}\times\boldsymbol{v}) \qquad (66.2)$$

を導入する．すると $\overline{\boldsymbol{A}}$ に対し

$$\overline{\boldsymbol{A}} = \frac{\overline{\boldsymbol{m}}\times\boldsymbol{R}_0}{R_0^3} = \nabla\left(\frac{1}{R_0}\right)\times\overline{\boldsymbol{m}} \qquad (66.3)$$

が得られる．

ベクトル・ポテンシャルがわかれば，磁場を求めるのはたやすい．公式

$$\mathrm{rot}(\boldsymbol{a}\times\boldsymbol{b}) = (\boldsymbol{b}\cdot\nabla)\boldsymbol{a} - (\boldsymbol{a}\cdot\nabla)\boldsymbol{b} + \boldsymbol{a}\,\mathrm{div}\,\boldsymbol{b} - \boldsymbol{b}\,\mathrm{div}\,\boldsymbol{a}$$

を用いて

$$\overline{\boldsymbol{H}} = \mathrm{rot}\left(\overline{\boldsymbol{m}}\times\frac{\boldsymbol{R}_0}{R_0^3}\right) = \overline{\boldsymbol{m}}\,\mathrm{div}\,\frac{\boldsymbol{R}_0}{R_0^3} - (\overline{\boldsymbol{m}}\cdot\nabla)\frac{\boldsymbol{R}_0}{R_0^3}$$

が得られる．さらに

$$\mathrm{div}\,\frac{\boldsymbol{R}_0}{R_0^3} = \boldsymbol{R}_0\cdot\mathrm{grad}\,\frac{1}{R_0^3} + \frac{1}{R_0^3}\mathrm{div}\,\boldsymbol{R}_0 = 0$$

および

$$(\overline{\boldsymbol{m}}\cdot\nabla)\frac{\boldsymbol{R}_0}{R_0^3} = \frac{1}{R_0^3}(\overline{\boldsymbol{m}}\cdot\nabla)\boldsymbol{R}_0 + \boldsymbol{R}_0\left(\overline{\boldsymbol{m}}\cdot\nabla\frac{1}{R_0^3}\right)$$

$$= \frac{\overline{\boldsymbol{m}}}{R_0^3} - \frac{3\boldsymbol{R}_0(\overline{\boldsymbol{m}}\cdot\boldsymbol{R}_0)}{R_0^5}.$$

したがって

$$\overline{\boldsymbol{H}} = \frac{3\boldsymbol{n}(\overline{\boldsymbol{m}}\cdot\boldsymbol{n}) - \overline{\boldsymbol{m}}}{R_0^3}. \qquad (66.4)$$

ここでも，$\boldsymbol{n}$ は $\boldsymbol{R}_0$ の方向の単位ベクトルである．電場を

双極モーメントで表わしたのと〔(62.5) をみよ〕同形の公式によって，磁場は磁気モーメントで表わされることがわかる．

電荷と質量との比が系のすべての電荷について同じであるならば

$$m = \frac{1}{2c}\sum(e\boldsymbol{r}\times\boldsymbol{v}) = \frac{e}{2mc}\sum(m\boldsymbol{r}\times\boldsymbol{v})$$

と書くことができる．もしすべての電荷の速度 v が $v \ll c$ であれば，$m\boldsymbol{v}$ は運動量 $\boldsymbol{p}$ であり

$$m = \frac{e}{2mc}\sum(\boldsymbol{r}\times\boldsymbol{p}) = \frac{e}{2mc}\boldsymbol{M} \tag{66.5}$$

となる．ここで $\boldsymbol{M} = \sum(\boldsymbol{r}\times\boldsymbol{p})$ は系の力学的な角運動量である．したがって，この場合，磁気モーメントの力学的モーメントに対する比は一定であり，$e/2mc$ に等しい．

問　題

二つの電荷の系に対する磁気的および力学的モーメントのあいだの関係を求めよ（速度 $v \ll c$）．

解　二つの粒子の慣性中心に座標原点を選ぶと，$m_1\boldsymbol{r}_1 + m_2\boldsymbol{r}_2 = 0$ および $\boldsymbol{p}_1 = -\boldsymbol{p}_2 = \boldsymbol{p}$ となる．ここで $\boldsymbol{p}$ は相対運動の運動量．この関係を使うと

$$m = \frac{1}{2c}\left(\frac{e_1}{m_1^2} + \frac{e_2}{m_2^2}\right)\frac{m_1 m_2}{m_1 + m_2}\boldsymbol{M}$$

が得られる．〔$\boldsymbol{M} = (\boldsymbol{r}_1 - \boldsymbol{r}_2) \times \boldsymbol{p}$ は全角運動量〕

§67. ラーマー歳差運動

一様で不変な外部磁場のなかにある電荷の系を考察しよう．

系に働く力の（時間）平均

$$\overline{F} = \sum \frac{e}{c}\overline{v \times H} = \overline{\frac{d}{dt}\sum \frac{e}{c}r \times H}$$

は，有限な領域で変動する量の時間についての導関数の平均値と同様，ゼロである．力のモーメントの平均

$$\overline{K} = \sum \frac{e}{c}\overline{r \times (v \times H)}$$

はゼロと異なる．これを系の磁気モーメントで表わすことができる．そのために，2重のベクトル積をほどいて書く：

$$K = \sum \frac{e}{c}\{v(r \cdot H) - H(v \cdot r)\}$$
$$= \sum \frac{e}{c}\left\{v(r \cdot H) - \frac{1}{2}H\frac{d}{dt}r^2\right\}.$$

平均すると，第2項はゼロとなり，

$$\overline{K} = \sum \frac{e}{c}\overline{v(r \cdot H)} = \frac{1}{2c}\sum e\overline{\{v(r \cdot H) - r(v \cdot H)\}}$$

となる［最後の変形は (66.3) の結果を導いたときと同様にして行なわれる］．結局

$$\overline{K} = \overline{m} \times H. \tag{67.1}$$

電気的な場合の式 (64.6) との類似に注意しよう．

ここで，ある一つの固定された電荷がつくる球対称な電場のなかで，（速度 $v \ll c$ でもって）有限運動をしているすべて同じ電荷をもつ粒子の系を考察しよう（たとえば原子

における核の場のなかの電子系).この系が弱い一様な磁場のなかにあるとしよう.

外場がなければ,系の全角運動量 M は一定である.弱い磁場があると M は時間とともにゆっくり変化する.この変化の性質をしらべよう.その際,系のなかの電荷の素速い基本運動の影響を除くために,M をこの運動の周期について平均する.

よく知られた力学の方程式によって((27.3) をみよ),

$$\frac{d\overline{M}}{dt} = \overline{K}$$

である.ここで $\overline{K}$ は,系に働く外力のモーメントである($\overline{M}$ を平均したのと同じ時間についての平均).(67.1) および (66.5) にしたがって

$$\overline{K} = \overline{m} \times H = \frac{e}{2mc}\overline{M} \times H$$

が得られる.それゆえ,

$$\frac{d\overline{M}}{dt} = -\Omega \times \overline{M}, \qquad (67.2)$$

ただし

$$\Omega = \frac{e}{2mc}H \qquad (67.3)$$

という記号を使った.

方程式 (67.2) の形から,ベクトル $\overline{M}$ は(それとともに磁気モーメント $\overline{m}$ も),その大きさおよび場の方向となす角を変えないで,場の方向のまわりを角速度 Ω で回転

することがわかる．この現象は，**ラーマー歳差運動**とよばれ，角速度（67.3）は**ラーマー振動数**とよばれる．

ここで，先に十分弱い磁場と言ったとき何を意味するかを正確にすることができる．すなわち，ラーマー振動数 Ω が，系のなかの電荷の固有の有限運動の振動数にくらべて小さいことが必要であった．明らかにこの条件下でのみ，上述したような仕方で平均した角運動量の時間変化を考察することに意味がある．

第13章 電磁波

§68. 波動方程式

真空中の電磁波は,$\rho=0$, $j=0$ とおいたマクスウェル方程式で決定される.これらの方程式をもう一度書いておこう:

$$\operatorname{rot} \boldsymbol{E} = -\frac{1}{c}\frac{\partial \boldsymbol{H}}{\partial t}, \qquad \operatorname{div} \boldsymbol{H} = 0, \qquad (68.1)$$

$$\operatorname{rot} \boldsymbol{H} = \frac{1}{c}\frac{\partial \boldsymbol{E}}{\partial t}, \qquad \operatorname{div} \boldsymbol{E} = 0. \qquad (68.2)$$

これらの方程式はゼロでない解をもつ,このことは,電荷がない場合にも電磁場が存在できることを意味する.

電荷がない真空に現われる電磁場は,**電磁波**とよばれる.ここでわれわれはこのような波の性質をしらべることにしよう.

まず第1に,電荷のないときのこのような電磁場は,必然的に時間的に変化するものでなければならないことに注意しよう.事実,そうでない場合には,$\partial \boldsymbol{H}/\partial t = \partial \boldsymbol{E}/\partial t = 0$ であり,方程式 (68.1) および (68.2) は不変な場の方程式 (59.1), (59.2) および (65.1), (65.2) になるが,今の場合は,これらの式で $\rho=0$, $j=0$ とおかれている.

§68. 波動方程式

ところが,公式 (59.9) および (65.5) で与えられるこれらの方程式の解は, $\rho = 0$, $\boldsymbol{j} = 0$ に対してゼロになってしまう.

電磁波のポテンシャルを定める方程式を導こう.

すでに知っているように,ポテンシャルのもつ任意性のため,われわれはつねに付加条件をポテンシャルに課することができる.この理由のために,電磁波のポテンシャルを,スカラー・ポテンシャルが方程式

$$\varphi = 0 \tag{68.3}$$

を満たすような具合に選ぶことにする.そうすると

$$\boldsymbol{E} = -\frac{1}{c}\frac{\partial \boldsymbol{A}}{\partial t}, \qquad \boldsymbol{H} = \operatorname{rot} \boldsymbol{A}. \tag{68.4}$$

これら二つの表式を (68.2) の最初の方程式に代入すると

$$\operatorname{rot}\operatorname{rot}\boldsymbol{A} = -\Delta\boldsymbol{A} + \operatorname{grad}\operatorname{div}\boldsymbol{A} = -\frac{1}{c^2}\frac{\partial^2 \boldsymbol{A}}{\partial t^2}. \tag{68.5}$$

すでにポテンシャルに対して1個の付加条件を課したという事実にもかかわらず,ポテンシャル $\boldsymbol{A}$ はまだ完全に一義的ではない.すなわち,時間に依存しない任意の関数のグラジエントをそれに加えることができる (φ はそのまま変えずにおく).とりわけ,電磁波のポテンシャルを

$$\operatorname{div} \boldsymbol{A} = 0 \tag{68.6}$$

となるように選べる.事実, $\boldsymbol{E} = -\dfrac{1}{c}\dfrac{\partial \boldsymbol{A}}{\partial t}$ を $\operatorname{div} \boldsymbol{E} = 0$ に代入して

$$\operatorname{div}\frac{\partial \boldsymbol{A}}{\partial t} = \frac{\partial}{\partial t}\operatorname{div}\boldsymbol{A} = 0.$$

つまり div $\boldsymbol{A}$ は座標だけの関数で，この関数は，$\boldsymbol{A}$ に時間に依存しない適当な関数のグラジエントを加えることによってつねにゼロとすることができる．

このとき方程式 (68.5) は

$$\Delta \boldsymbol{A} - \frac{1}{c^2} \frac{\partial^2 \boldsymbol{A}}{\partial t^2} = 0 \tag{68.7}$$

となる．これは，電磁波のポテンシャルを定める方程式で，**ダランベール方程式**，あるいは**波動方程式**とよばれる．

(68.7) 式に演算子 rot および $\partial/\partial t$ を作用させることによって，電場および磁場 $\boldsymbol{E}, \boldsymbol{H}$ が同じ波動方程式を満たすことが証明される．

§69. 平面波

場がただ一つの座標，たとえば x（および時間）にだけ依存するような，電磁波の特殊な場合を考察しよう．このような波は**平面波**とよばれる．この場合，場に対する方程式は

$$\frac{\partial^2 f}{\partial t^2} - c^2 \frac{\partial^2 f}{\partial x^2} = 0 \tag{69.1}$$

となる．ここで，f はベクトル $\boldsymbol{E}$ あるいは $\boldsymbol{H}$ の任意の成分を表わす．

この方程式を解くために，それを

$$\left(\frac{\partial}{\partial t} - c \frac{\partial}{\partial x} \right) \left(\frac{\partial}{\partial t} + c \frac{\partial}{\partial x} \right) f = 0$$

という形に書きなおし，新しい変数

§69. 平面波

$$\xi = t - \frac{x}{c}, \qquad \eta = t + \frac{x}{c}$$

を導入する．それゆえ

$$t = \frac{1}{2}(\eta+\xi), \qquad x = \frac{c}{2}(\eta-\xi)$$

であり，このとき

$$\frac{\partial}{\partial \xi} = \frac{1}{2}\left(\frac{\partial}{\partial t} - c\frac{\partial}{\partial x}\right), \qquad \frac{\partial}{\partial \eta} = \frac{1}{2}\left(\frac{\partial}{\partial t} + c\frac{\partial}{\partial x}\right).$$

したがって，f に対する方程式は

$$\frac{\partial^2 f}{\partial \xi \partial \eta} = 0$$

となる．この方程式の解は，明らかに

$$f = f_1(\xi) + f_2(\eta)$$

の形をもつ．ただし，f_1 および f_2 は任意の関数である．したがって

$$f = f_1\left(t - \frac{x}{c}\right) + f_2\left(t + \frac{x}{c}\right). \tag{69.2}$$

例として $f_2 = 0$，したがって $f = f_1(t - x/c)$ としよう．この解の意味を明らかにしよう．$x = \text{const.}$ という各平面ごとに場は時間的に変化する：任意の与えられた時刻において，場は異なった x に対して異なっている．$t - x/c = \text{const.}$，すなわち

$$x = \text{const.} + ct$$

という関係を満たすような座標 x および時間 t に対して場が同じ値をもつことは明らかである．このことは，ある時

刻 $t=0$ において空間のある点での場がある一定の値をもったならば,時間 t ののちに場はもとの場所から x 軸にそって ct 離れた点で同じ値をとることを意味する.われわれは,電磁場のあらゆる値は光速度 c に等しい速度でもって空間のなかを x 軸にそって伝播する,ということができる.

このように,$f_1(t-x/c)$ は x 軸にそって正方向に進む平面波を表わす.$f_2(t+x/c)$ が x 軸にそって逆の,負の方向に進む波を表わすことは容易に示される.

前節で,電磁波のポテンシャルを,$\varphi=0$ および $\operatorname{div}\boldsymbol{A}=0$ となるように選ぶことができることを示した.今考えている平面波のポテンシャルも,同じやり方で選ぶことにする.条件 $\operatorname{div}\boldsymbol{A}=0$ はこの場合,すべての量が y および z に無関係であるから

$$\frac{\partial A_x}{\partial x}=0$$

となる.そのときには,(69.1) によってまた $\partial^2 A_x/\partial t^2=0$,つまり $\partial A_x/\partial t=\mathrm{const.}$ が得られる.ところがこの導関数 $\partial\boldsymbol{A}/\partial t$ は電場を定めるから,ゼロでない成分 A_x はこの場合,一定な縦方向の電場の存在を表わすことがわかる.このような場は電磁波となんの関係もないから,$A_x=0$ とおける.

したがって平面波のベクトル・ポテンシャルはつねに x 軸に垂直に,すなわち,波の伝播の方向に垂直に選ぶことができる.

x 軸の正方向に進む平面波を考察しよう:この波におい

ては，すべての量，特に $\boldsymbol{A}$ は $t-x/c$ だけの関数である．したがって，公式

$$\boldsymbol{E} = -\frac{1}{c}\frac{\partial \boldsymbol{A}}{\partial t}, \qquad \boldsymbol{H} = \mathrm{rot}\,\boldsymbol{A}$$

から

$$\begin{aligned}\boldsymbol{E} &= -\frac{1}{c}\boldsymbol{A}', \\ \boldsymbol{H} &= \nabla \times \boldsymbol{A} = \nabla\left(t-\frac{x}{c}\right) \times \boldsymbol{A}' = -\frac{1}{c}\boldsymbol{n} \times \boldsymbol{A}'\end{aligned} \qquad (69.3)$$

が得られる．ここでダッシュは $t-x/c$ についての微分を表わし，$\boldsymbol{n}$ は波の伝播方向の単位ベクトルである．第1の式を第2の式に代入して次式が得られる：

$$\boldsymbol{H} = \boldsymbol{n} \times \boldsymbol{E}. \qquad (69.4)$$

平面波の電場 $\boldsymbol{E}$ と磁場 $\boldsymbol{H}$ とは波の伝播方向に垂直に向いていることがわかる．このために，電磁波は**横波**といわれる．(69.4) からまた平面波の電場と磁場が互いに直交し，等しい大きさをもつことがわかる．

なお，平面波におけるエネルギーの流れは，

$$\boldsymbol{S} = \frac{c}{4\pi}\boldsymbol{E} \times \boldsymbol{H} = \frac{c}{4\pi}E^2\boldsymbol{n} = \frac{c}{4\pi}H^2\boldsymbol{n}$$

である．それゆえに，エネルギー流は波の伝播方向に向いている．$W = (E^2+H^2)/8\pi = E^2/4\pi$ は波のエネルギー密度であるから

$$\boldsymbol{S} = cW\boldsymbol{n} \qquad (69.5)$$

と書くことができる．これは，場が光速度で伝播するという事実に合致している．

電磁場の単位体積あたりの運動量は $\boldsymbol{S}/c^2$ である．平面波に対してこれは $(W/c)\boldsymbol{n}$ を与える．電磁波に対するエネルギー W と運動量 W/c とのあいだの関係は，光速度で動いている粒子に対するもの［(39.12) をみよ］と同じであるという事実は注意をひく．

場の運動量の流れはマクスウェルの応力テンソルの成分 σ_{ik}（58.5）で定められる．波の伝播方向を x 軸にとると，σ_{ik} のゼロでない唯一の成分は

$$\sigma_{xx} = W \tag{69.6}$$

であることがわかる．当然のことながら，運動量の流れは波の伝播方向に向いており，その大きさはエネルギー密度に等しい．

問題

入射する平面波を（反射率 R で）反射する際に壁の受ける力を求めよ．

解 壁の単位面積に働く力 $\boldsymbol{f}$ は，この面を通過する運動量の流れによって与えられる．すなわち，成分

$$f_i = \sigma_{ik} N_k + \sigma'_{ik} N_k$$

をもつベクトルである．ここで $\boldsymbol{N}$ は壁の表面の法線ベクトルであり，σ_{ik} および σ'_{ik} は，入射波および反射波の応力テンソルの成分である．(69.6) を考えに入れて

$$\boldsymbol{f} = W\boldsymbol{n}(\boldsymbol{N}\cdot\boldsymbol{n}) + W'\boldsymbol{n}'(\boldsymbol{N}\cdot\boldsymbol{n}')$$

を得る．反射率の定義から，$W' = RW$ である．入射角（およびそれに等しい反射角）を θ とし，成分にわける

と，法線方向の力（《光圧》）として
$$f_N = W(1+R)\cos^2\theta,$$
接線方向の力として
$$f_t = W(1-R)\sin\theta\cos\theta$$
が得られる．

§70. 単色平面波

電磁波の特別な場合として非常に重要なのは，場が時間の単一周期の関数であるような波である．このような波は**単色**とよばれる．単色波におけるあらゆる量（ポテンシャル，場の成分）は，$\cos(\omega t + \alpha)$ という形の因子を通じて時間に関係する．量 ω は波の**角振動数**（あるいは単に**振動数**）とよばれる．

（x 軸にそって伝播する）平面波では場は $t - x/c$ だけの関数である．したがって，もし平面波が単色であれば，その場は $t - x/c$ の単一周期の関数である．このような波のベクトル・ポテンシャルは，複素数の表式の実数部分として書くのがもっとも便利である：
$$\boldsymbol{A} = \mathrm{Re}\{\boldsymbol{A}_0 e^{-i\omega(t-x/c)}\}. \tag{70.1}$$
ここで $\boldsymbol{A}_0$ はある定数の複素ベクトルである．明らかにこのような波の場 $\boldsymbol{E}$ および $\boldsymbol{H}$ は同じ振動数 ω の同様な形をもつ．

量
$$\lambda = \frac{2\pi c}{\omega} \tag{70.2}$$

は**波長**とよばれる：それは固定した時刻 t における座標 x についての場の変化の周期である．

ベクトル
$$\boldsymbol{k} = \frac{\omega}{c}\boldsymbol{n} \tag{70.3}$$
（$\boldsymbol{n}$ は波の伝播方向の単位ベクトル）は，**波数ベクトル**とよばれる．これを使うと，(70.1) を座標軸の選び方によらない形
$$\boldsymbol{A} = \mathrm{Re}\{\boldsymbol{A}_0 e^{i(\boldsymbol{k}\cdot\boldsymbol{r} - \omega t)}\} \tag{70.4}$$
に書くことができる．指数における i のかかった量は，**波の位相**とよばれる．

線型の演算だけをこれらの量に対して行なうかぎりでは，実数部分をとるという記号を落して，複素数の量自体について演算を行なうことができる[1]．そうすると
$$\boldsymbol{A} = \boldsymbol{A}_0 e^{i(\boldsymbol{k}\cdot\boldsymbol{r} - \omega t)}$$

[1) かりに任意の二つの量 $\boldsymbol{A}(t)$ および $\boldsymbol{B}(t)$ を複素形式
$$\boldsymbol{A}(t) = \boldsymbol{A}_0 e^{-i\omega t}, \qquad \boldsymbol{B}(t) = \boldsymbol{B}_0 e^{-i\omega t}$$
に書くとすると，それらの積をとるときには，最初に実数部分を分離しなければならない．しかし，たびたびあることだが，この積の（時間）平均だけを求めたいという場合には，それを
$$\frac{1}{2}\mathrm{Re}\{\boldsymbol{A}\cdot\boldsymbol{B}^*\}$$
として計算することができる．実際，
$$\mathrm{Re}\,\boldsymbol{A}\cdot\mathrm{Re}\,\boldsymbol{B} = \frac{1}{4}(\boldsymbol{A}_0 e^{-i\omega t} + \boldsymbol{A}_0^* e^{i\omega t})\cdot(\boldsymbol{B}_0 e^{-i\omega t} + \boldsymbol{B}_0^* e^{i\omega t})$$
である．平均をとると，$e^{\pm 2i\omega t}$ のかかった項はゼロになり，したがって
$$\overline{\mathrm{Re}\,\boldsymbol{A}\cdot\mathrm{Re}\,\boldsymbol{B}} = \frac{1}{4}(\boldsymbol{A}\cdot\boldsymbol{B}^* + \boldsymbol{A}^*\cdot\boldsymbol{B}) = \mathrm{Re}\,\frac{1}{2}(\boldsymbol{A}\cdot\boldsymbol{B}^*).$$

を (69.3) に代入して,平面単色波の場の強さとベクトル・ポテンシャルとのあいだの関係を

$$\boldsymbol{E} = ik\boldsymbol{A}, \qquad \boldsymbol{H} = i\boldsymbol{k} \times \boldsymbol{A} \qquad (70.5)$$

という形に求められる.

単色平面波の場の方向をもっとくわしく調べよう.はっきりさせるために,電場

$$\boldsymbol{E} = \mathrm{Re}\{\boldsymbol{E}_0 e^{i(\boldsymbol{k}\cdot\boldsymbol{r}-\omega t)}\}$$

を問題にする(以下に述べることはすべて磁場に対しても同様にあてはまる).$\boldsymbol{E}_0$ はある複素ベクトルである.その2乗 $\boldsymbol{E}_0^2$ も,一般にはある複素数である.もしこの量の偏角が -2α である(すなわち $\boldsymbol{E}_0^2 = |\boldsymbol{E}_0^2|e^{-2i\alpha}$)ならば

$$\boldsymbol{E}_0 = \boldsymbol{b} e^{-i\alpha} \qquad (70.6)$$

で定義されるベクトル $\boldsymbol{b}$ の2乗は実数である:$\boldsymbol{b}^2 = |\boldsymbol{E}_0|^2$.この定義により

$$\boldsymbol{E} = \mathrm{Re}\{\boldsymbol{b} e^{i(\boldsymbol{k}\cdot\boldsymbol{r}-\omega t-\alpha)}\} \qquad (70.7)$$

と表わされる.$\boldsymbol{b}$ を

$$\boldsymbol{b} = \boldsymbol{b}_1 + i\boldsymbol{b}_2$$

という形に書こう.$\boldsymbol{b}_1$ および $\boldsymbol{b}_2$ は,二つの実数ベクトルである.$\boldsymbol{b}^2 = b_1^2 - b_2^2 + 2i\boldsymbol{b}_1\cdot\boldsymbol{b}_2$ が実数でなければならないから,$\boldsymbol{b}_1\cdot\boldsymbol{b}_2 = 0$,すなわち $\boldsymbol{b}_1$ および $\boldsymbol{b}_2$ は互いに直交している.$\boldsymbol{b}_1$ の方向を y 軸にとろう(x 軸は波の伝播方向に向いている).そうすると,(70.7) から

$$\begin{aligned} E_y &= b_1 \cos(\omega t - \boldsymbol{k}\cdot\boldsymbol{r} + \alpha), \\ E_z &= \pm b_2 \sin(\omega t - \boldsymbol{k}\cdot\boldsymbol{r} + \alpha) \end{aligned} \qquad (70.8)$$

が得られる.ただし,正あるいは負の符号は,ベクトル $\boldsymbol{b}_2$

の方向が z 軸の方向かその反対方向かによる．(70.8) から次式が導かれる．

$$\frac{E_y^2}{b_1^2} + \frac{E_z^2}{b_2^2} = 1. \tag{70.9}$$

このようにして，空間の各点で電場のベクトルは，波の伝播方向に垂直な平面内で回転し，その端の点は，楕円 (70.9) を描くことがわかる．このような波は，**楕円偏光**していると言われる．回転は，(70.8) の正負に応じて，x 軸の方向に進むネジの向きか，その反対の向きに起こる．

もし $b_1 = b_2$ ならば，楕円 (70.9) は円になる．すなわちベクトル $\boldsymbol{E}$ は一定の大きさをもったまま回転する．この場合，波は**円偏光**していると言う．この場合，y および z 軸の選び方は，明らかに任意である．このような波においては複素振幅 $\boldsymbol{E}_0$ の y および z 成分の比が，回転の右まき（右ねじ円偏光）か左まき（左ねじ円偏光）かに対応して

$$\frac{E_{0z}}{E_{0y}} = \pm i \tag{70.10}$$

に等しいことに注意しよう[1]．

最後に，もし b_1 あるいは b_2 がゼロに等しいならば，波の場はいたるところ，そしてつねに同一の方向に平行（あるいは反平行）である．この場合，波は**直線偏光**あるいは**平面偏光**しているという．楕円偏光の波は明らかに二つの平面偏光している波の重ね合わせとして扱うことができる．

---

1) x, y, z 軸は，つねに右手系であると約束する．

§71. ドップラー効果

波数ベクトルの定義に立ちかえり，つぎの成分をもつ波数4元ベクトルを導入する：

$$k^\mu = \left(\frac{\omega}{c}, \boldsymbol{k}\right). \tag{71.1}$$

これらの量が実際に4元ベクトルをつくることは，4元ベクトル x^μ との積をとると，スカラー，すなわち波の位相

$$k_\mu x^\mu = \omega t - \boldsymbol{k}\cdot\boldsymbol{r} \tag{71.2}$$

となることから明らかであろう．定義（70.3）および（71.1）からわかるように，波数4元ベクトルの2乗はゼロに等しい：

$$k_\mu k^\mu = 0. \tag{71.3}$$

波数4元ベクトルの変換則を使うと，いわゆる**ドップラー効果**，すなわち，観測者に対して運動している光源から出る波の振動数 ω の，その光源が静止している基準系（K_0）における同じ光源の《固有振動数》ω_0 にくらべての変化を，容易に考察することができる．

V を光源の速度，すなわち，K 系に対する基準系 K_0 の速度とする．4元ベクトルの一般的な変換公式によって

$$k^{(0)0} = \frac{k^0 - \dfrac{V}{c}k^1}{\sqrt{1 - \dfrac{V^2}{c^2}}}$$

が得られる（K 系の K_0 系に対する速度は $-V$ である）．これに，$k^0 = \omega/c$，および，α を放出される波の方向と

光源の運動の方向とのあいだの（K系での）角度として，$k^0 = \omega/c$, $k^1 = k\cos\alpha = (\omega/c)\cos\alpha$ を代入し，ω を ω_0 で表わすと

$$\omega = \omega_0 \frac{\sqrt{1 - \dfrac{V^2}{c^2}}}{1 - \dfrac{V}{c}\cos\alpha} \tag{71.4}$$

が得られる．これが求める公式である．$V \ll c$ に対しては，もし角度 α があまり $\pi/2$ に近くないならば

$$\omega \approx \omega_0 \left(1 + \frac{V}{c}\cos\alpha\right) \tag{71.5}$$

となる．$\alpha = \pi/2$ のときには

$$\omega = \omega_0 \sqrt{1 - \frac{V^2}{c^2}} \approx \omega_0 \left(1 - \frac{V^2}{2c^2}\right) \tag{71.6}$$

であり，この場合，振動数の相対的変化は，比 V/c の2乗に比例する．

§72. スペクトル分解

あらゆる波は，いわゆる**スペクトル分解**することができる．すなわちさまざまな振動数をもつ単色波の重ね合わせとして表わすことができる．この展開は，場が時間にどのように依存するかに応じて，いろいろな性格をもつ．

一つのカテゴリーに属するのは，離散的な数列の値をとる振動数が展開に含まれる場合である．この種の最も簡単な場合は，純粋に周期的（単色でなくてもよい）な場の展

開に際して生じる. それは, 普通のフーリエ級数への展開であり, T を場の周期として,《基本》振動数 $\omega_0 = 2\pi/T$ の整数倍の振動数を含む. それを

$$f = \sum_{n=-\infty}^{\infty} f_n e^{-i\omega_0 n t} \qquad (72.1)$$

という形に書こう (f は場を記述する量のどれでもよい). 量 f_n は, 関数 f から積分

$$f_n = \frac{1}{T} \int_{-T/2}^{T/2} f(t) e^{in\omega_0 t} dt \qquad (72.2)$$

で定められる. 関数 $f(t)$ が実数であるから, 明らかに

$$f_{-n} = f_n^*. \qquad (72.3)$$

もっと複雑な場合には, 互いに可約でないいくつかの異なった基本振動数の整数倍 (およびそれらの和) で与えられる振動数が展開に現われる.

(72.1) を2乗し時間について平均すると, 異なった振動数の項の積は, 振動する因子のためにゼロになる. 残るのは $f_n f_{-n} = |f_n|^2$ という形の項だけである. したがって, 場の2乗平均 (波の平均強度) は, 単色成分の強度の和の形に表わされる:

$$\overline{f^2} = \sum_{n=-\infty}^{\infty} |f_n|^2 = 2 \sum_{n=1}^{\infty} |f_n|^2 \qquad (72.4)$$

(関数 $f(t)$ 自身の1周期についての平均は 0 であるものとする. すなわち $f_0 = \bar{f} = 0$).

他のカテゴリーに属するのは, 振動数の連続的な列を含み, フーリエ積分に展開されるような場である. このため

には，関数 $f(t)$ は一定の条件を満たさなければならない：普通，$t \to \pm\infty$ でゼロになるような関数が取り扱われる．このような場合，展開は

$$f(t) = \int_{-\infty}^{+\infty} f_\omega e^{-i\omega t} \frac{d\omega}{2\pi} \tag{72.5}$$

という形をとり，ここでフーリエ成分は，関数 $f(t)$ から積分

$$f_\omega = \int_{-\infty}^{+\infty} f(t) e^{i\omega t} dt \tag{72.6}$$

で与えられる．ここで，(72.3) と同様，

$$f_{-\omega} = f_\omega^*. \tag{72.7}$$

f^2 の全時間にわたる積分を計算しよう．(72.5) と (72.6) を使って

$$\int_{-\infty}^{+\infty} f^2 dt = \int_{-\infty}^{+\infty} \left\{ f \int_{-\infty}^{+\infty} f_\omega e^{-i\omega t} \frac{d\omega}{2\pi} \right\} dt$$
$$= \int_{-\infty}^{+\infty} \left\{ f_\omega \int_{-\infty}^{+\infty} f e^{-i\omega t} dt \right\} \frac{d\omega}{2\pi}$$
$$= \int_{-\infty}^{+\infty} f_\omega f_{-\omega} \frac{d\omega}{2\pi},$$

あるいは，(72.7) を考えに入れて

$$\int_{-\infty}^{+\infty} f^2 dt = \int_{-\infty}^{+\infty} |f_\omega|^2 \frac{d\omega}{2\pi}$$
$$= 2 \int_0^{+\infty} |f_\omega|^2 \frac{d\omega}{2\pi} \tag{72.8}$$

が得られる．このように全強度は，波のフーリエ成分の大きさで表わされる．

§73. 部分偏光

すべての単色波は一定の偏光状態をもっている．しかしながら，通常われわれは，近似的に単色であるにすぎず，実は小さな区間 $\Delta\omega$ 内のいろいろな振動数を含むような波を扱わなければならない．このような波を考察しよう．ω をある平均の振動数とする．そうすると空間の定まった点での場を

$$\boldsymbol{E} = \boldsymbol{E}_0(t) e^{-i\omega t}$$

という形に書くことができる（はっきりさせるために，以下電場 $\boldsymbol{E}$ を考える）．ここで複素振幅 $\boldsymbol{E}_0(t)$ は時間のゆるやかに変化する関数である（厳密に単色な波に対しては $\boldsymbol{E}_0$ が定数になる）．$\boldsymbol{E}_0$ は波の偏光を決定するから，このことは波の各点でその偏りが時間とともに変化することを意味する：このような波を**部分偏光**していると言う．

電磁波の偏り，特に光の偏りの性質は，調べるべき光をいろいろな物体（たとえば，ニコル・プリズム）を通過させ，透過光の強度を測ることによって実験的に観測される．数学的観点から言うと，このことは，その場のある2次関数の値から光の偏りの性質に関する結論が引きだせることを意味する．ここでは，もちろんこれらの関数の時間平均を問題とする．

場の2次関数は，積 $E_i E_k, E_i^* E_k^*$ あるいは $E_i E_k^*$ に比例する項からできている．

$$E_i E_k = E_{0i} E_{0k} e^{-2i\omega t}, \qquad E_i^* E_k^* = E_{0i}^* E_{0k}^* e^{2i\omega t}$$

という形の積は，急激に振動する因子 $e^{\pm 2i\omega t}$ を含むから，

時間平均をとったときゼロとなるであろう．$E_i E_k^* = E_{0i} E_{0k}^*$ の形の積はこのような因子を含まないから，その平均はゼロではない．したがって，部分偏光している光の偏りの性質は

$$J_{ik} = \overline{E_{0i} E_{0k}^*} \qquad (73.1)$$

というテンソルで完全に決定されることがわかる．

ベクトル $\boldsymbol{E}_0$ はつねに波の方向に垂直な平面にあるから，テンソル J_{ik} は全部で四つの成分をもつ（この節では添字 i, k は二つの値だけをとるものとする：$i, k = 1, 2$ は，y, z 軸に対応し，x 軸は波の伝播方向である）．

テンソル J_{ik} の対角成分の和（それを J と記す）は，実の量，すなわちベクトル $\boldsymbol{E}_0$ の絶対値の2乗の平均である：

$$J \equiv J_{ii} = \overline{\boldsymbol{E}_0 \cdot \boldsymbol{E}_0^*}. \qquad (73.2)$$

この量は，エネルギー流の密度によって測られる光の強度を与える．偏光の性質に直接関係のないこの量を除くために，J_{ik} の代わりに

$$\rho_{ik} = \frac{J_{ik}}{J} \qquad (73.3)$$

というテンソルを導入する．$\rho_{ii} = 1$ であるこのテンソルを，**偏光テンソル**とよぶことにする．

定義 (73.1) から，テンソル成分 J_{ik}，したがってまた ρ_{ik} のあいだには

$$\rho_{ik} = \rho_{ki}^* \qquad (73.4)$$

という関係がある（すなわち，いわゆる**エルミット・テンソル**である）．この関係のために，対角成分 ρ_{11} と ρ_{22} は実

数で(しかも $\rho_{11}+\rho_{22}=1$), 他方, $\rho_{21}=\rho_{12}^*$ である. したがって, 偏光テンソルはすべて, 三つの実数のパラメータできめられる.

完全に偏光している光に対するテンソル ρ_{ik} が満たすべき条件を明らかにする. この場合, $\boldsymbol{E}_0 = \text{const.}$ であるから, 簡単に

$$J_{ik} = J\rho_{ik} = E_{0i}E_{0k}^* \qquad (73.5)$$

が得られる (この場合は平均をとらなくてよい). すなわち, テンソルの成分は, ある不変なベクトルの成分の積の形に表わされる. このための必要十分条件は, 行列式がゼロに等しい, すなわち

$$|\rho_{ik}| = \rho_{11}\rho_{22} - \rho_{12}\rho_{21} = 0 \qquad (73.6)$$

によって表現される.

これと対照的な場合は, 偏光していない光, あるいは**自然光**である. 完全に偏光していないということは, (yz 平面内では) あらゆる方向がまったく同等であることを意味している. このことは, 偏光テンソルが,

$$\rho_{ik} = \frac{1}{2}\delta_{ik} \qquad (73.7)$$

という形をもつことを意味する. このとき行列式は $|\rho_{ik}| = 1/4$ となる.

任意のテンソル ρ_{ik} は, (添字 i, k について) 対称および反対称な二つの部分にわけられる. 後者がゼロである特別な場合を考察しよう. (73.4) のために対称なテンソル ρ_{ik} は, 同時に実数となる ($\rho_{ik}=\rho_{ik}^*$). すべての対称テンソ

ルと同様, それは二つの異なった主値をもつ主軸に変換することができる. その主値を λ_1 および λ_2 と名づけよう. 主軸の方向は互いに垂直である. $\boldsymbol{n}^{(1)}$ および $\boldsymbol{n}^{(2)}$ でもってこれらの方向の単位ベクトルを表わすと, ρ_{ik} を

$$\rho_{ik} = \lambda_1 n_i^{(1)} n_k^{(1)} + \lambda_2 n_i^{(2)} n_k^{(2)},$$
$$\lambda_1 + \lambda_2 = 1 \qquad (73.8)$$

という形に書くことができる. λ_1 と λ_2 は正で, 0 から 1 までの値をとる.

(73.8) の二つの項のおのおのは, 実の定数ベクトル ($\sqrt{\lambda_1}\boldsymbol{n}^{(1)}$ あるいは, $\sqrt{\lambda_2}\boldsymbol{n}^{(2)}$) の成分のたんなる積の形をしている. 言いかえると, これらの項のおのおのは, 直線偏光した光に対応する. さらに, (73.8) にはこれら二つの波の成分の積を含んだ項はないことがわかる. このことは, 二つの部分を互いに物理的に独立であるとみなすことができる, あるいは普通言うように, **非干渉性**であることを意味する. 実際, もし二つの波が互いに独立であれば, 積 $E_i^{(1)} E_k^{(2)}$ の平均値は二つの因子 〔$E_i^{(1)}$ と $E_k^{(2)}$〕 の平均値の積に等しく, 後者のそれぞれはゼロに等しいから,

$$\overline{E_i^{(1)} E_k^{(2)}} = 0$$

が得られる.

このようにして, 今考えている場合には, 部分偏光している波は, 互いに垂直な方向に直線偏光している (それぞれ λ_1 および λ_2 に比例する強度をもつ) 二つの非干渉性の波の重ね合わせとして表わすことができる, という結論に到達する (ρ_{ik} が複素数のテンソルになる一般の場合には,

光は二つの非干渉性の楕円偏光した波の重ね合わせとして表わされ，その二つの偏光の楕円は合同で互いに垂直であることが示される）．

§74. 幾何光学

平面波の特徴は，その伝播方向および振幅がいたるところで同じだという性質にある．もちろん，任意の電磁波はこの性質をもたない．

しかし，平面波でない電磁波も，空間の小さい領域ではしばしば平面波とみなすことができる．このようにみなすことができるためには，波の振幅と伝播方向とが，波長程度の距離にわたってはほとんど変化しないことが必要である．

この条件が満たされていれば，われわれはいわゆる**波面**，すなわち，その上のすべての点で与えられた時刻に波の位相が同じであるような面を導入することができる（平面波の波面は明らかに，波の伝播方向に垂直な平面である）．空間の小さな領域のおのおのについて，波面に垂直な波の伝播方向を考えることが可能である．このとき，**光線**（射線），すなわちその各点にひいた接線が波の伝播方向に一致するような曲線，という概念を導入することができる．

このような場合には，波の伝播法則の研究は**幾何光学**という分野を形づくることになる．したがって，幾何光学は電磁波の伝播，特に光の波の伝播を，その波動的性質をまったく捨象して，光線の伝播として考察する．言いかえれば，幾何光学は波長の小さな極限 $\lambda \to 0$ に対応するのである．

さて，われわれは幾何光学の基礎方程式，すなわち光線の方向をきめる方程式を導く問題をとりあげよう．f を，波の場を記述するある量（E あるいは H の任意の成分）としよう．平面単色波に対しては，f の形は

$$f = ae^{i(\boldsymbol{k}\cdot\boldsymbol{r}-\omega t+\alpha)} \tag{74.1}$$

である（Re は省いた．いつでも実部をとるものと了解する）．

場に対するこの表現を

$$f = ae^{i\psi} \tag{74.2}$$

という形に書こう．平面波ではないが，幾何光学が適用できるという場合には，一般に振幅 a は座標と時間の関数であり，（**アイコナール**ともよばれる）位相 ψ は (74.1) でのような簡単な形をもたない．しかし，本質的なのはアイコナール ψ が大きな量であるということである．このことは，波長に等しい距離だけ進めば ψ は 2π だけ変化すること，そして，幾何光学は極限 $\lambda \to 0$ に対応することから，ただちに明らかである．

小さな空間領域および短い時間間隔に対しては，アイコナール ψ を級数に展開することができる．1次の項までとると

$$\psi = \psi_0 + \boldsymbol{r}\cdot\frac{\partial\psi}{\partial\boldsymbol{r}} + t\frac{\partial\psi}{\partial t}$$

となる（座標および時間の原点は，考えている小さな空間領域および時間間隔のなかにとる．導関数はこの原点での値をとる）．この表式を (74.1) とくらべれば

$$\boldsymbol{k} = \frac{\partial \psi}{\partial \boldsymbol{r}} \equiv \operatorname{grad} \psi, \qquad \omega = -\frac{\partial \psi}{\partial t} \tag{74.3}$$

と書くことができる．これは，小さな空間領域（そして小さな時間間隔）のおのおのにおいては，波を平面波とみなせるということに対応する．

波数ベクトルの定義から，$\boldsymbol{k}^2 = \omega^2/c^2$ である．これに (74.3) の $\boldsymbol{k}$ および ω を代入すると

$$(\nabla \psi)^2 = \frac{1}{c^2} \left(\frac{\partial \psi}{\partial t} \right)^2 \tag{74.4}$$

が得られる．この1階の偏微分方程式は，**アイコナール方程式**とよばれ，幾何光学の基礎方程式である．

方程式 (74.4) は，波動方程式において直接 $\lambda \to 0$ の極限へ移ることによっても求められる．場 f は波動方程式

$$\Delta f = \frac{1}{c^2} \frac{\partial^2 f}{\partial t^2} \tag{74.5}$$

を満たす．(74.2) の形の関数に対して

$$\frac{\partial^2 f}{\partial t^2} = \frac{\partial^2 a}{\partial t^2} e^{i\psi} + 2i \frac{\partial a}{\partial t} \frac{\partial \psi}{\partial t} e^{i\psi} + i f \frac{\partial^2 \psi}{\partial t^2} - \left(\frac{\partial \psi}{\partial t} \right)^2 f$$

を得る．ところで，幾何光学においては，アイコナール ψ は大きな量である．したがって，第4項とくらべて初めの三つの項は省くことができて，

$$\frac{\partial^2 f}{\partial t^2} \approx -\left(\frac{\partial \psi}{\partial t} \right)^2 f$$

となる．同様にして，

$$\Delta f \approx -(\nabla \psi)^2 f$$

が得られ，(74.5) に代入すると (74.4) 式になる．

アイコナール方程式の形から，幾何光学と物質粒子の力学とのあいだにいちじるしい類似性が結論される．物質粒子の運動は，作用 S に対するハミルトン-ヤコビ方程式（§31）から決定される．この方程式は，アイコナール方程式と同様，1階の偏微分方程式である．作用 S と粒子の運動量 p およびハミルトニアン $\mathscr{H}$ とのあいだには

$$p = \frac{\partial S}{\partial r}, \qquad \mathscr{H} = -\frac{\partial S}{\partial t}$$

という関係がある．この式を (74.3) とくらべて，幾何光学における波数ベクトルは，力学における粒子の運動量と同じ役割をはたし，振動数はハミルトニアン，すなわち，粒子のエネルギーに対応することがわかる．波数ベクトルの絶対値 k と振動数とは公式 $k=\omega/c$ で結ばれる．この関係は，質量ゼロで光速度に等しい速度をもつ粒子の運動量とエネルギーの関係 $p=\mathscr{E}/c$ に類似している．

粒子に対しては，ハミルトン方程式

$$\dot{p} = -\frac{\partial \mathscr{H}}{\partial r}, \qquad v = \dot{r} = \frac{\partial \mathscr{H}}{\partial p}$$

が成り立つ．上に指摘した類似から，光線についての同様の方程式をただちに書くことができる：

$$\dot{k} = -\frac{\partial \omega}{\partial r}, \qquad \dot{r} = \frac{\partial \omega}{\partial k}. \tag{74.6}$$

真空中では $\omega = ck$ で，$\dot{k}=0$，$v=cn$ となる（n は伝播方向の単位ベクトル）：言いかえれば，当然のことながら，真

空中では光線は直線で,光はそれにそって速度cで進む[1].

§75. 幾何光学の限界

単色平面波の定義によれば,その振幅はあらゆる場所,あらゆる時刻において同じである.そのような波は空間のすべての方向に無限に拡がり,$-\infty$ から $+\infty$ までの全時間にわたって存在する.振幅があらゆる場所と時刻において一定でないような波は,程度の問題として単色であるにすぎない.そこで,波の**単色度**の問題をとりあげて議論することにしよう.

振幅が空間の各点で時間の関数であるような電磁波を考えよう.ω_0 を波のなんらかの平均振動数とすると,波の場(たとえば電場)は与えられた点で,$\boldsymbol{E}_0(t)e^{-i\omega_0 t}$ という形をもつ.この場は,もちろん単色ではないけれども,単色波に,つまり,フーリエ積分に展開できる.この展開における振動数 ω の成分の振幅は,積分

$$\int_{-\infty}^{+\infty} \boldsymbol{E}_0(t)e^{i(\omega-\omega_0)t}dt$$

に比例する.$e^{i(\omega-\omega_0)t}$ という因数は周期関数で,その平均値はゼロである.$\boldsymbol{E}_0$ が完全に定数であれば,積分は $\omega \neq \omega_0$ に対して正確にゼロとなるであろう.しかし $\boldsymbol{E}_0(t)$ が変動

---

[1] 上述した方程式は,真空中の光の伝播に適用しても,まったく自明の結果にしか導かない.しかし,大事なことは,一般的な形では,この導出法は物質的媒体のなかでの光の伝播にも適用できるということである.まさにこの場合には,外場の中での粒子の運動との類似性が認められる.

しても，$1/(\omega-\omega_0)$ の程度の時間間隔のあいだでほとんど変化しなければ，積分はほとんどゼロに等しい．$\boldsymbol{E}_0$ の変動がゆっくりであればあるほど，ますますゼロに近くなる．積分がゼロとかなり異なるためには，$\boldsymbol{E}_0(t)$ が $1/(\omega-\omega_0)$ の程度の時間の範囲のあいだはきわだって変化することが必要である．

空間の与えられた点で波の振幅がきわだって変化するだけの時間の長さを Δt と書く．すると，上の考察から，波をスペクトル分解したときに，かなりの強さでもってそのなかに現われる ω_0 から最大限はなれた振動数 ω は，$1/|\omega-\omega_0| \sim \Delta t$ という条件によってきまることがわかる．波のスペクトル分解に入ってくる振動数の幅（平均の振動数 ω_0 のまわりの）を $\Delta\omega$ と記せば

$$\Delta\omega \Delta t \sim 1 \tag{75.1}$$

という関係を得る．Δt が大きいほど，つまり，空間の各点での振幅の変動がゆっくりであるほど，波はより単色波に近い（すなわち $\Delta\omega$ がより小さい）ということがわかる．

(75.1) に似た関係が，波数ベクトルに対しても容易に導かれる．x, y, z の各軸の方向に波の振幅がめだって変化する距離の大きさを，$\Delta x, \Delta y, \Delta z$ としよう．与えられた時刻に，波の場は座標の関数として

$$\boldsymbol{E}_0(r)e^{i\boldsymbol{k}_0 \cdot \boldsymbol{r}}$$

という形をもつ．ただし $\boldsymbol{k}_0$ は波数ベクトルのなんらかの平均である．(75.1) を導いたのとまったく同様にして，波をフーリエ積分に展開したときそこに含まれる値の幅 $\Delta \boldsymbol{k}$

を得ることができる:

$$\Delta k_x \Delta x \sim 1, \qquad \Delta k_y \Delta y \sim 1, \qquad \Delta k_z \Delta z \sim 1. \tag{75.2}$$

特に,有限の時間間隔にわたって放出された波を考えよう.この時間間隔の長さの程度を Δt と書く.空間の与えられた点における振幅は,波がその点を完全に通りすぎるあいだの時間 Δt のうちにともかくかなりの変化を示す.さて,関係 (75.1) によれば,そのような波の《非単色度》$\Delta \omega$ は,いずれにせよ $1/\Delta t$ より小さくはありえない(それより大きいことは,もちろんありうる):

$$\Delta \omega \gtrsim \frac{1}{\Delta t}. \tag{75.3}$$

同様に,$\Delta x, \Delta y, \Delta z$ を波の空間的な拡がりの大きさとすると,波の分解に入ってくる波動ベクトルの成分の値の幅に対して次式を得る:

$$\Delta k_x \gtrsim \frac{1}{\Delta x}, \qquad \Delta k_y \gtrsim \frac{1}{\Delta y}, \qquad \Delta k_z \gtrsim \frac{1}{\Delta z}. \tag{75.4}$$

これらの公式から,有限幅の光のビームがあれば,そのようなビームのなかの光の伝播方向は厳密には一定でありえない,ということがわかる.ビーム中の光の(平均)方向に x 軸をとると

$$\theta_y \gtrsim \frac{1}{k \Delta y} \sim \frac{\lambda}{\Delta y} \tag{75.5}$$

が得られる.ただし,θ_y は,xy 平面内でビームが平均方向からそれる程度,λ は波長である.

他方,公式(75.5)は,光学的な結像の鮮明さの限度について答えを与えてくれる.幾何光学によればすべてが一点に交わるはずの光線からなる光のビームも,実際には点状の像を与えず,スポット状の像を与える.このスポットの幅 Δ は,(75.5)にしたがって

$$\Delta \sim \frac{1}{k\theta} \sim \frac{\lambda}{\theta} \tag{75.6}$$

となる.ただし,θ はビームの広がりの角度である.この式は像だけでなく,物体にも適用される.すなわち,光点から発する光のビームを観測するとき,この点を大きさ λ/θ の物体から識別することはできない,と述べることができる.このように,公式(75.6)は顕微鏡の**分解能**の限度を与えるのである.Δ の最小値は $\theta \sim 1$ のとき実現され,その値は λ であるが,これは,幾何光学の限界がその光の波長によって決定されるという事実に完全に合致する.

問　題

平行な光のビームが隔壁から距離 l の点でもつ最小の幅の大きさを求めよ.

解 隔壁の孔の大きさを d とすれば,(75.5)から回折の角度は $\sim \lambda/d$ となるから,ビームの幅は $d+(\lambda/d)l$ の程度である.これの最小値は $\sqrt{\lambda l}$ である.

§76. 場の固有振動

空間のある有限な体積中の自由な(つまり電荷のない状

態での）電磁場を考察しよう．あとの計算を簡単にするため，この体積はそれぞれ〔長さ〕A, B, C の辺をもつ直方体の形をしていると仮定する．そうすると，この直方体のなかで場を特徴づけるすべての量を3重フーリエ級数（三つの座標に対する）に展開することができる．この展開（たとえば，ベクトル・ポテンシャルに対する）は

$$\boldsymbol{A} = \sum_{\boldsymbol{k}}(\boldsymbol{a}_{\boldsymbol{k}} e^{i\boldsymbol{k}\cdot\boldsymbol{r}} + \boldsymbol{a}_{\boldsymbol{k}}^{*} e^{-i\boldsymbol{k}\cdot\boldsymbol{r}}) \qquad (76.1)$$

という $\boldsymbol{A}$ が実数であることを明らかにした形に書かれる．ここで和はその成分が，n_x, n_y, n_z を正および負の整数として

$$k_x = \frac{2\pi n_x}{A}, \qquad k_y = \frac{2\pi n_y}{B}, \qquad k_z = \frac{2\pi n_z}{C} \quad (76.2)$$

という値をとるベクトル $\boldsymbol{k}$ のすべての可能な値にわたる．$\mathrm{div}\,\boldsymbol{A} = 0$ という方程式から，各 $\boldsymbol{k}$ に対して

$$\boldsymbol{k} \cdot \boldsymbol{a}_{\boldsymbol{k}} = 0, \qquad (76.3)$$

すなわち複素ベクトル $\boldsymbol{a}_{\boldsymbol{k}}$ は対応する波数ベクトル $\boldsymbol{k}$ に直交することが導かれる．もちろんベクトル $\boldsymbol{a}_{\boldsymbol{k}}$ は時間の関数で，つぎの方程式を満たす：

$$\ddot{\boldsymbol{a}}_{\boldsymbol{k}} + c^2 k^2 \boldsymbol{a}_{\boldsymbol{k}} = 0. \qquad (76.4)$$

もし，考えている体積の拡がり，A, B, C が十分大きければ，k_x, k_y, k_z の相隣る値（それに対し n_x, n_y, n_z は1だけ異なる）は非常に近接している．この場合，小さな区間 $\Delta k_x, \Delta k_y, \Delta k_z$ のなかの k_x, k_y, k_z の可能な値の数を語ることができる．

たとえば k_x の相隣る値には 1 だけ異なる n_x 値が対応するから，区間 Δk_x 内の k_x の可能な値の数 Δn_x は，単に，対応する区間内の n_x の値の数に等しい．したがって

$$\Delta n_x = \frac{A}{2\pi}\Delta k_x, \qquad \Delta n_y = \frac{B}{2\pi}\Delta k_y, \qquad \Delta n_z = \frac{C}{2\pi}\Delta k_z$$

が得られる．区間 $\Delta k_x, \Delta k_y, \Delta k_z$ 内に成分をもつベクトル $\boldsymbol{k}$ の可能な値の総数は，積 $\Delta n_x \Delta n_y \Delta n_z$ すなわち

$$\Delta n = \frac{V}{(2\pi)^3}\Delta k_x \Delta k_y \Delta k_z \qquad (76.5)$$

に等しい．ただし $V = ABC$ は場の体積である．

これから，その絶対値が区間 Δk にあり，その方向が立体角要素 Δo のなかにあるような波数ベクトルの可能な値の数は容易に求められる．これを求めるためには，k 空間の極座標に移り，$\Delta k_x \Delta k_y \Delta k_z$ の代わりにこの座標での体積要素を書きさえすればよい．そうすると

$$\Delta n = \frac{V}{(2\pi)^3}k^2 \Delta k \Delta o. \qquad (76.6)$$

最後に，絶対値 k が区間 Δk にあり，あらゆる方向に向いている波動ベクトルの可能な値の数は，Δo の代わりに 4π と書いて

$$\Delta n = \frac{V}{2\pi^2}k^2 \Delta k. \qquad (76.7)$$

ベクトル $\boldsymbol{a}_k$ は，時間の関数としては振動数 $\omega_k = ck$ ((76.4)をみよ)をもつ単一周期の関数になる．場の展開を，進行平面波への分解となるような形に行なうにす

る.そのために,おのおのの a_k が時間に $e^{-i\omega_k t}$ という因子で依存するとしよう:

$$a_k \sim e^{-i\omega_k t}, \qquad \omega_k = ck. \tag{76.8}$$

こうすると,和(76.1)の各項は,差 $\boldsymbol{k}\cdot\boldsymbol{r} - \omega_k t$ だけの関数となり,ベクトル $\boldsymbol{k}$ の方向に伝播する波に対応する.

体積 V のなかの今考えている場の全エネルギー

$$\mathscr{E} = \frac{1}{8\pi}\int (E^2 + H^2)dV$$

を,量 a_k を使って表わそう.電場は

$$\boldsymbol{E} = -\frac{1}{c}\dot{\boldsymbol{A}} = -\frac{1}{c}\sum_k (\dot{a}_k e^{i\boldsymbol{k}\cdot\boldsymbol{r}} + \dot{a}_k^* e^{-i\boldsymbol{k}\cdot\boldsymbol{r}}),$$

あるいは,(76.8)を考慮して

$$\boldsymbol{E} = i\sum_k k(a_k e^{i\boldsymbol{k}\cdot\boldsymbol{r}} - a_k^* e^{-i\boldsymbol{k}\cdot\boldsymbol{r}}) \tag{76.9}$$

である.磁場 $\boldsymbol{H} = \mathrm{rot}\,\boldsymbol{A}$ に対しては,

$$\boldsymbol{H} = i\sum_k (\boldsymbol{k}\times\boldsymbol{a}_k e^{i\boldsymbol{k}\cdot\boldsymbol{r}} - \boldsymbol{k}\times\boldsymbol{a}_k^* e^{-i\boldsymbol{k}\cdot\boldsymbol{r}}) \tag{76.10}$$

が得られる.これらの和の平方を計算するときに,波数ベクトルが,$\boldsymbol{k}\neq\boldsymbol{k}'$ であるような項の積は,すべて全体積にわたる積分の際ゼロを与えることに注意しなければならない.事実,このような項は,$e^{\pm i\boldsymbol{q}\cdot\boldsymbol{r}}, \boldsymbol{q} = \boldsymbol{k}\pm\boldsymbol{k}'$ という形の因子を含み,たとえば

$$\int_0^A e^{i\frac{2\pi}{A}n_x x}dx$$

という積分は,n_x がゼロと異なるときゼロに等しい.指数

関数の因子をもたない項は，dV による積分でちょうど体積 V を与える．

結局，
$$\mathscr{E} = \frac{V}{4\pi} \sum_k \{k^2 \boldsymbol{a}_k \cdot \boldsymbol{a}_k^* + (\boldsymbol{k} \times \boldsymbol{a}_k) \cdot (\boldsymbol{k} \times \boldsymbol{a}_k^*)\}$$
が求められる．さらに $\boldsymbol{a}_k \cdot \boldsymbol{k} = 0$ を考えると，
$$(\boldsymbol{k} \times \boldsymbol{a}_k) \cdot (\boldsymbol{k} \times \boldsymbol{a}_k^*) = k^2 \boldsymbol{a}_k \cdot \boldsymbol{a}_k^*$$
であり，最後に
$$\mathscr{E} = \sum_k \mathscr{E}_k, \qquad \mathscr{E}_k = \frac{k^2 V}{2\pi} \boldsymbol{a}_k \cdot \boldsymbol{a}_k^* \qquad (76.11)$$
が得られる．このように，場の全エネルギーは，個々の平面波のエネルギー $\mathscr{E}_k$ の和で与えられるのである．

まったく同じやり方で，場の全運動量
$$\frac{1}{c^2} \int \boldsymbol{S} dV = \frac{1}{4\pi c} \int (\boldsymbol{E} \times \boldsymbol{H}) dV$$
を計算することができ
$$\sum_k \frac{\boldsymbol{k}}{k} \frac{\mathscr{E}_k}{c} \qquad (76.12)$$
が得られる．この結果は，平面波のエネルギーと運動量とのあいだの関係から予期されたものである（§69 をみよ）．

空間のあらゆる点で与えられたポテンシャル $\boldsymbol{A}(x, y, z, t)$ の記述は，本来，変数の連続列による記述となるが，ここではそれに代わるものとして，離散的な列の変数（ベクトル $\boldsymbol{a}_k$）による場の記述が展開（76.1）によって行なわれた．つぎに，変数 $\boldsymbol{a}_k$ の変換を行ない，その結果，場の方

程式が力学の正準方程式（ハミルトン方程式）と同様な形をとるようにしよう．

実数の《正準変数》Q_k と P_k を

$$Q_k = \sqrt{\frac{V}{4\pi c^2}}(a_k + a_k^*),$$
$$P_k = -i\omega_k \sqrt{\frac{V}{4\pi c^2}}(a_k - a_k^*) = \dot{Q}_k \quad (76.13)$$

という関係によって導入する．

場のハミルトニアンは，エネルギー (76.11) にこの表式を代入して求められる：

$$\mathscr{H} = \sum_k \mathscr{H}_k = \sum_k \frac{1}{2}(P_k^2 + \omega_k^2 Q_k^2). \quad (76.14)$$

このときハミルトン方程式の $\partial \mathscr{H}/\partial P_k = \dot{Q}_k$ は $P_k = \dot{Q}_k$ と一致し，これが実際に運動方程式の帰結であることがわかる（これは，変換 (76.13) の係数を適切にとったことによる）．運動方程式 $\partial \mathscr{H}/\partial Q_k = -\dot{P}_k$ は

$$\ddot{Q}_k + \omega_k^2 Q_k = 0 \quad (76.15)$$

となる．すなわち，これらは場の方程式と同一である．

ベクトル Q_k および P_k のおのおのは波動ベクトル k に垂直であり，すなわち2個の独立成分をもつ．これらのベクトルの方向は対応する進行波の偏光の方向を決定する．ベクトル Q_k の（k に垂直な平面内の）二つの成分を Q_{kj}，$j=1,2$，で表わすと，$Q_k^2 = \sum_j Q_{kj}^2$ となり，P_k に対しても同様である．そうすると

$$\mathcal{H} = \sum_{k,j} \mathcal{H}_{kj}, \qquad \mathcal{H}_{kj} = \frac{1}{2}(P_{kj}^2 + \omega_k^2 Q_{kj}^2). \qquad (76.16)$$

ハミルトニアンが，おのおの Q_{kj}, P_{kj} という量のただ1個の組を含む独立な項 $\mathcal{H}_{kj}$ の和に分解されることがわかる．このような項のおのおのは，一定の波数ベクトルとかたよりとをもった進行波に対応する．$\mathcal{H}_{kj}$ という量は，単純調和振動を行なっている1次元の《振動子》のハミルトニアンの形をしている．この理由から，上の結果を**振動子による場の展開**とよぶことがある．

第 14 章　電磁波の放射

§77. 遅延ポテンシャル

運動している電荷がつくる場のポテンシャルを定める方程式を導こう．そのために，§68で行なった演算を，今度は電荷および電流密度がゼロという仮定をしないで，くり返すことにする．

定義
$$\boldsymbol{E} = -\frac{1}{c}\frac{\partial \boldsymbol{A}}{\partial t} - \operatorname{grad}\varphi, \qquad \boldsymbol{H} = \operatorname{rot}\boldsymbol{A} \qquad (77.1)$$
を方程式
$$\operatorname{rot}\boldsymbol{H} = \frac{4\pi}{c}\boldsymbol{j} + \frac{1}{c}\frac{\partial \boldsymbol{E}}{\partial t}$$
に代入すると
$$\begin{aligned}\operatorname{rot}\operatorname{rot}\boldsymbol{A} &= -\Delta\boldsymbol{A} + \operatorname{grad}\operatorname{div}\boldsymbol{A}\\ &= \frac{4\pi}{c}\boldsymbol{j} - \frac{1}{c^2}\frac{\partial^2\boldsymbol{A}}{\partial t^2} - \operatorname{grad}\frac{1}{c}\frac{\partial\varphi}{\partial t}\end{aligned} \qquad (77.2)$$
が得られる（右辺の最後の項では演算 grad と $\partial/\partial t$ の順序を変えた）．

ポテンシャルに課す付加条件として，ここで

$$\operatorname{div} \boldsymbol{A} + \frac{1}{c}\frac{\partial \varphi}{\partial t} = 0 \tag{77.3}$$

という式を選ぶ．この条件は，ローレンツ条件とよばれ，これを満足するポテンシャルをローレンツ・ゲージのポテンシャルという[1]．このとき (77.2) 式の両辺の最後の項は互いに打ち消し

$$\Delta \boldsymbol{A} - \frac{1}{c^2}\frac{\partial^2 \boldsymbol{A}}{\partial t^2} = -\frac{4\pi}{c}\boldsymbol{j} \tag{77.4}$$

が得られる．

同様にして，(77.1) を方程式 $\operatorname{div} \boldsymbol{E} = 4\pi\rho$ に代入して，

$$-\frac{1}{c}\frac{\partial}{\partial t}\operatorname{div} \boldsymbol{A} - \Delta\varphi = 4\pi\rho,$$

あるいは $\operatorname{div} \boldsymbol{A}$ を条件 (77.3) で書きなおして

$$\Delta\varphi - \frac{1}{c^2}\frac{\partial^2 \varphi}{\partial t^2} = -4\pi\rho \tag{77.5}$$

が求まる．

(77.4〜5) が求める方程式である．時間的に一定な場に対しては，これらはすでにおなじみの方程式 (59.4) およ

---

[1] 条件 (77.3) は，§68 で使った条件 $\varphi = 0$, $\operatorname{div} \boldsymbol{A} = 0$ よりも一般的である．この後者の条件を満たすポテンシャルはローレンツ条件 (77.3) も満たす．しかし，ローレンツ条件がこれと異なる点は，その不変性にある．ある一つの基準系でローレンツ条件を満たすポテンシャルは，他のすべての基準系でも同じ条件を満たす．このことは，条件 (77.3) を 4 次元の不変な形式で

$$\frac{\partial A^\mu}{\partial x^\mu} = 0$$

に書くことができることから明らかである．

び (65.4) に，そして電荷のない変化する場に対しては同次の波動方程式に帰着する．

よく知られているように，非同次線型方程式 (77.4) および (77.5) の解は，右辺をゼロとしたこれらの方程式の解と，右辺をもつ方程式の特殊解との和として表わすことができる．特殊解を求めるために，全空間を無限に小さな領域に分割し，これらの体積要素の一つに位置している電荷がつくる場を決定する．場の方程式の線型性のために，実際の場はこれらすべての要素がつくる場の和となる．

与えられた体積要素のなかの電荷 de は，一般には時間の関数である．考えている体積要素のなかに座標原点をとるならば，電荷密度は $\rho = de(t)\delta(\boldsymbol{R})$ となる．ただし，$\boldsymbol{R}$ は原点からの距離である．したがって，われわれは方程式

$$\Delta\varphi - \frac{1}{c^2}\frac{\partial^2\varphi}{\partial t^2} = -4\pi de(t)\delta(\boldsymbol{R}) \tag{77.6}$$

を解かなければならない．

原点を除いてはいたるところで $\delta(\boldsymbol{R})=0$ であって，方程式は

$$\Delta\varphi - \frac{1}{c^2}\frac{\partial^2\varphi}{\partial t^2} = 0 \tag{77.7}$$

である．われわれが問題にしている場合には φ が球対称，つまり φ が R だけの関数であることは明らかである．したがってラプラス演算子を極座標で書くと，(77.7) は

$$\frac{1}{R^2}\frac{\partial}{\partial R}\left(R^2\frac{\partial\varphi}{\partial R}\right) - \frac{1}{c^2}\frac{\partial^2\varphi}{\partial t^2} = 0.$$

この方程式を解くために，$\varphi = \chi(R, t)/R$ というおきかえをする．そうすると，χ に対して

$$\frac{\partial^2 \chi}{\partial R^2} - \frac{1}{c^2}\frac{\partial^2 \chi}{\partial t^2} = 0$$

が得られる．ところで，これは平面波の方程式であり，その解は

$$\chi = f_1\left(t - \frac{R}{c}\right) + f_2\left(t + \frac{R}{c}\right)$$

という形をもつ．

われわれは単に方程式の一つの特殊解を求めたいのであるから，関数 f_1 および f_2 のうち一つだけを選べば十分である．普通 $f_2 = 0$ ととるのが便利であることがわかる（この点に関しては，以下をみよ）．そうすると，原点を除きいたるところで φ は

$$\varphi = \frac{\chi\left(t - \dfrac{R}{c}\right)}{R} \tag{77.8}$$

という形をもつ．

ここまでは関数 χ は任意である．ここでわれわれは，この関数を，それが原点におけるポテンシャルに対する正しい値を与えるように選ぶ．言いかえると，原点で (77.6) が満たされるように，χ を選択しなければならない．これは $R \to 0$ のときポテンシャルが無限大となり，したがって，その座標導関数がその時間導関数よりも急速に増大することに注意すれば，たやすく行なわれる．すなわち，この

性質のため，$R \to 0$ のとき，方程式 (77.6) において $\Delta\varphi$ にくらべて $(1/c^2)(\partial^2\varphi/\partial t^2)$ の項を無視できる．そうすると (77.6) は，クーロンの法則に導くよく知られた方程式 (59.10) となる．このようにして，座標原点の近くでは (77.8) はクーロンの法則にならなければならない．それから $\chi(t) = de(t)$，すなわち

$$\varphi = \frac{de\left(t - \dfrac{R}{c}\right)}{R}$$

が結論される．

これから任意の電荷分布 $\rho(x, y, z, t)$ に対する方程式 (77.5) の解を求めるのは容易である．これを行なうには，$de = \rho dV$（dV は体積要素）と書き，全空間にわたって積分すればよい．方程式 (77.5) のこの解に，なお右辺を落した同じ方程式の解 φ_0 を加えることができる．したがって，一般解はつぎのような形をとる：

$$\varphi(\boldsymbol{r}, t) = \int \frac{1}{R} \rho\left(\boldsymbol{r}', t - \frac{R}{c}\right) dV' + \varphi_0, \tag{77.9}$$
$$\boldsymbol{R} = \boldsymbol{r} - \boldsymbol{r}', \qquad dV' = dx' dy' dz'.$$

ここで，$\boldsymbol{r} = (x, y, z)$，$\boldsymbol{r}' = (x', y', z')$ で，R は体積要素 dV' からポテンシャルを求める《場の点》までの距離である．この表式を簡潔に

$$\varphi = \int \frac{\rho_{t-R/c}}{R} dV + \varphi_0 \tag{77.10}$$

と書くことにしよう．ただし，指標 $t - R/c$ は，時間 $t - R/c$

における量 ρ をとらなければならないことを意味し, dV の上のダッシュは省いた.

同様なやり方でベクトル・ポテンシャルに対してつぎの解が得られる：

$$\boldsymbol{A} = \frac{1}{c}\int \frac{\boldsymbol{j}_{t-R/c}}{R}dV + \boldsymbol{A}_0. \tag{77.11}$$

ここで $\boldsymbol{A}_0$ は右辺のない方程式 (77.4) の解である.

φ_0 および $\boldsymbol{A}_0$ を省いたポテンシャル (77.10) および (77.11) は**遅延ポテンシャル**とよばれる.

電荷が静止している場合には（すなわち密度 ρ が時間に無関係な場合には），公式 (77.10) は静電場に対するよく知られた公式 (59.9) になり，また電荷が定常運動をするときには (77.11) は，平均をとったのちには，静磁場に対するベクトル・ポテンシャル (65.5) に移行する.

(77.10) および (77.11) における $\boldsymbol{A}_0$ および φ_0 という量は，問題によってきまる条件をみたすように定めなければならない．明らかに，このためには初期条件を与えれば，すなわち，初めの時刻における場の値を定めれば十分である．しかしながら，通常，われわれはこのような初期条件を扱わなくてもよい．普通はその代わりに，全時間を通じて電荷の系から非常に離れている場所における条件を与える．したがってたとえば，放射が外部から系に入射している，と述べられることがある．この条件に対応して，この放射と系との相互作用の結果現われる場は，系から発生する放射のぶんだけ外場から異なることができる．系から放

出されるこの放射は遠方で，系から拡がって出てゆく波，すなわち増大する R の方向に拡がる波の形をとらなければならない．ところで，遅延ポテンシャルの形の解はこの条件を満たしている．それゆえ，後者は系がつくる場を表わすが，φ_0 および $\boldsymbol{A}_0$ のほうは系に作用する外部の場に等しいとおかなければならない．

§78. リエナール-ヴィーヒェルトのポテンシャル

与えられた運動をする一つの点電荷によってつくられる場のポテンシャルを求めよう．運動の軌道を $\boldsymbol{r} = \boldsymbol{r}_0(t)$ とする．

遅延ポテンシャルの公式によると，時刻 t における観測点 $P(x,y,z)$ での場は，それより前の時刻 t' における電荷の運動状態によって定められる．ここで t' は，光の信号が電荷のある点 $\boldsymbol{r}_0(t')$ から観測点 P まで伝播する時間がちょうど $t-t'$ に一致するような時刻である．電荷 e から点 P までの動径ベクトルを $\boldsymbol{R}(t) = \boldsymbol{r} - \boldsymbol{r}_0(t)$ とする．これは，$\boldsymbol{r}_0(t)$ と同様に与えられた時間の関数である．そのとき時刻 t' は

$$t' + \frac{R(t')}{c} = t \qquad (78.1)$$

という方程式で定められる．

時刻 t' に粒子が静止しているような基準系では，時刻 t における観測点での場は単にクーロンの法則で与えられる．すなわち，

$$\varphi = \frac{e}{R(t')}, \qquad \boldsymbol{A} = 0. \qquad (78.2)$$

任意の基準系におけるポテンシャルの表式を求めるには，速度 $\boldsymbol{v}=0$ で φ と $\boldsymbol{A}$ が (78.2) になるような4元ベクトルを書けばよい．(78.1) によると，(78.2) の φ が

$$\varphi = \frac{e}{c(t-t')}$$

という形にも書けることに注意すると，求める4元ベクトルは

$$A^\mu = e\frac{u^\mu}{R_\nu u^\nu} \qquad (78.3)$$

であることがわかる．ただし u^μ は電荷の4元速度 (40.2)，R^ν は4元ベクトル

$$R^\nu = (c(t-t'),\ \boldsymbol{r}-\boldsymbol{r}')$$

である．ここで x', y', z', t' のあいだには (78.1) の関係がある．この関係は不変な形

$$R_\nu R^\nu = 0 \qquad (78.4)$$

に書くことができるから，不変的な性格のものである．

ここで任意の基準系における4元ベクトル (78.3) の成分の3次元的な表現にもどると，任意の運動をしている点電荷がつくる場のポテンシャルに対して，つぎの表式が得られる：

$$\varphi = \frac{e}{\left(R-\dfrac{\boldsymbol{v}\cdot\boldsymbol{R}}{c}\right)}, \quad \boldsymbol{A} = \frac{e\boldsymbol{v}}{c\left(R-\dfrac{\boldsymbol{v}\cdot\boldsymbol{R}}{c}\right)}. \qquad (78.5)$$

ただし，$\boldsymbol{R}$ は電荷のある点から観測点 P までの動径ベクトルであり，式の右辺にあるすべての量には，(78.1) から決まる時刻 t' における値を入れなければならない．(78.5) の形の場のポテンシャルは，リエナール-ヴィーヒェルトのポテンシャルとよばれる．

電場と磁場の強さは公式

$$\boldsymbol{E} = -\frac{1}{c}\frac{\partial \boldsymbol{A}}{\partial t} - \operatorname{grad}\varphi, \qquad \boldsymbol{H} = \operatorname{rot}\boldsymbol{A}$$

から計算されるが，ここで φ および $\boldsymbol{A}$ を場の点の座標 x, y, z と観測の時刻 t とについて微分しなければならない．ところが公式 (78.5) は t' の関数としてのポテンシャルを (78.1) という関係をとおして x, y, z, t の陰関数として表わしているにすぎない．したがって，求める導関数を計算するには，最初に t' の微分を計算しなければならない．

$R(t') = c(t - t')$ という関係を t および $\boldsymbol{r}$ について微分し

$$\begin{aligned}
\frac{\partial R}{\partial t} &= \frac{\partial R}{\partial t'}\frac{\partial t'}{\partial t} = c\left(1 - \frac{\partial t'}{\partial t}\right), \\
\operatorname{grad} R &= \frac{\partial R}{\partial t'}\operatorname{grad} t' + \frac{\partial R}{\partial \boldsymbol{r}} = -c\operatorname{grad} t'
\end{aligned} \qquad (78.6)$$

が得られる．$\partial R/\partial t'$ の値は，$R^2 = \boldsymbol{R}^2$ という恒等式を微分し，$\partial \boldsymbol{R}/\partial t' = -\boldsymbol{v}(t')$ を代入することによって得られる（負の符号がつくのは，$\boldsymbol{R}$ が電荷 e から観測点 P への動径ベクトルであり，速度は電荷の座標の時間微分であることによる）．これから

$$\frac{\partial R}{\partial t'} = -\frac{\boldsymbol{R}\cdot\boldsymbol{v}}{R}, \quad \frac{\partial R}{\partial \boldsymbol{r}} = \frac{\boldsymbol{R}}{R}.$$

これらの値を (78.6) 式に代入すると次式が得られる.

$$\frac{\partial t'}{\partial t} = \frac{1}{1-\dfrac{\boldsymbol{R}\cdot\boldsymbol{v}}{cR}}, \quad \mathrm{grad}\, t' = -\frac{\boldsymbol{R}}{c\left(R-\dfrac{\boldsymbol{R}\cdot\boldsymbol{v}}{c}\right)}.$$

(78.7)

これらの公式を用いれば場 $\boldsymbol{E}$ および $\boldsymbol{H}$ の計算を遂行するのは困難ではない. 途中の計算を省略し, 最終の結果を与えよう:

$$\boldsymbol{E} = e\frac{1-\dfrac{v^2}{c^2}}{\left(R-\dfrac{\boldsymbol{R}\cdot\boldsymbol{v}}{c}\right)^3}\left(\boldsymbol{R}-\frac{\boldsymbol{v}}{c}R\right)$$
$$+\frac{e}{c^2\left(R-\dfrac{\boldsymbol{R}\cdot\boldsymbol{v}}{c}\right)^3}\boldsymbol{R}\times\left\{\left(\boldsymbol{R}-\frac{\boldsymbol{v}}{c}R\right)\times\dot{\boldsymbol{v}}\right\}, \quad (78.8)$$

$$\boldsymbol{H} = \frac{1}{R}\boldsymbol{R}\times\boldsymbol{E}. \tag{78.9}$$

ここで $\dot{\boldsymbol{v}} = \partial\boldsymbol{v}/\partial t'$;式の右辺の量はすべて, 時刻 t' におけるものである. 磁場がいたるところで電場に垂直であるという興味深い結果が得られることに注意しよう.

電場 (78.8) は, 異なった性格をもつ二つの部分からなっている. 第1項は, 粒子の速度だけに依存し (加速度にはよらない), 大きな距離のところでは $1/R^2$ のように変化する. 第2項は, 加速度に依存し, 大きな距離のところで

$1/R$ のように変化する．以下で，この第2の項が粒子によって放射される電磁波と関連していることをみるであろう．

加速度に依存しない第1項のほうは，等速運動している電荷のつくる場に対応するはずである．実際，(ここでは省略するが) この項できめられる場が (61.5) の場と同一であることを示すことができる[巻末注]．

§79. 電荷の系から遠く離れたところの場

運動している電荷の系がつくる場の，系の大きさにくらべて大きな距離をへだてた場所におけるようすを考察しよう．

座標原点 O を電荷の系の内部の任意の点にとる．O から場を定めようとする点 P までの位置ベクトルを $\boldsymbol{R}_0$ で表わし，この方向の単位ベクトルを $\boldsymbol{n}$ としよう．電荷 $de = \rho dV$ の動径ベクトルを $\boldsymbol{r}$ とし，de から点 P までの動径ベクトルを $\boldsymbol{R}$ とする．明らかに $\boldsymbol{R} = \boldsymbol{R}_0 - \boldsymbol{r}$．

電荷の系から遠いところでは，$R_0 \gg r$. したがって，近似的に

$$R = |\boldsymbol{R}_0 - \boldsymbol{r}| \approx R_0 - \boldsymbol{n} \cdot \boldsymbol{r}$$

が得られる．これを遅延ポテンシャルの表式 (77.10)，(77.11) に代入する．被積分関数の分母では，$\boldsymbol{r} \cdot \boldsymbol{n}$ を R_0 にくらべて無視することができる．しかしながら，$t - R/c$ においてはこれは一般に許されない；このような項を無視できるかどうかは，R_0/c と $\boldsymbol{r} \cdot \boldsymbol{n}/c$ との相対的な値によってきまるのではなく，ρ および $\boldsymbol{j}$ という量が時間 $\boldsymbol{r} \cdot \boldsymbol{n}/c$ の

あいだにどれだけ変化するかによってきまるのである．積分に際して R_0 は一定であり，積分記号の外に出すことができるから，電荷の系から遠く離れたところでのポテンシャルに対して，つぎの表式が得られる：

$$\varphi = \frac{1}{R_0} \int \rho_{t - \frac{R_0}{c} + \frac{r \cdot n}{c}} dV, \qquad (79.1)$$

$$\boldsymbol{A} = \frac{1}{cR_0} \int \boldsymbol{j}_{t - \frac{R_0}{c} + \frac{r \cdot n}{c}} dV. \qquad (79.2)$$

電荷の系から十分遠く離れたところでは，空間のあまり大きくない領域の範囲で場を平面波とみなすことができる．そのためには距離が系の大きさにくらべて大きいだけでなく，その系が放射する電磁波の波長にくらべても大きいことが必要である．われわれはこの空間領域を放射の**波動帯**とよぶ．

平面波において場 $\boldsymbol{E}$ と $\boldsymbol{H}$ とは，(69.4) 式，すなわち $\boldsymbol{E} = \boldsymbol{H} \times \boldsymbol{n}$ によって互いに関係づけられている．$\boldsymbol{H} = \mathrm{rot}\, \boldsymbol{A}$ であるから，波動帯における場を完全に決定するには，ベクトル・ポテンシャルだけを計算すれば十分である．平面波に対しては $\boldsymbol{H} = \dot{\boldsymbol{A}} \times \boldsymbol{n}/c$ を得る [(69.3) をみよ]．ただし，ドットは時間に関する微分を表わす．このように，$\boldsymbol{A}$ を知ればつぎの公式から $\boldsymbol{H}$ および $\boldsymbol{E}$ が求められる[1]：

---

[1] 公式 $\boldsymbol{E} = -\dot{\boldsymbol{A}}/c$ [(69.3) をみよ] はここでは適用できない．というのは，ポテンシャル $\varphi, \boldsymbol{A}$ が，§69 で課せられていた付加条件をここでは満たしていないからである．

$$H = \frac{1}{c}\dot{A}\times n, \quad E = \frac{1}{c}(\dot{A}\times n)\times n. \quad (79.3)$$

遠方における場が，放射している系からの距離 R_0 の1乗に反比例することに注意しよう．また，時間 t がいつも $t - R_0/c$ という組合せで表式 (79.1)～(79.3) に現われることを注意しておく．

電磁波の放射はもちろん，エネルギーの放射を伴う．エネルギーの流れはポインティング・ベクトルによって与えられる．平面波の場合それは

$$S = c\frac{H^2}{4\pi}n$$

である．立体角要素 do のなかにはいる放射の強度 dI は，原点に中心をもつ半径 R_0 の球面の要素 $df = R_0^2 do$ を単位時間に通過するエネルギーの量と定義される．この量は明らかにエネルギー流の密度 S に df をかけたもの，すなわち

$$dI = c\frac{H^2}{4\pi}R_0^2 do \quad (79.4)$$

に等しい．場 H は R_0 に反比例するから，単位時間に立体角要素 do 内へ系が放射するエネルギーの量は，どんな距離に対しても同一である（$t - R_0/c$ の値が同じであれば）．もちろん，これは当然のことである．というのは，系から放射されるエネルギーは周囲の空間に速度 c をもって拡がり，どこにもたまったり，消え失せたりしないからである．

§80. 双極放射

　時間 $r\cdot n/c$ のあいだに電荷分布が少ししか変化しない場合には，遅延ポテンシャルに対する表式（79.1）および（79.2）の被積分関数において，時間 $r\cdot n/c$ を無視することができる．そのために満たさねばならない条件をみつけるのは容易である．系の電荷分布が著しく変化するのに要する時間の長さの程度を T で表わそう．系の放射は明らかに T の程度の周期（すなわち，$1/T$ 程度の振動数）をもつであろう．さらに系の大きさの程度を a で表わそう．そうすると時間 $r\cdot n/c$ は a/c 程度の大きさである．この時間のあいだに系の電荷分布が著しい変化を示さないためには，$a/c \ll T$ であることが必要である．ところで cT はちょうど放射の波長である．したがって，条件 $a \ll cT$ は

$$a \ll \lambda \tag{80.1}$$

という形に書くことができる．つまり，系の大きさは放射される波の波長にくらべて小さくなければならない．

　この条件は，v が電荷の速度の大きさの程度を表わすとすると $T \sim a/v$，それゆえ，$\lambda \sim ca/v$ であることに着目すると，さらに，もう一つ別の形に書くことができる．$a \ll \lambda$ から

$$v \ll c \tag{80.2}$$

が得られる．すなわち，電荷の速度は光速度にくらべて小さくなければならない．

　われわれはこの条件が満たされていると仮定して，波長にくらべて大きな距離（したがってまたいかなる場合にも

§80. 双極放射

系の大きさにくらべて大きな距離)だけ系から離れた所における放射を調べることにしよう.§79で指摘したように,このような距離においては場を平面波とみなすことができ,したがって場を決定するには,ベクトル・ポテンシャルだけを計算すれば十分である.

遠方における場のベクトル・ポテンシャル (79.2) は,ここでは

$$A = \frac{1}{cR_0}\int j_{t'}\,dV \tag{80.3}$$

という形をとる.ただし $t' = t - R_0/c$.時間 t' はもはや積分変数に関係していない.$j = \rho v$ を代入して,(80.3) を

$$A = \frac{1}{cR_0}(\sum ev)$$

という形に書きなおす.和は系のあらゆる電荷にわたる.簡略のため,指標 t' を省いた――式の右辺のすべての量は時間 t' に関するものである.ところが

$$\sum ev = \frac{d}{dt}\sum er = \dot{d}.$$

d は系の双極モーメントである.それゆえ

$$A = \frac{1}{cR_0}\dot{d}. \tag{80.4}$$

公式 (79.3) を用いて,磁場が

$$H = \frac{1}{c^2 R_0}\ddot{d} \times n \tag{80.5}$$

に等しく,電場は

$$E = \frac{1}{c^2 R_0}(\ddot{\boldsymbol{d}} \times \boldsymbol{n}) \times \boldsymbol{n} \qquad (80.6)$$

に等しいことがわかる.

今考えている近似では, 放射が系の双極モーメントの 2 階導関数によってきまることに注意しよう. この種の放射は**双極放射**とよばれる.

$\boldsymbol{d} = \sum e\boldsymbol{r}$ であるから, $\ddot{\boldsymbol{d}} = \sum e\dot{\boldsymbol{v}}$. したがって電荷は, 加速度をもって運動するときにのみ放射することができる. 一様な運動をしている電荷は放射しない. このことはまた相対性原理からも直接結論される. というのは, 一様運動をしている電荷は, それが静止しているような基準系で考察することができ, 静止している電荷はもちろん放射しないからである.

(80.5) を (79.4) に代入すると, 双極放射の強度が得られる:

$$dI = \frac{1}{4\pi c^3}(\ddot{\boldsymbol{d}} \times \boldsymbol{n})^2 do = \frac{\ddot{\boldsymbol{d}}^2}{4\pi c^3}\sin^2\theta do. \qquad (80.7)$$

ここで θ は $\ddot{\boldsymbol{d}}$ と $\boldsymbol{n}$ のあいだの角度である. これは, 単位時間に系が立体角要素 do 内へ放射したエネルギー量である. 放射の方向分布が $\sin^2\theta$ という因子で与えられることに注意しよう.

$do = 2\pi\sin\theta d\theta$ とおき, θ で 0 から π まで積分するとつぎの式が得られる:

$$I = \frac{2}{3c^3}\ddot{\boldsymbol{d}}^2. \qquad (80.8)$$

外場のなかで運動している電荷が1個であれば，$d=er$ であり，w をその粒子の加速度とすると $\ddot{d}=ew$ である．したがって，運動している電荷の全放射量は

$$I = \frac{2e^2w^2}{3c^3}. \tag{80.9}$$

系の行なう放射をスペクトル分解することは可能である．明らかに，放射のある単色成分を生みだすのは，系の双極モーメント $d(t)$ の同じフーリエ成分である．ここで，フーリエ級数に展開される場合とフーリエ積分による場合とを区別しなければならない．

もし電荷が（振動数 ω_0 で）周期運動をするならば，双極モーメントは（そしてまた放射の場も）フーリエ級数に展開される．一般公式 (72.4) に従って，（振動数 $\omega = n\omega_0$ の）単色成分の強度は，放射の強度の公式

$$I = \frac{2}{3c^3}\overline{\ddot{d}^2} \tag{80.10}$$

から2乗平均 $\overline{\ddot{d}^2}$ を対応するフーリエ成分 $\ddot{d}_n$ の絶対値の2乗の2倍でおきかえれば求められる：

$$I_n = \frac{4}{3c^3}|\ddot{d}_n|^2.$$

ベクトル $\ddot{d}(t)$ のフーリエ成分は，ベクトル $d(t)$ のフーリエ成分で表わされる．そのために，$\ddot{d}(t)$ の展開の各成分は，$d(t)$ の展開の対応する成分の時間微分から得られることに注意する：すなわち

$$\ddot{\boldsymbol{d}}_\omega e^{-i\omega t} = \frac{d^2}{dt^2}(\boldsymbol{d}_\omega e^{-i\omega t}) = -\omega^2 \boldsymbol{d}_\omega e^{-i\omega t}$$

これから

$$\ddot{\boldsymbol{d}}_\omega = -\omega^2 \boldsymbol{d}_\omega. \tag{80.11}$$

したがって

$$I_\omega = \frac{4\omega^4}{3c^3}|\boldsymbol{d}_\omega|^2. \tag{80.12}$$

フーリエ積分への展開が必要となるのは，荷電粒子の衝突の際に生じる放射（いわゆる**制動放射**）の場合である．このとき興味があるのは，全衝突時間にわたって放射されるエネルギーの総量である．振動数が ω と $\omega+d\omega$ のあいだにあるような波として放出されるエネルギーを，$d\mathcal{E}_\omega$ としよう．(72.8) に従って，それは放射の全エネルギーに対する公式

$$\Delta\mathcal{E} = \int_{-\infty}^{\infty} I dt = \frac{2}{3c^3}\int_{-\infty}^{\infty}\ddot{\boldsymbol{d}}^2 dt \tag{80.13}$$

から，積分を $2|\ddot{\boldsymbol{d}}_\omega|^2 d\omega/2\pi$ という表式でおきかえれば求められる：

$$d\mathcal{E}_\omega = \frac{2}{3\pi c^3}|\ddot{\boldsymbol{d}}_\omega|^2 d\omega. \tag{80.14}$$

電荷と質量との比がすべての粒子について同一であるような閉じた系は，双極放射を行なうことができないことに注意しよう．実際このような系に対して，双極モーメントは

$$\boldsymbol{d} = \sum e\boldsymbol{r} = \sum \frac{e}{m}m\boldsymbol{r} = \text{const.}\sum m\boldsymbol{r}$$

である.ただし,定数はすべての粒子に共通な電荷対質量の比である.ところが,R を系の慣性中心の位置ベクトル(すべての速度は小さく $v \ll c$,したがって非相対論的力学が適用できることを思い起こそう)として,$\sum m\boldsymbol{r} = \boldsymbol{R} \sum m$. それゆえ,$\ddot{\boldsymbol{d}}$ は慣性中心の加速度に比例するが,慣性中心は一様に動くから,その加速度はゼロである.

 もし双極放射がないならば,系の放射するエネルギーを定めるには,小さな比 a/λ のベキに場のポテンシャルを展開したときのもっと高い項を扱わなければならない.高次の近似(双極放射に続く)では,系の電気的4重極モーメントおよびその磁気モーメントなどの振動で定められる放射が生じる.

問 題[1]

1. 一平面内を一定の角速度 Ω で回転している双極子 $\boldsymbol{d}$ による放射を求めよ.

 解 回転の平面を xy 平面に選ぶと
$$d_x = d_0 \cos \Omega t, \qquad d_y = d_0 \sin \Omega t$$
となる.これらの関数が単色であるから,放射もまた振動数 $\omega = \Omega$ をもつ単色波となる.公式 (80.7) によって,(回転の1周期について)平均した放射の角度分布に対して

---

[1] ここの問題ではすべて粒子の速度 $v \ll c$ と仮定する.

$$\overline{dI} = \frac{d_0^2 \Omega^4}{8\pi c^3}(1+\cos^2\vartheta)do$$

が得られる．ただし ϑ は，放射の方向 $\boldsymbol{n}$ と z 軸とのあいだの角度である．全放射は

$$\bar{I} = \frac{2d_0^2 \Omega^4}{3c^3}.$$

2. 二つの相反発する粒子が正面衝突するときの全放射を求めよ．

解 座標原点を粒子の慣性中心に選ぶと，系の双極モーメントは

$$\boldsymbol{d} = e_1 \boldsymbol{r}_1 + e_2 \boldsymbol{r}_2$$
$$= \frac{e_1 m_2 - e_2 m_1}{m_1+m_2}\boldsymbol{r} = \mu\left(\frac{e_1}{m_1}-\frac{e_2}{m_2}\right)\boldsymbol{r}$$

となる．ただし，添字 1, 2 は二つの粒子のそれぞれを指し，$\boldsymbol{r} = \boldsymbol{r}_1 - \boldsymbol{r}_2$ はその二つの粒子の間の動径ベクトル，$\mu = m_1 m_2/(m_1+m_2)$ は換算質量である．二つの粒子の相対運動の方程式は

$$\dot{\boldsymbol{p}} = \mu\dot{\boldsymbol{v}} = \frac{e_1 e_2 \boldsymbol{r}}{r^3}$$

($e_1 e_2 > 0$) である．(80.13) によると，制動放射の全エネルギーは

$$\Delta\mathscr{E} = \frac{2\mu^2}{3c^3}\left(\frac{e_1}{m_1}-\frac{e_2}{m_2}\right)^2 \int_{-\infty}^{\infty} \dot{\boldsymbol{v}}^2 dt$$
$$= \frac{2}{3c^3}\left(\frac{e_1}{m_1}-\frac{e_2}{m_2}\right)^2 (e_1 e_2)^2 \int_{-\infty}^{\infty} \frac{dt}{r^4}. \qquad (1)$$

正面衝突のときには粒子の相対速度 v は

$$\frac{\mu v^2}{2}+\frac{e_1 e_2}{r}=\frac{\mu v_\infty^2}{2}$$

である.ただし v_∞ は無限に離れたときの速度である.積分で $dt=dr/v$ とおき,dt についての積分を dr についての ∞ から $r_{\min}=2e_1 e_2/\mu v_\infty^2$ までと $r_{\min}$ から ∞ までの積分におきかえる:

$$\int_{-\infty}^{\infty}\frac{dt}{r^4}=2\int_{r_{\min}}^{\infty}\frac{dr}{r^4\sqrt{v_\infty^2-2e_1 e_2/\mu r}}.$$

積分を行なうと,次式が得られる:

$$\Delta\mathscr{E}=\frac{8\mu^3 v_\infty^5}{45c^3 e_1 e_2}\left(\frac{e_1}{m_1}-\frac{e_2}{m_2}\right)^2.$$

3. 一つの荷電粒子がもう一つの近傍を通過する際の全放射を求めよ.ただし,速度が十分速く(c にくらべては小さいが)直線運動からの偏りは小さいとする.

解 偏りの角は,$\mu v^2\gg e_1 e_2/\rho$(運動エネルギー $\mu v^2/2$ が,$e_1 e_2/\rho$ の程度の大きさであるポテンシャル・エネルギーにくらべて大きい)ならば小さい.速度 v の直線運動では,$r=\sqrt{\rho^2+v^2 t^2}$,ただし ρ は最近接距離.前の問題の公式(1)に代入し,積分を計算すると次式が得られる:

$$\Delta\mathscr{E}=\frac{\pi(e_1 e_2)^2}{3vc^3\rho^3}\left(\frac{e_1}{m_1}-\frac{e_2}{m_2}\right)^2.$$

4. 制動放射のスペクトル分布の公式の振動数が小さい

極限を求めよ[1].

解 積分

$$\ddot{\boldsymbol{d}}_\omega = \int_{-\infty}^{\infty} \ddot{\boldsymbol{d}}(t) e^{i\omega t} dt = \mu \left(\frac{e_1}{m_1} - \frac{e_2}{m_2} \right) \int_{-\infty}^{\infty} \dot{\boldsymbol{v}} e^{i\omega t} dt$$

において，加速度 $\dot{\boldsymbol{v}}$ がゼロといちじるしく異なるのは，時間 τ のあいだだけである．したがって，振動数 $\omega \ll 1/\tau$ に対しては，積分のなかで $\omega t \ll 1$, それに応じて $e^{i\omega t} \approx 1$ と展開することができる．そうすると

$$\ddot{\boldsymbol{d}}_\omega = \mu \left(\frac{e_1}{m_1} - \frac{e_2}{m_2} \right) \int_{-\infty}^{\infty} \dot{\boldsymbol{v}} dt = \left(\frac{e_1}{m_1} - \frac{e_2}{m_2} \right) \Delta \boldsymbol{p}.$$

ここで $\Delta \boldsymbol{p}$ は相対運動の運動量 $\boldsymbol{p} = \mu \boldsymbol{v}$ の衝突による変化である．(80.14) によると，振動数の領域 $d\omega$ の放射されるエネルギーは，

$$d\mathscr{E}_\omega = \frac{2}{3\pi c^3} \left(\frac{e_1}{m_1} - \frac{e_2}{m_2} \right)^2 (\Delta \boldsymbol{p})^2 d\omega.$$

この分布が振動数によらないこと，すなわち $d\mathscr{E}_\omega/d\omega$ が $\omega \to 0$ のとき一定の極限に向かうことに注意しよう．

5. 一定で一様な磁場のなかで円軌道を描いて運動する電荷からの放射強度を求めよ．

解 公式 (80.9) から，次式が得られる：

$$I = \frac{2e^4 H^2 v^2}{3m^2 c^5}.$$

---

[1] 制動放射のスペクトル分解で，強度の主要部分は，τ を衝突時間の大きさの程度として振動数 $\omega \sim 1/\tau$ のところにある．ここではそれに比べ振動数が小さい場合 $\omega \ll 1/\tau$ を考える．

§81. 高速度で運動する電荷からの放射

ここでは，光速度にくらべて小さくない速度でもって外場のなかを運動する荷電粒子を考察しよう．このような粒子の放射に関する問題を解くには，場に対するリエナール－ヴィーヒェルトの表式，(78.8) および (78.9) を用いるのが便利である．遠距離では，$1/R$ のもっとも低い次数の項だけとればよい [(78.8) の第 2 項]．放射の方向の単位ベクトル n を導入すると $(R=nR)$，電荷のつくる場に対して公式

$$\boldsymbol{E} = \frac{e}{c^2 R} \frac{\boldsymbol{n} \times \left\{ \left(\boldsymbol{n} - \dfrac{\boldsymbol{v}}{c} \right) \times \boldsymbol{w} \right\}}{\left(1 - \dfrac{\boldsymbol{n} \cdot \boldsymbol{v}}{c} \right)^3}, \quad \boldsymbol{H} = \boldsymbol{n} \times \boldsymbol{E} \quad (81.1)$$

が得られる．ただしこの方程式の右辺にある量はすべて遅延時刻 $t'=t-R/c$ に関するものである．

立体角 do への放射強度は E^2 に比例する．これから一般の場合の角度分布を求めるのはかなり複雑である．しかし超相対論的な場合（v が c に近く，$1-v/c \ll 1$）には，角度分布は，この表式のおのおのの分母に差 $1-\boldsymbol{v}\cdot\boldsymbol{n}/c$ の高いベキがあることに関連した特徴的な性質をもっている．すなわち，強度は，差 $1-\boldsymbol{v}\cdot\boldsymbol{n}/c$ が小さくなるせまい角度の領域内で大きい．θ でもって $\boldsymbol{n}$ と $\boldsymbol{v}$ のあいだの小さな角度を表わすと

$$1 - \frac{v}{c}\cos\theta \approx 1 - \frac{v}{c} + \frac{\theta^2}{2} \approx \frac{1}{2}\left(1 - \frac{v^2}{c^2} + \theta^2\right) \quad (81.2)$$

である(巻末注)．この差は，

$$\theta \sim \sqrt{1-\frac{v^2}{c^2}} \tag{81.3}$$

のときには小さい．したがって，超相対論的な粒子は，主としてその運動方向に，速度の方向のまわりの角度領域 (81.3) のなかに放射する．

時間 dt のあいだに立体角の要素 do に放射されるエネルギー量は

$$\left(\frac{c}{4\pi}E^2 R^2 do\right) dt \tag{81.4}$$

に等しい．しかしながら，ここで放射強度を計算する際，二つの可能な強度の定義を区別する必要がある．

(81.4) における dt は，観測点における時間間隔であるから，括弧のなかの表式は，観測者が単位時間に受ける放射エネルギーとして定められる強度である．ところで，波が放射粒子から観測点へ伝播する際の遅れの効果のために，間隔 dt は，運動している粒子によってエネルギー (81.4) が放射される時間間隔 dt' とは異なる．(78.7) によると，

$$dt = \frac{\partial t}{\partial t'} dt' = \left(1 - \frac{\boldsymbol{n}\cdot\boldsymbol{v}}{c}\right) dt'. \tag{81.5}$$

したがって，もし強度を粒子が単位時間に放射するエネルギーと定義するならば，それは

$$dI = \frac{c}{4\pi}E^2 \left(1 - \frac{\boldsymbol{n}\cdot\boldsymbol{v}}{c}\right) R^2 do \tag{81.6}$$

に等しい．$v \ll c$ のときには（§80 で仮定したように），$1-\boldsymbol{n}\cdot\boldsymbol{v}/c$ という因子は 1 でおきかえられるから，強度の

二つの定義は一致する．

問　題

一定で一様な磁場のなかで円軌道を描いて運動する超相対論的な粒子の放射強度を求めよ．

解　粒子の加速度と速度とが互いに直交するときには公式 (81.1) および (81.6) による計算は

$$dI = \frac{e^2 w^2}{4\pi c^3}\left\{\frac{1}{\left(1-\dfrac{v}{c}\cos\theta\right)^3} - \frac{\left(1-\dfrac{v^2}{c^2}\right)\sin^2\theta\cos^2\varphi}{\left(1-\dfrac{v}{c}\cos\theta\right)^5}\right\}do$$

を与える．ただし θ は $\boldsymbol{n}$ と $\boldsymbol{v}$ とのあいだの角，φ は $\boldsymbol{v}$ および $\boldsymbol{w}$ を含む平面とベクトル $\boldsymbol{n}$ の方位角である．超相対論的な場合に重要になるのは θ の小さな領域である．この領域では

$$dI = \frac{2e^2 w^2}{\pi c^3}\left\{\frac{1}{\left(1-\dfrac{v^2}{c^2}+\theta^2\right)^3} - \frac{4\left(1-\dfrac{v^2}{c^2}\right)\theta^2}{\left(1-\dfrac{v^2}{c^2}+\theta^2\right)^5}\cos^2\varphi\right\}do$$

であり，立体角要素は $do = \sin\theta d\theta d\varphi \approx \theta d\theta d\varphi$ となる．$d\theta$ の積分は急速に収れんするから，全強度を計算する際 $d\theta$ の積分を 0 から ∞ までにしてよい．その結果，

$$I = \frac{2e^4 H^2}{3m^2 c^3\left(1-\dfrac{v^2}{c^2}\right)}$$

が得られる．ただし磁場 H のなかの運動の加速度に対する式

$$w = \frac{evH}{mc}\sqrt{1-\frac{v^2}{c^2}} \approx \frac{eH}{m}\sqrt{1-\frac{v^2}{c^2}}$$

も使った．

§82. 放射減衰

運動する粒子による電磁波の放射は，粒子のエネルギーの損失をもたらす．この損失の粒子の運動におよぼす反作用は，対応する《摩擦力》$\boldsymbol{f}$ を運動方程式に導入することで記述される．

非相対論的な速度（$v \ll c$）で定常運動を行なっている電荷の系を考察しよう．系のエネルギーの（単位時間における）平均の損失は，平均放射強度（80.10）に等しい．このエネルギーの損失が $\boldsymbol{f}$ による仕事として与えられるようにこの力 $\boldsymbol{f}$ を選ぶことにする．力 $\boldsymbol{f}$ が単位時間にする仕事は，$\boldsymbol{v}$ を粒子の速度として，$\boldsymbol{f} \cdot \boldsymbol{v}$ に等しい．したがって

$$\sum_a \overline{\boldsymbol{f}_a \cdot \boldsymbol{v}_a} = -\frac{2}{3c^3}\overline{\ddot{\boldsymbol{d}}^2} \tag{82.1}$$

でなければならない（和は系の粒子全部にわたる）．

この要求を満たす力が

$$\boldsymbol{f}_a = \frac{2e_a}{3c^3}\dddot{\boldsymbol{d}} \tag{82.2}$$

であることはたやすくわかる．実際，

$$\sum_a \boldsymbol{f}_a \cdot \boldsymbol{v}_a = \frac{2}{3c^3}\dddot{\boldsymbol{d}} \cdot \sum_a e_a \boldsymbol{v}_a = \frac{2}{3c^3}\dddot{\boldsymbol{d}} \cdot \dot{\boldsymbol{d}}$$

$$= \frac{2}{3c^3}\frac{d}{dt}(\ddot{\boldsymbol{d}} \cdot \dot{\boldsymbol{d}}) - \frac{2}{3c^3}\ddot{\boldsymbol{d}}^2$$

が得られる.平均をとると,時間についての全微分である第1項はゼロとなり(301頁の注をみよ),(82.1)になる.力(82.2)は,**放射減衰**あるいは**ローレンツ摩擦力**とよばれる.

放射減衰は外場のなかを運動する1個の電荷の場合にも起こる.このとき $\dddot{\boldsymbol{d}} = e\ddot{\boldsymbol{v}}$ で,(82.2)の力を加えた運動方程式は

$$m\dot{\boldsymbol{v}} = e\boldsymbol{E} + \frac{e}{c}\boldsymbol{v} \times \boldsymbol{H} + \frac{2e^2}{3c^3}\ddot{\boldsymbol{v}} \qquad (82.3)$$

という形になる.

しかしながら,減衰力を使って電荷のそれ自身への作用を記述することは一般に満足すべきものではなく,またそれは矛盾を含んでいることを忘れてはならない.実際,外場が存在していないとき運動方程式は

$$m\dot{\boldsymbol{v}} = \frac{2e^2}{3c^3}\ddot{\boldsymbol{v}}$$

となる.この方程式は,$\boldsymbol{v} =$ 定数 というつまらぬ解のほかに,加速度 $\dot{\boldsymbol{v}}$ が $\exp(3mc^3t/2e^2)$ に比例する,つまり時間とともに無限に増大するようなもう一つの解をもつ.これは,たとえば,任意の場を通りぬける電荷が,その場から外にぬけでると無限に《自己加速》されつづけることを意

味する．この結果の馬鹿らしさは，(82.3)式の適用可能性に限界のある証拠である．

自由電荷がそのエネルギーを限りなく増大するという不合理な結果を，エネルギー保存則を満たす電気力学がどうして導くことがありうるのか，という質問を提出することができよう．実はこの困難の根元は，素粒子の無限大の電磁的《固有質量》に関する以前の注意（§60）のなかにある．運動方程式のなかに電荷に対して有限の質量を書くとき，われわれはそうすることによって実質的に，非電磁的な性質の無限大の負の《固有質量》を形式的に電荷に付与しているのである．それと電磁質量とをあわせると粒子の有限な質量が与えられるというわけである．けれども，一つの無限大からもう一つの無限大を引くことは，数学的に言って完全に正しい操作ではないのだから，これはさらに一連の困難を導きいれる．ここであげた困難はその一つである．

このように減衰力がそれだけでは矛盾した結果を与えるから，(82.2)式は，外場から電荷に働く力にくらべてこの力が小さい場合にだけ適用されるのである．

§83. 自由電荷による散乱

電磁波が電荷の系に出会うと，その作用のもとに電荷は運動を始める．この電荷の運動が，今度はすべての方向に放射をだす．このようにして，もとの波のいわゆる**散乱**が起こる．

§83. 自由電荷による散乱

散乱は，散乱する系によって単位時間に与えられた方向へ放出されるエネルギー量と，入射する放射のエネルギー流の密度との比によって特徴づけるのがもっとも便利である．この比は明らかに面積のディメンションをもち，**散乱有効断面積**とよばれる（§15 をみよ）．

ポインティング・ベクトル S をもって入射する波に対して，単位時間に立体角 do 内へ系から放射されるエネルギーを dI としよう．このとき（立体角 do への）散乱の有効断面積は

$$d\sigma = \frac{\overline{dI}}{\overline{S}} \tag{83.1}$$

である（記号の上の横線は時間平均を意味する）．すべての方向について $d\sigma$ を積分したもの σ は，**散乱の全有効断面積**である．

静止している一つの自由電荷によって生ずる散乱を考察しよう．この電荷に直線偏光した単色平面波が入射するとしよう．その電場は

$$\boldsymbol{E} = \boldsymbol{E}_0 \cos(\omega t - \boldsymbol{k}\cdot\boldsymbol{r} + \alpha)$$

という形に書くことができる．

入射波の影響で電荷が得る速度は光速度にくらべて小さいと仮定しよう．実際にはほとんどいつもそうである．そうすると電荷に働く力は $e\boldsymbol{E}$ であるとみなすことができ，磁場による力 $\dfrac{e}{c}\boldsymbol{v}\times\boldsymbol{H}$ は無視することができる．この場合，場の作用によって電荷が振動するための電荷の変位の効果も無視することができる．電荷が座標原点のまわりに

振動するものとすれば，電荷に働く場はつねに原点におけるものと同じである．すなわち
$$\bm{E} = \bm{E}_0 \cos(\omega t + \alpha)$$
と仮定することができる．

電荷の運動方程式は
$$m\ddot{\bm{r}} = e\bm{E}$$
であり，その双極子モーメントは $\bm{d} = e\bm{r}$ であるから
$$\ddot{\bm{d}} = \frac{e^2}{m}\bm{E}. \tag{83.2}$$

散乱された放射を計算するために，双極放射に対する公式（80.7）を用いる．電荷が入射波の作用で得る速度は，光速度にくらべて小さいから，これは正当である．また，電荷によって放射される（すなわち，その電荷によって散乱される）波の振動数は明らかに入射波の振動数と同じであることを注意しておこう．

（83.2）を（80.7）に代入して
$$dI = \frac{e^4}{4\pi m^2 c^3}(\bm{E} \times \bm{n})^2 do$$
が得られる〔$\bm{n}$ は散乱波の進行方向の単位ベクトル〕．他方，入射波のポインティング・ベクトルは
$$S = \frac{c}{4\pi}E^2. \tag{83.3}$$
これから，立体角 do 内への散乱の有効断面積として
$$d\sigma = \left(\frac{e^2}{mc^2}\right)^2 \sin^2\theta do \tag{83.4}$$

が得られる．ただしここで θ は散乱の方向（ベクトル n）と入射波の電場 E の方向とのあいだの角度である．自由電荷の散乱有効断面積は振動数に無関係であることがわかる．

全有効断面積 σ を求めよう．そのために，電荷の位置に原点をもち，E の方向に極軸をもつ極座標を導入する．そうすると $do = \sin\theta d\theta d\varphi$；これを代入し，$d\theta$ について 0 から π まで，$d\varphi$ について 0 から 2π まで積分すると

$$\sigma = \frac{8\pi}{3}\left(\frac{e^2}{mc^2}\right)^2 \tag{83.5}$$

が得られる（これは**トムソンの公式**とよばれる）．

問 題

1. 偏光していない波（自然光）の散乱に対する散乱断面積 $d\sigma$ を求めよ．

解 入射波の伝播方向（波数ベクトル k の方向）に垂直な平面内でベクトル E のあらゆる方向について (83.4) を平均しなければならない．k 方向に z 軸，E 方向に x 軸をもつ座標系を導入しよう．そうすると，n および E の方向のあいだの角度の余弦，すなわち単位ベクトル n の x 軸への射影は，ϑ および φ を方向 n の天頂角および方位角としたとき，$\cos\theta = \sin\vartheta\cos\varphi$ である．k に垂直な平面内の E のすべての方向について平均することは，方位角 φ について平均することと同等である．

$$\overline{\sin^2\theta} = 1 - \frac{\sin^2\vartheta}{2} = \frac{1+\cos^2\vartheta}{2}$$

を (83.4) に代入して，次式が得られる．
$$d\sigma = \frac{1}{2}\left(\frac{e^2}{mc^2}\right)^2(1+\cos^2\vartheta)do.$$

2. 運動している電荷によって散乱される光の振動数 (ω') を求めよ．

解 粒子が静止している基準系（粒子の静止系）では散乱によって光の振動数は変化しない：$\omega'=\omega$．この関係を不変な形に書くことができる．
$$k'_\mu u^\mu = k_\mu u^\mu,$$
ただし k^μ および k'^μ は入射光および散乱光の波数4元ベクトル，u^μ は粒子の4元速度である（静止系では成分 $u^0=1$ だけがゼロと異なる）．この等式を任意の基準系（粒子が速度 $\boldsymbol{v}$ をもつような）において書き表わすと，
$$\omega'\left(1-\frac{v}{c}\cos\theta'\right) = \omega\left(1-\frac{v}{c}\cos\theta\right)$$
が得られる．ここで θ および θ' は入射および散乱波の方向が $\boldsymbol{v}$ の方向となす角である．

3. 振動数 ω_0 で（なんらかの弾性力の作用で）微小振動をする電荷（振動子）による直線偏光波の散乱断面積を求めよ．その際，減衰力を考慮に入れること．

解 入射波のなかでの振動子の運動方程式は
$$\ddot{\boldsymbol{r}} + \omega_0^2 \boldsymbol{r} = \frac{e}{m}\boldsymbol{E}_0 e^{-i\omega t} + \frac{2e^2}{3mc^3}\dddot{\boldsymbol{r}}$$
という形になる．減衰力（右辺第2項）に対しては近似的に $\ddot{\boldsymbol{r}} = -\omega_0^2 \dot{\boldsymbol{r}}$ とおくことができる．そうすると

$$\ddot{\boldsymbol{r}}+\gamma\dot{\boldsymbol{r}}+\omega_0^2\boldsymbol{r} = \frac{e}{m}\boldsymbol{E}_0 e^{-i\omega t}, \qquad \gamma = \frac{2e^2}{3mc^3}\omega_0^2$$

が得られる．これから強制振動に対して

$$\boldsymbol{r} = \frac{e}{m}\boldsymbol{E}_0 \frac{e^{-i\omega t}}{\omega_0^2 - \omega^2 - i\omega\gamma}$$

が求まる．これからあとの計算は，本文で述べたとおりに行なわれる（複素数の形に表わされた量の 2 乗の平均値を計算するときには，318 頁の注に述べたことを考慮しなければならない）．結局，散乱断面積

$$\sigma = \frac{8\pi}{3}\left(\frac{e^2}{mc^2}\right)^2 \frac{\omega^4}{(\omega_0^2 - \omega^2)^2 + \omega^2\gamma^2}$$

が求められる．

§84. 電荷の系による散乱

いくつかの電荷からなる系による波の散乱は，（静止している）1 個の電荷による散乱とは異なっている．まず第一に，系の電荷の内部運動があるために，散乱された放射の振動数が入射波の振動数と違ったものになることがあり得る．すなわち，散乱された波をスペクトル分解すると，入射波の振動数 ω のほかに，散乱を起こす系の運動のひとつの固有振動数だけ ω から異なった振動数 ω' が現われるのである．振動数の変化しない**干渉性散乱**に対して，振動数の変化する散乱を**非干渉性**（あるいは**結合**）**散乱**とよぶ．

入射波の場が弱いと仮定して，電流密度を $\boldsymbol{j}=\boldsymbol{j}_0+\boldsymbol{j}'$ の形に書く．ただし，$\boldsymbol{j}_0$ は外部の場がないときの電流密度，

j' は入射波の影響による電流密度の変化である．これに応じて，系のつくる場のベクトル・ポテンシャル（およびその他の量）も $A = A_0 + A'$ の形になる．ここに，A_0, A' はそれぞれ電流 j_0, j' によって定められる．A' は電流 j' から公式 (79.2) によって定められる散乱波を記述する：

$$A' = \frac{1}{cR_0} \int j'_{t - \frac{R_0}{c} + \frac{r \cdot n}{c}} dV. \qquad (84.1)$$

散乱波の振動数 ω が系の固有振動数にくらべて小さい，あるいは大きいという二つの極限の場合を考察しよう．系の固有振動数の大きさの程度は，v を系内の電荷の速度，a を系の大きさとして，$\omega_0 \sim v/a$ である．速度についても $v \ll c$ と仮定しよう．

はじめに

$$\omega \ll \omega_0 \sim \frac{v}{a} \qquad (84.2)$$

を考える．散乱は干渉性の部分と非干渉性の部分とを含むが，ここでは干渉性散乱だけを考察する．

条件 (84.2) があるときには公式 (84.1) で，§80 で行なったと同じ近似をすることができる．言いかえると，散乱放射は双極放射になるであろう．その場合には，振動数 ω のスペクトル成分の強度は，d' を入射波の作用による双極モーメントの変化として，フーリエ成分の平方 $|\ddot{d}'_\omega|^2 = \omega^4 |d'_\omega|^2$ に比例するであろう．

もし系の全電荷がゼロに等しい（中性の原子あるいは分子）ならば，$\omega \to 0$ のとき量 d'_ω は一定の極限値をもつ（も

し電荷の和がゼロでなければ，$\omega=0$ のとき，すなわち一定な場のなかで，系は全体として運動を始めるであろう）．したがって小さな ω に対して d_ω が振動数に依存しないと考えてよい．そうすると，散乱波の強度および散乱断面積は ω^4 に比例するであろう：

$$\sigma_{\text{coh}} = \text{const.} \cdot \omega^4. \tag{84.3}$$

つぎに大きな振動数の場合に移ろう：

$$\omega \gg \omega_0 \sim \frac{v}{a}. \tag{84.4}$$

この条件があれば，系の電荷の運動の周期は波の周期にくらべて大きい．したがって，波の周期の程度の時間のあいだでは系の電荷の運動は一様とみなすことができる．これは，短い波長の波の散乱を考察するときには，系の電荷どうしの相互作用は考慮しなくてよい，すなわち，それらの電荷を自由とみなしてよいということを意味する．

こうして，入射波の場のなかの粒子が得る速度 v' を計算するのに，系のなかの各粒子を別々に考えて，そのおのおのに対して運動方程式を

$$m\frac{d\boldsymbol{v}'}{dt} = e\boldsymbol{E} = e\boldsymbol{E}_0 e^{-i(\omega t - \boldsymbol{k}\cdot\boldsymbol{r})}$$

の形に書くことができる．ここに，$\boldsymbol{k}=\omega\boldsymbol{n}/c$ は入射波の波数ベクトルである．電荷の動径ベクトルは，もちろん，時間の関数である．この方程式の右辺の指数において，第1項の時間的変化の割合は，第2項のそれにくらべて大きい（前者は ω であるのに対して，後者は $kv \sim v\dfrac{\omega}{c} \ll \omega$ の

程度である). したがって, 運動方程式を積分するのに, $\boldsymbol{r}$ は定数とみなすことができる. すると

$$\boldsymbol{v}' = -\frac{e}{i\omega m}\boldsymbol{E}_0 e^{-i(\omega t - \boldsymbol{k}\cdot\boldsymbol{r})} \tag{84.5}$$

が得られる. 散乱された波のベクトル・ポテンシャルとして (系から遠距離のところで), (84.1) で積分を電荷についての和におきかえて

$$\boldsymbol{A}' = \frac{1}{cR_0}\sum(e\boldsymbol{v}')_{t-\frac{R_0}{c}+\frac{\boldsymbol{r}\cdot\boldsymbol{n}'}{c}}$$

が得られる ($\boldsymbol{n}'$ は散乱の方向の単位ベクトル). (84.5) を代入して

$$\boldsymbol{A}' = -\frac{1}{icR_0\omega}e^{-i\omega\left(t-\frac{R_0}{c}\right)}\boldsymbol{E}_0\sum\frac{e^2}{m}e^{-i\boldsymbol{q}\cdot\boldsymbol{r}} \tag{84.6}$$

が見いだされる. ただし, $\boldsymbol{q} = \boldsymbol{k}' - \boldsymbol{k}$ は散乱波の波数ベクトル $\boldsymbol{k}' = \omega\boldsymbol{n}'/c$ と入射波の波数ベクトル $\boldsymbol{k} = \omega\boldsymbol{n}/c$ との差である[1]. (84.6) の和は時刻 $t' = t - R_0/c$ においてとらねばならない (簡単にするために, いつものように $\boldsymbol{r}$ につける指標 t' を省く). 時間 $\boldsymbol{r}\cdot\boldsymbol{n}'/c$ のあいだの $\boldsymbol{r}$ の変化は, 粒子の速度が小さいというわれわれの仮定のために省略することができる. ベクトル $\boldsymbol{q}$ の絶対値は, ϑ を散乱角として

---

[1] 厳密に言えば, 波数ベクトル $\boldsymbol{k}'$ は $\omega'\boldsymbol{n}'/c$ であって, 散乱波の振動数 ω' は ω と異なることがありうる. けれども, 差 $\omega' - \omega \sim \omega_0$ は, 考えているような振動数の大きな場合には無視することができる.

$$q = 2\frac{\omega}{c}\sin\frac{\vartheta}{2} \tag{84.7}$$

に等しい.

　原子（あるいは分子）による散乱においては，核の質量は電子の質量にくらべて大きいから，(84.6) の和において核に対応する項を無視することができる．以下で，われわれはこの場合を考えることにし，乗数 e^2/m を和の記号の外に出し，e および m は電子の電荷と質量とみなすことにする．

　散乱された波の場 $\boldsymbol{H}'$ に対して，(79.3) から

$$\boldsymbol{H}' = \frac{\boldsymbol{E}_0 \times \boldsymbol{n}'}{c^2 R_0} e^{-i\omega\left(t-\frac{R_0}{c}\right)} \frac{e^2}{m} \sum e^{-i\boldsymbol{q}\cdot\boldsymbol{r}} \tag{84.8}$$

が見いだされる．$\boldsymbol{n}'$ 方向の立体角要素のなかのエネルギー流は

$$\frac{c|\boldsymbol{H}'|^2}{8\pi} R_0^2 do = \frac{e^4}{8\pi c^3 m^2}(\boldsymbol{E}_0 \times \boldsymbol{n}')^2 |\sum e^{-i\boldsymbol{q}\cdot\boldsymbol{r}}|^2 do$$

である．これを入射波のエネルギー流 $c|\boldsymbol{E}_0|^2/8\pi$ でわり，入射波の場 $\boldsymbol{E}$ の方向と散乱方向とのあいだの角度 θ を導入して，散乱有効断面積は結局

$$d\sigma = \left(\frac{e^2}{mc^2}\right)^2 \overline{|\sum e^{-i\boldsymbol{q}\cdot\boldsymbol{r}}|^2} \sin^2\theta do \tag{84.9}$$

となる．上の横線は時間平均，すなわち，系の電荷の運動にわたっての平均を意味する．この平均をとるのは，散乱を観測するには系の電荷の運動周期にくらべて長い時間間隔が必要とされるからである．

入射波の波長に対して，振動数が大きいという条件（84.4）から不等式 $\lambda \ll ac/v$ が得られる．λ と a の相対的な大きさについていえば，$\lambda \gg a$ と $\lambda \ll a$ の極限のどちらもが可能である．どちらの場合にも，一般公式（84.9）はいちじるしく簡単になる．

$\lambda \gg a$ の場合には，$q \sim 1/\lambda$ で，r は a の程度であるから，表式（84.9）において $\boldsymbol{q}\cdot\boldsymbol{r} \ll 1$ となる．これに応じて $e^{i\boldsymbol{q}\cdot\boldsymbol{r}}$ を 1 でおきかえると

$$d\sigma = Z^2 \left(\frac{e^2}{mc^2}\right)^2 \sin^2\theta do \tag{84.10}$$

が得られる．すなわち，散乱有効断面積は原子中の電子の数〔原子番号〕Z の 2 乗に比例する．

つぎに $\lambda \ll a$ の場合に移ろう．（84.9）に現われる和の平方には，1 となる各項の絶対値の平方に加えて $e^{i\boldsymbol{q}\cdot(\boldsymbol{r}_1-\boldsymbol{r}_2)}$ という形の積が含まれる．電荷の運動にわたって平均をとることは，電荷相互の距離について平均をとることと同じで，その際 $\boldsymbol{r}_1-\boldsymbol{r}_2$ は a の程度の区間のあらゆる値をとる．$q \sim 1/\lambda, \lambda \ll a$ であるから，この区間で指数関数 $e^{i\boldsymbol{q}\cdot(\boldsymbol{r}_1-\boldsymbol{r}_2)}$ ははげしく振動する関数であり，その平均値は消える．こうして，$\lambda \ll a$ に対する散乱有効断面積は

$$d\sigma = Z\left(\frac{e^2}{mc^2}\right)^2 \sin^2\theta do \tag{84.11}$$

となる．すなわち，散乱は原子番号の 1 乗に比例する．

断面積（84.9〜11）は，干渉性の部分と非干渉性の部分の両方を含んでいる．干渉性散乱の有効断面積を求めるに

は，散乱波の場から振動数 ω をもつ部分をとりださなければならない．場に対する表式 (84.8) は $e^{-i\omega t}$ という因数をとおして時間に依存するとともに，和 $\sum e^{-i\boldsymbol{q}\cdot\boldsymbol{r}}$ のなかにも時間を含んでいる．この後者の時間依存のために，散乱された波の場のなかに，振動数 ω のもののほかに（ω には近いが）他の振動数のものが現われるのである．振動数 ω をもつ（すなわち，因数 $e^{-i\omega t}$ をとおしてのみ時間に依存する）場の部分は，$\sum e^{-i\boldsymbol{q}\cdot\boldsymbol{r}}$ を時間について平均をとれば，求められる．これに対応して，干渉性散乱の有効断面積 $d\sigma_{\text{coh}}$ に対する表式は，和の絶対値の2乗の平均値の代わりに和の平均値の絶対値の2乗が現われるところが，全断面積 $d\sigma$ と異なっている：

$$d\sigma_{\text{coh}} = \left(\frac{e^2}{mc^2}\right)^2 |F(\boldsymbol{q})|^2 \sin^2\theta do, \quad (84.12)$$

ここに

$$F(\boldsymbol{q}) = \overline{\sum e^{-i\boldsymbol{q}\cdot\boldsymbol{r}}}. \quad (84.13)$$

関数 $F(\boldsymbol{q})$ は**原子の形状因子**とよばれる．これが原子のなかの電荷密度の平均の分布 $\bar{\rho}(\boldsymbol{r})$ のフーリエ成分

$$eF(\boldsymbol{q}) = \int \bar{\rho}(\boldsymbol{r}) e^{-i\boldsymbol{q}\cdot\boldsymbol{r}} dV \quad (84.14)$$

にほかならないことに注意しておくのは必要である．始めに平均をとらない密度 $\rho(\boldsymbol{r})$ を δ 関数の和の形（(54.1) をみよ）に書けば，このことはすぐわかる．

$\lambda \gg a$ の場合には，ふたたび $e^{-i\boldsymbol{q}\cdot\boldsymbol{r}}$ を1でおきかえることができて

$$d\sigma_{\text{coh}} = Z^2 \left(\frac{e^2}{mc^2}\right)^2 \sin^2\theta do. \tag{84.15}$$

これを全有効断面積 (84.10) と比較して, $d\sigma_{\text{coh}} = d\sigma$, すなわち, 〔$\lambda \gg a$ の場合〕すべての散乱が干渉性であることがわかる.

$\lambda \ll a$ ならば, (84.13) で平均をとると和の各項は (時間のはげしく振動する関数であるために) すべて消え, $d\sigma_{\text{coh}} = 0$ となる. したがって, $\lambda \ll a$ の場合の散乱は完全に非干渉性である.

巻末注

60 頁

(12.7) で
$$2m\left(E+\frac{\alpha}{r}\right)-\left(\frac{M}{r}\right)^2 = \left(c_1-\frac{M}{r}\right)\left(\frac{M}{r}-c_2\right)$$
として,積分変数を
$$\frac{M}{r} = \frac{c_1+c_2}{2} + \frac{c_1-c_2}{2}\cos\theta$$
で定義される θ に変換.(12.7) は
$$\varphi = \int d\theta = \arccos\left\{\frac{M/r-(c_1+c_2)/2}{(c_1-c_2)/2}\right\} + \text{const}.$$
ただし
$$\frac{c_1+c_2}{2} = \frac{m\alpha}{M}, \quad \frac{c_1-c_2}{2} = \sqrt{\left(\frac{m\alpha}{M}\right)^2 + 2mE}.$$

220 頁

(42.5) 式に $E_1' = \sqrt{p_1'^2 + m_1^2}$ を代入する:
$$\sqrt{p_1'^2 + m_1^2}(E_1+m_2) - E_1 m_2 - m_1^2 = p_1 p_1' \cos\theta_1.$$
これより p_1' についての 2 次方程式
$$\{(E_1+m_2)^2 - p_1^2\cos^2\theta_1\}p_1'^2 - 2\{(E_1 m_2+m_1^2)p_1\cos\theta_1\}p_1'$$
$$+ \{(E_1+m_2)^2 m_1^2 - (E_1 m_2+m_1^2)^2\} = 0$$

が得られる．この第 3 項は
$$(E_1^2 - m_1^2)(m_1^2 - m_2^2) = p_1^2(m_1^2 - m_2^2)$$
と書き直される．p_1' が実数であるためには

D(判別式) $\div (4p_1^2)$
$= (E_1 m_2 + m_1^2)^2 \cos^2 \theta_1 - \{(E_1+m_2)^2 - p_1^2 \cos^2 \theta_1\}(m_1^2 - m_2^2)$
$= (E_1+m_2)^2(m_2^2 - m_1^2 \sin^2 \theta_1) \geqq 0.$

したがって $m_1 > m_2$ であれば
$$\sin \theta_1 \leqq \frac{m_2}{m_1} = \sin \theta_{1\,\mathrm{max}}.$$

246 頁

粒子が正電荷 ($e>0$) とする．粒子が $\boldsymbol{H}$ に垂直な面でする円運動は $\boldsymbol{H}$ に対して左ねじの向き．したがって $d\boldsymbol{l}$ を $\boldsymbol{H}$ に対して左ねじにとって $\oint \boldsymbol{p}_t \cdot d\boldsymbol{l} = 2\pi r p_t$．このとき，この軌道の囲む面の法線 $\boldsymbol{n}$ は $\boldsymbol{H}$ と逆向きで

$$\oint \boldsymbol{A} \cdot d\boldsymbol{l} = \int \mathrm{rot}\,\boldsymbol{A} \cdot \boldsymbol{n}\,dS = \int \boldsymbol{H} \cdot \boldsymbol{n}\,dS = -H \times \pi r^2$$

$$\therefore I = \frac{1}{2\pi} \oint \boldsymbol{p}_t \cdot d\boldsymbol{l} + \frac{e}{2\pi c} \oint \boldsymbol{A} \cdot d\boldsymbol{l} = r p_t - \frac{eHr^2}{2c} = \frac{c p_t^2}{2eH}.$$

実は，原著と元の訳，そして『場の古典論』の旧版では
$$I = r p_t + \frac{eHr^2}{2c} = \frac{3c p_t^2}{2eH}$$
となっていたが，『場の古典論』の新版では訂正されている．

290 頁

$$\sqrt{1-\frac{V^2}{c^2}} = \epsilon, \theta = \frac{\pi}{2} \pm \Delta\theta \text{ とおくと, (61.6) より}$$

$$E = \frac{e}{R^2} \frac{\epsilon^2}{(\sin^2 \Delta\theta + \epsilon^2 \cos^2 \Delta\theta)^{3/2}} \fallingdotseq \frac{e^2}{R^2} \frac{\epsilon^2}{(\Delta\theta^2 + \epsilon^2)^{3/2}}.$$

これより, E が十分大きい範囲は $|\Delta\theta| \lesssim \epsilon = \sqrt{1-\frac{V^2}{c^2}}$.

298 頁

$\mathrm{grad}(\boldsymbol{d}\cdot\boldsymbol{E}) = (\boldsymbol{d}\cdot\nabla)\boldsymbol{E} + \boldsymbol{d} \times \mathrm{rot}\,\boldsymbol{E}$ として $\mathrm{rot}\,\boldsymbol{E} = 0$ を使う.

353 頁

この節での $\boldsymbol{v}$ は §61 の $\boldsymbol{V}$. ここでは $\dfrac{\boldsymbol{v}}{c} = \dfrac{\boldsymbol{V}}{c} = \boldsymbol{\beta}$ とする.

$$\boldsymbol{R}(t') - \boldsymbol{\beta}R(t') = \boldsymbol{r} - \boldsymbol{r}_0(t') - \boldsymbol{v}(t-t').$$

ここで $\boldsymbol{r}_0(t') + \boldsymbol{v}(t-t') = \boldsymbol{r}_0(t)$ は観測時刻での粒子の位置. したがって $\boldsymbol{R}(t') - \boldsymbol{\beta}R(t') = \boldsymbol{r} - \boldsymbol{r}_0(t) = \boldsymbol{R}(t)$ は観測時刻の粒子から観測点までのベクトルで, (61.5) (61.6) の $\boldsymbol{R}$. また

$$(R(t') - \boldsymbol{\beta}\cdot\boldsymbol{R}(t'))^2$$
$$= R(t')^2 - 2R(t')\boldsymbol{\beta}\cdot\boldsymbol{R}(t') + (\boldsymbol{\beta}\cdot\boldsymbol{R}(t'))^2$$
$$= R(t')^2 - 2R(t')\boldsymbol{\beta}\cdot\boldsymbol{R}(t') + \beta^2 R(t')^2 - (\boldsymbol{\beta}\times\boldsymbol{R}(t'))^2$$
$$= (\boldsymbol{R}(t') - \boldsymbol{\beta}R(t'))^2 - (\boldsymbol{\beta}\times\boldsymbol{R}(t'))^2$$
$$= R(t)^2 - (\boldsymbol{\beta}\times\boldsymbol{R}(t))^2 = R^2(1-\beta^2\sin^2\theta) = R^{*2}.$$

したがって (78.8) の第1項は (61.5) に等しい.

365 頁

ここでも $\dfrac{v}{c} = \beta$ と記す. $1-\beta = \epsilon \ll 1$.

$$\therefore \quad \epsilon^2 = 1 - 2\beta + \beta^2 \quad \text{i.e.} \quad \beta = \frac{1}{2}(1+\beta^2-\epsilon^2)$$

$|\theta| \ll 1$ に対して $\cos\theta \fallingdotseq 1 - \dfrac{\theta^2}{2}$. したがって

$$1 - \beta\cos\theta = 1 - \beta(1 - \frac{\theta^2}{2}) = \frac{1}{2}(1-\beta^2+\epsilon^2) + (1-\epsilon)\frac{\theta^2}{2}.$$

ここで $\epsilon^2, \epsilon\theta^2$ を高次の微小量として無視すれば (81.2) となる.

訳者あとがき

本書は Л. Д. Ландау и Е. М. Лифшиц, Краткий Курс Теоретической Физики（理論物理学小教程）の第1巻, "МЕХАНИКА・ЭЛЕКТРОДИНАМИКА", Издательство〈Наука〉, Москва, 1969 の全訳である. この小教程は

　　第1巻　力学・場の理論（電磁気学）　1969年刊（邦訳本書）
　　第2巻　量子力学　1972年（邦訳既刊）
　　第3巻　巨視的物理学　（原書未刊）

の3巻からなっており，同じ著者による全9巻の《理論物理学教程（大教程）》の基礎部分である第1～5巻を簡潔に体系化したものである．本書の序言に述べられているように，著者は，現代物理学のいかなる分野に進むかにかかわらず，すべての学生たちが理解しておくべきものとしてこの小教程を構想した．

現代物理学の対象とする範囲は急速に拡大され，各分野が細分化され奥行きも深くなっており，研究者は，ともすれば，一つの狭い分野に閉じこめられてしまう．他方著者の一人であるランダウ自身の業績は現代物理学の分野のすべ

てを覆いつくしていたし，このような仕事こそが現代物理学の発展を支えてきている．分野が細分化される程，要求されるのは総括的な視野である．このことは，物理学研究の門口に立つ若い研究者たちに一層つよく要求される．このような背景が《小教程》を構想させるに至ったと考えてよいだろう．本書の序言にみられるように，その材料の取捨選択についてランダウは明確な主張をもっていた．1962年の不幸な自動車事故によって，ランダウ自身はこの企画の進行に着手することはできなかったが，共著者リフシッツによってランダウの企図は正確に実現されたと考えてよいであろう．

　本書は大教程のI. 力学，II. 場の古典論，に対応するものであるが，単にその抜すいではなく，むしろ材料の取捨選択によって圧縮がはかられ，それに応じて配列にも丹念な工夫がほどこされている．

　本書の翻訳にあたっては，《大教程》と一致する部分についても再検討を行なったが，その際，『力学』の部分について，東大教養学部教授，玉木英彦氏からいただいた数々の御指摘（『現代ロシア語』1975年5月～1976年3月号および直接の御教示による）の大部分をとり入れることができた．ここに心からの感謝を表明いたします．大教程の訳者の一人広重徹氏は昨年1月御病気のために亡くなられたが，同氏が担当された箇所に相当する部分は，同氏の訳文を基本として翻訳を行なったので，本書においても共訳者として連名していただいたことをおことわりしたい．最後

に，東京図書の平野信之氏のゆき届いた御協力にたいして感謝したい．

  1976年10月

訳　者

解 説 　　　　　　　　　　　　　　　　　　山本義隆

1　レフ・ダヴィドヴィチ・ランダウをめぐって

　本書の著者の一人であるランダウは，かつてのソヴィエト連邦を代表する理論物理学者としてよく知られている．1908年に生まれ，1927年に19歳でレニングラード大学を終えた後，革命政府から国外留学を命じられ，当時の最先端の原子物理学・量子力学研究のメッカであったニールス・ボーアのいるコペンハーゲンやパウリのいたチューリヒその他で研究生活を始めた．31年に帰国してレニングラード物理工学研究所に勤務，翌32年，ハリコフに新設されたウクライナ物理工学研究所に赴任し，ここで学派の形成を始めている．その後，英国から帰国したカピーツァが1937年に創設したモスクワ物理問題研究所の理論部長のポストに着き，1962年の交通事故で学者としての生命を事実上断たれるまで，研究と教育に献身している．

　彼の業績は，弱冠22歳のときの反磁性の研究から1950年代のフェルミ流体の理論にいたるまで多方面にわたり，1962年には液体ヘリウムの研究でノーベル賞を受賞している．それはモスクワの研究所における理論（ランダウ）と実験（カピーツァ）の密接で絶妙の提携の成果であった．

そしてまたランダウは，スターリンの政治支配に抗して投獄され，カピーツァの職を賭しての抗議で救われたことも知られている．釈放後も秘密警察の監視下に置かれ，不本意ながら原爆開発への協力を強いられたことも，ソヴィエト連邦崩壊後，スターリン時代の記録が開示されはじめたことによって，いまでは明らかになっている．これらの点については，私自身も制作・出版に携わった『物理学者ランダウ――スターリン体制への叛逆』に詳しいので，ぜひそちらを参照していただきたい[1]．

　ランダウの物理学者としての能力の高さについては，彼を知る者たちが口をそろえて証言するところである．同国人の弟子たちの賛辞はえてして誇大になりがちであるから，1930年代にランダウと知り合った1歳年長のドイツ人物理学者ルドルフ・パイエルスの印象を引いておこう：

　　私は物理学にたいするランダウの広い知識と深い理解と見識にたちまち強い印象を受けた．彼は，興味を引かれた理論の論文にたいしては，ちらりと見て問題が何であるかを読み取ると，計算は自分でやっていた．論文の結論が彼の答えと合っていると，それは良い論文と判断されたのである[2]．

　物理学者ランダウの能力だけではなく，青年ランダウの生意気さも読み取れるであろう．しかし，通常では鼻持ちならない生意気さが許されるだけの実力の持主でもあった．

実際,ランダウの研究は物理学的直観の鋭さで際立っている.ランダウの高弟で共同研究者でもあったギンツブルクが「ランダウはまったく並外れた人物であった.私がかつて出あった,あるいは知りあったすべての人たちのなかで,彼に肩を並べうるのはリチャード・ファインマンただ一人である」と語っているように[3],ランダウは20世紀中期を代表する物理学者であった.

研究者としてのランダウを特徴づけている——他と区別している——のは,第一に,万能選手ともいうべきその守備範囲の広さである.早くからの弟子の一人にして生涯にわたる協力者でもあったリフシッツは語っている:

ランダウの科学上の創造性は,流体力学から場の量子論にいたるまでの理論物理学の全域に及んでいる.実際その広がりはほとんど先例を見ないもので,この点が彼ならではの特徴である.専門化がより一層進行していったこの世紀〔20世紀〕には,ランダウの教え子たちの科学上の進路もまた次第に枝分かれしていったが,しかしランダウ自身はそれらすべてを掌握し,すべてのことについて驚異的なほどの関心を維持していた.物理学がその偉大なる普遍性の最後のひとつを彼のうちに置き忘れていったと言えるかもしれない[4].

同様に,1968年の中嶋貞雄氏の追悼文にも「ランダウは現代物理学のほとんどすべての主要分野——場の量子論,

原子核および宇宙線，統計力学，低温物理，固体論，プラズマ物理，天体物理，流体力学，それに理論化学のいくつかの問題——に深い関心と鋭い理解を示したばかりでなく，各方面に独創的業績を残した」とある[5]．実際，ランダウの英訳論文集（*Collected Papers of L. D. Landau*）の目次を見ると，一人の研究者の仕事としては桁外れの広がりを示している．その編集者テル・ハールが「理論物理学の実質的に全分野をカバーしている」ランダウの業績の広がりを「おそるべき（terrific）」と形容しているとおりである[6]．この点は万人の認めるところであった．

いまひとつランダウを特徴づけているのは，彼が教育者としても優れていたことにある．

ふたたびリフシッツの証言をひくならば「彼は物理学者として傑出していただけではなく，教育者として掛け値なしに卓越していた．教育は彼の天職であった．この点においてランダウと比肩しうるのは，彼自身の師であるニールス・ボーアただ一人であると言っても過褒ではない[7]」．

研究者として非凡な物理学者が同時に教育者としてぬきんでているということは，実際，稀有のことであり，この点で，ランダウはたしかにボーア——コペンハーゲン学派を形成し，量子力学の建設を領導した20世紀前半の理論物理学のゴッド・ファーザー——に比べることができる．

彼の最初の弟子の一人であったコンパニエッツの証言を挙げておこう：

レフ・ダヴィドヴィチ・ランダウはボーアのもっとも傑出した弟子の一人であった．彼がコペンハーゲンを訪れたのは二十になるかならないかの歳であったが，すでに字義どおりに成熟した学者であった．ボーアとの，そして名高いコペンハーゲン学派との交わりがランダウのその後の科学の方向を定め，そこで彼は真に前進的なものとたんなる見せ掛けを区別することを身につけた．そして彼はこの科学的な伝統をソヴィエト連邦における彼の弟子たちに植え付け，弟子たちはまたその弟子に語り，かくして三世代，四世代にわたって受け継がれることになった．私たちすべては，私たちの弟子がランダウの孫弟子であり，ボーアの曾孫弟子であることを誇りに思っている[8]．

とはいえ，ランダウの人となり，したがってまた指導のスタイルは，ボーアのものとはかなり異なっていたようだ．そのことは，ランダウとしばしば対比される合衆国の物理学者ファインマンの伝記『異なるドラムのうなり』にある次の興味深いエピソードが物語っている：

　　形式ばらず遠慮のないファインマンは，学生たちにたいしての仮借のなさをふくめ，多くの点において，ロシアの物理学者レフ・ダヴィドヴィチ・ランダウと通じるところがある．そのことは 1961 年にニールス・ボーアがソヴィエト連邦を訪れたときに示された．どのように

して理論物理学の有名な第一級の学派を創りあげるのに成功したのかと問われたボーアは「おそらく，私が馬鹿であることを私の学生たちに覚られるのを私が決して恥じなかったからでしょう」と答えた．このボーアの返答は E. M. リフシッツによってロシア語に通訳されたが，リフシッツはそれを「おそらく，私の学生たちにたいして彼らが馬鹿であることを指摘するのを私が決して恥じなかったからでしょう」と訳したのである．笑いが起こったのでリフシッツは誤りを悟り，謝罪して訂正したが，その場に居合わせたカピーツァは，その誤訳は偶然のことじゃ決してないと言って，さらに「まさにその点にボーアとランダウの学派の違いがあるのさ」と続けたのである[9]．

このようにしてランダウは，物理学に対する透徹した理解と強烈な個性でもって，ソヴィエトにおける特異で強力な理論物理学の学派を作り上げた．

2 リフシッツと『理論物理学教程』

物理学にたいするランダウの深い理解と関心の広さ，そして彼の教育者としての情熱から生まれたのが，世界的に有名な『理論物理学教程』全10巻（以下『大教程』）であった．すでに1985年の時点で，その全巻が英・独・仏・伊・日・ハンガリーの各国語に訳され，個別の巻はさらに十カ国語に訳されているといわれる．リフシッツと共著の

その『大教程』は,しかし一通りのことが書かれているだけのありきたりの教科書ではない.じつに「数世代の物理学者が《ランダウ – リフシッツ》を学んできた.いや学んできただけではなく,その教程を日々の(研究や教育の)活動にたえず使用してきた」のであった[10].

『大教程』の共著者リフシッツは記している:

> 生涯をとおして教育の問題に深い関心を寄せていたレフ・ダヴィドヴィチは,中学校の教科書から専門家のための理論物理学の教程にいたるまでの,すべてのレベルの物理学の本を書くことを夢見ていた.実際には『理論物理学教程』のほぼ全巻が,『一般物理学教程』と『万人のための物理学』の第1巻とともに,彼の存命中に書き上げられた.彼の発案による『理論物理学小教程』は彼の死後に刊行が始まった[11].

他人事のような書き方をしているが,しかし実は,リフシッツこそ『大教程』全巻完結の真の立役者であった.

実際リフシッツは,コペルニクスの『天球の回転について』出版におけるレティクス,ニュートンの『プリンキピア』誕生におけるハレー,あるいはマルクスの『資本論』執筆におけるエンゲルスにも比すべき役割を,この『大教程』において演じたのである.

いや,それ以上かもしれない.「『理論物理学教程』を語るにあたっては,この構想を実現するさいにE. M. リフシ

ッツの果たした傑出した役割が強調されなければならない．彼がいなかったならば，この『教程』が世に出なかったであろうことは，万人の認めるところである．いくつもの節を書き下し，くりかえし手を入れ改訂したのは，リフシッツの自己犠牲的な働きであった．……リフシッツの担った役割は，それにとどまらない．彼は『教程』に科学と方法論に関する価値ある多くのアイデアを盛り込んでいる」とさえ言われている[12]．

ランダウとリフシッツの協力関係は1930年代に始まる．のちにCERN（ヨーロッパ連合原子核研究機構）の所長となるオーストリア生まれでランダウと同い年の物理学者ヴィクトール・ワイスコップは，ナチズムから逃れてソ連に渡り，1933年に1年間ハリコフに滞在したが，そのときのことを次のように回想している．「その時，ランダウ，リフシッツ，アヒエゼールその他の多くの若いロシアの物理学者がハリコフで働いていた．ロシアでの生活は決して楽ではなかったが，興味深くて刺激的であった[13]」．ここに書かれているアヒエゼールは「ランダウがハリコフに移ってきたのち，その地の研究所は物理学の世界最良のセンターの一つになった」と当時を振り返り「物理学と力学におけるランダウの最初の弟子はE. M. リフシッツとA. S. コンパニエッツであった」と証言している[14]．1915年生まれのリフシッツは，このときまだ10代であった．

1934年にハリコフで理論物理学の国際コンファレンスが開催され，ロシア国内からはフォーク，タム，フレンケル

といった当時の指導的物理学者がこぞって参加しただけではなく，外国からはボーアのような超大物がやってきた．この会議でリフシッツは荷電粒子の衝突による電子－陽電子生成の理論を発表している[15]．アメリカのアンダーソンが陽電子の存在の証拠を捉えたのはその2年前であった．このエピソードは，26歳のランダウが国内外でどれほど認められていたのかを示しているが，それとともに19歳のリフシッツの実力とそのリフシッツをランダウがどれだけ買っていたのかを示唆している．

こうして，20代なかばのランダウを中心に20歳前後の若者をメンバーとするランダウ学派の形成が1930年代に始まった．そればかりか，その若造たちの集団がソヴィエト国内にとどまらず世界の学界で権威を獲得し始めていたのである．科学の歴史における珍しいシーンである．

『大教程』の構想もそのときに遡る．アヒエゼールは，その構想が誕生した経緯を次のように語っている：

〔研究者の教育のための〕必要な書籍が存在していなかったので，現代の理論物理学の全般にかんする一般的でわかりやすい一連の書物を書きたいとランダウが考えたのは自然な成り行きであった．彼はハリコフにやってきてまもなくこの仕事にとりかかった．ハリコフの時代にランダウとリフシッツによって2冊の書物が書かれた．ひとつは古典力学でいまひとつは統計物理学であった[16]．

こうしてランダウとリフシッツの共同作業が始まった（ここにある古典力学の書は『大教程』第1巻『力学』の，統計物理学は第5巻『統計物理学』の原型であろう）．
　それにしても，レティクスやハレーやエンゲルスについてはそれなりに知られているのに，リフシッツはつねにランダウの影に隠れ，あまりにも知られていない．そんなわけで，ギンツブルクが1986年に書いた紹介の一部を少し長いが訳出しておこう．

　エフゲーニー・ミハイロヴィチ・リフシッツは1985年10月29日，70歳で死亡した．彼の理論物理学者としての第一歩はハリコフに記された．そこには，幸運にも1932年にレフ・ダヴィドヴィチ・ランダウが赴任し，研究と教育にあたっていた．1934年，19歳という弱齢のリフシッツはその最初の科学論文を（ランダウと共著で）発表した．翌年，強磁性の理論に関するいまひとつの共著論文を公表したが，それは，当時にあって優れていたばかりか今もって知られている．その後，1937年，1939年，1941年と，リフシッツはプラズマ物理学，衝突のさいの重陽子の分裂の理論，相転移の理論についての自分自身の論文を発表している．1944年には超流動ヘリウムにどのように第2音波が生成されるのかを明らかにし，1954年には凝縮物質における分子間力の理論を発展させている．そして1945年と，その後，晩年にいたるまでのかなりの期間，リフシッツは宇宙論の研究に打

ち込み，いくつかの目覚しい結果を得ている．

　近年，リフシッツは主要に宇宙論の諸問題にかんする講演や論文発表に招待され，多くの国を訪れることができた．そのさいの発表は，そのスタイルが『理論物理学教程』を思い起こさせるもので，きわめて明晰で正確であり，1時間やそこらで多くのことに言い及ぶものであった．……

　リフシッツの研究は，確かに彼を優れた物理学者の一人にランクせしめるものであろう．とはいえ優れた物理学者というだけではいまどき世界に少なくはない．しかしランダウ-リフシッツの『理論物理学教程』は世界に一つしかない．それゆえ私は，リフシッツの科学的業績を高く評価する者ではあるにせよ，かの『教程』を彼の主たる仕事と見なしている．ランダウは彼のなかに優れた弟子にしてきわめて親密な友人を見い出しただけではなく，あえて言うなら，書き手を見い出したのである．そのような言葉遣いが科学書の著者にはそぐわないと言えば，たしかにそうである．しかし，このような書籍の執筆は，たとえその主題に通暁していたとしても，大変に労力を要することである．ランダウ自身は物理学者としては飛びぬけた能力を有し，理論物理学の大家の一人ではあったが，書くことが不得手で，少なくとも嫌いで，著書については言うにおよばず，自分自身の論文でさえほとんど〔自分で〕書かなかった．多くの点でランダウと共通点を有しているリチャード・ファインマンもまた，

彼のいくつもの著書を自分の手で書かなかった．私が知るかぎり，ファインマンの著書の多くは講義か対話にもとづくものである．対照的にリフシッツは，明晰でわかりやすく書く術を心得ていた．……『教程』の全4600頁はリフシッツのペンから生まれ出たものであり，テキストの構成において彼が果たした役割についてはなんの疑問もない．その内容について言うならば，彼はランダウのまばゆい光の背後の黒子に徹していた．……

『教程』を生み出すにあたってリフシッツが果たした真の役割が理解されるようになったのは，運命の悲劇的な転換によってであった（なんたる人生のアイロニーであることか）．1962年1月7日，ランダウは交通事故に遭遇し，その後6年間生き永らえたが，仕事に復帰することは叶わなかった．……

1962年，ランダウがもはや寄与することが不可能になったとき，『教程』の計画されていた10巻のうち3巻がいまだ書かれていなかったし，既刊のものも改訂や増補が求められていた．私が覚えているかぎり，私自身は，そして疑いもなく多くの者も，『教程』が未完のままに終わるであろうと考えていた．しかしリフシッツは違う決断をした．彼はその後の23年の生涯を主要に『教程』の完成と改訂にささげ，この恐るべき仕事を見事にやり遂げたのである．……それは同時に，ランダウが元気な時になされた仕事にたいしてリフシッツがどのような貢献をしていたのかをも明らかにするものである[17]．

このようにリフシッツは，ランダウが倒れて後，一部はピタエフスキーの協力を得て，残された巻を執筆し『大教程』を完結させ，その後も改訂・更新を続けた．1958年に初版の出た『大教程』の第8巻『連続媒質の電気力学』（邦訳『電磁気学』）は1982年の版では100頁も加筆されている．第2巻『場の古典論』の後半の重力場理論・一般相対性理論の記述も，改訂のたびにその時代の先端的研究が盛り込まれ，1937年の初版にくらべて1973年の版（原著第6版）では倍近くの分量になっている．

ちなみに先に引いたアヒエゼールの証言にある『一般物理学教程』は，ランダウ，リフシッツ，アヒエゼールの共著になっているが，実際は1937年に書かれたものをもとに，ランダウの事故の後にリフシッツとアヒエゼールが書き上げたもので，1965年に出版されている[18]．

リフシッツはまた，ランダウが意図していたが着手にはいたらなかった『理論物理学小教程』（以下『小教程』）の執筆・出版の労をとった．

本書『小教程』の第1巻『力学・場の理論』（原題『力学・電気力学』）は，ランダウのプランにのっとり，『大教程』の対応する第1巻『力学』，第2巻『場の古典論』をベースにして，リフシッツの手で書き上げられ，1969年（ランダウが死亡した翌年）にモスクワで出版された．当然それは『大教程』のこの2巻の特徴を引き継いでいるので，両方をふくめて，見てゆくことにしよう．

3 『理論物理学教程』第1巻『力学』

『大教程』の『力学』がモスクワで出版されたのは1958年である．人類史上初めて人工衛星（スプートニク1号）の打ち上げにソヴィエト連邦が成功したのがその前年の10月，そして1958年にはソ連のチェレンコフとフランクとタムがノーベル物理学賞を受賞している．ソ連が有人人工衛星（ガガーリンを載せたボストーク1号）を成功させ，先を越されたケネディが地団駄踏んで悔しがったのは61年4月，翌62年にランダウはノーベル賞を受賞している．

ソヴィエト科学が目覚しい進歩の印象を与えていた時代であった．

実際，わが国では1958年にスミルノフの『高等数学教程』の翻訳が始まっている．ランダウとリフシッツの『場の古典論』の恒藤敏彦・廣重徹両氏による邦訳は59年1月，廣重徹・水戸巌両氏による『力学』の邦訳は60年3月末に出ている．その年に私は大学に入学したが，東大の教養学部では物理学者の玉木英彦氏が主催するロシア語のゼミが大教室で行なわれ，理科系の学生であふれていた．今では信じられない光景であろう．その玉木英彦氏は，訳したシュポルスキーの『原子物理学』第5版の「訳者あとがき」に「東大教養学部では，1962年以来理科に英語とロシア語を必修とするクラスが設けられ，毎年300名内外の学生が学んでいる」と記している[19]．理科系の学生のためのロシア語教育が，物理学者が片手間にやっていたゼミから，プロのロシア語教師による正規の第2外国語に格上げ

されたのである.

 東大に限ったことではない. 1988 年に初版の出た『研究社露和辞典』の編纂が始まったのは, その「まえがき」によると「理工系の学部のある大学でロシア語教育が盛んになった……1961 年秋」とある.

 率直に言って「ソヴィエト科学の目覚しい進歩」という 1960 年代初頭の幻想は現在では色褪せているが, しかし『理論物理学教程』の輝きは今なお失せていない.

 その第 1 巻『力学』について言うならば, 改訂版に付された訳者の「あとがき」にある「これまでの多くの力学の教科書には, ほぼきまった型があった. 本書は, そのような型を破り, 理論物理学の他の分科との連携が十分に考慮されている点で, ユニークな特色を備えていると思われる」との所感が, その特色をよく言い当てている.

 「型破り」云々については, アヒエゼールが言う「〔ランダウとリフシッツの〕力学書の著しい特徴は力学系にたいするラグランジュの原理から始まり, 時空および力の場の対称性と保存則の関係を確立したことである. ニュートンの古典力学に関するきわめて明快な描像が導き出され, 力学の物理学的な本質が明らかにされ, 物理学の他のすべての理論の学習のための強固な基礎が与えられた」との指摘に要約されるであろう[20]. (ここに「ラグランジュの原理」とあるのは, 通常「ハミルトンの原理」と称される変分原理を指し, それを『教程』では「最小作用の原理」と記しているので, 以下では「最小作用の原理」で通す.)

実際，それまでの力学書は，解析力学を主題とするものでも，運動方程式 $m\dfrac{d^2\bm{r}}{dt^2} = \bm{F}$ から説き起こし，拘束力のする仮想仕事を 0 にすることによってラグランジュ方程式を導き出すのが定石であった．これはもちろんラグランジュに始まるが，1927 年に初版が出て以来幾度も版を重ねたホイッターカーの有名な『解析力学』以来の約束事のようなものである．ホイッターカーのそのスタイルは 1950 年のゴルドシュタインの『古典力学』や 1941 年に初版が出て 1957 年に版が改められた山内恭彦氏の『一般力学』まで引き継がれている．いや『ハミルトニアン力学の原理』と題した 1961 年のテル・ハールの書（邦訳『解析力学』），さらには『ラグランジアンおよびハミルトニアン力学』という標題の 1996 年のカルキンの教科書等にまで踏襲されている[21]．

それにたいして，いきなり変分原理（最小作用の原理）とガリレオの相対性原理から説き起こすランダウとリフシッツの書の構成は，当時はきわめて斬新で刺激的であった．今読んでも小気味よい．

ちなみに，ランダウとリフシッツの『力学』（§39）では非慣性系の運動方程式を導くにあたって「この〔最小作用〕の原理の適用は基準系の選び方によって制限されない．この原理とともに，ラグランジュ方程式も効力を失わない」という事実から始められている．しかし，ラグランジュ方程式が非慣性系でも形を変えずに成り立つという事実をこのように明示的に指摘した書物は意外に少ない．実際，こ

のランダウたちの『力学』は邦訳にして200頁に満たない（新版でも209頁）コンパクトな書であるが，必要なことはきちんと書かれている．

対称性の問題については，ロシアの物理学者カガーノフも，この『力学』について「保存法則が対称性についての考察から導き出されたのは初めてのことであり」と記している[22]．保存則と対称性の関連についてはゴルドシュタインの書にも触れられているが，アヒエゼールやカガーノフが「初めて」というのは1930年代にハリコフで書かれた古典力学の書を指しているのであろう．少なくともホイッターカーの書には，たんに循環座標に共役な運動量が保存するとしか書かれていないのであり，やはりランダウたちの記述は当時としては新しかったようである．

「理論物理学の他の分科との連携が十分に考慮されている」という指摘については，一例として，この『力学』が散乱問題にきわめて詳しいことを挙げればよいであろう．

もともと天体力学を出自とする古典力学では，逆2乗の斥力による散乱現象などは，考察の対象外であった．実際，1920年にケンブリッジで出版されたラムの『上級力学』や，1925年に第3版が出版され当時としてはコンプレヘンジブな書と見られていたウエブスターの大部な力学書『粒子，剛体，弾性体および流体の力学』，あるいは量子論のために書かれた解析力学の書である1924年のボルンの『原子力学』等にも，散乱についての記述は見当たらない．この点では，ホイッターカーの書や1949年に初版の出たランチ

ョスの『力学の変分原理』,そしてパルスの『解析力学論考』といったどちらかというと力学理論の数学的側面に焦点をあてた書も同断である[23].

そもそもが,散乱断面積の計算というような課題が力学の問題になったのは,ラザフォードがアルファ粒子を金の原子核に衝突させる実験をした1911年以降であり,もっと限れば原子核や素粒子の物理学において加速器による高エネルギーの実験が主流になっていった20世紀中期からである.そんなわけで,力学書で散乱のテーマを取り上げるようになるのは,量子力学の建設に加わった研究者が力学書を書き始めてからのようで,実際にもゾンマーフェルトの教科書あたりかららしい.

しかもランダウたちの『力学』の散乱問題の議論では,ラザフォード散乱だけではなく,実にさまざまなケースが扱われている.ゴルドシュタインが『古典力学』(第2版)の文献案内で「〔中心力と散乱の問題について〕多くの独創的で他には見られない洞察 (many original and unusual insights)」が含まれていると語っているとおりである[24].

いや,それだけではない.そこには,古典力学,すなわちボルツマン統計では本来ありえない,区別不可能な二つの粒子の散乱断面積の計算さえ記されている.実際「区別不可能な粒子」なるものはすぐれて量子の世界の存在であり,そのことはこの『力学』が『理論物理学教程』の第1巻として『量子力学』から『統計物理学』にいたるまでの全体と結びついていることを示している.

そしてまた，この『力学』がパラメータ共鳴や非調和振動に詳しいことも，当時の力学書としてはかなり著しいことであった．ボゴリューボフとミトロポリスキーの『非線型振動論』の初版がモスクワで出版されたのは 1955 年であり，ロシアはこの方面の先進国であった．ゴルドシュタインの『古典力学』の 1980 年に出た第 2 版には「パラメータ共鳴や非線形振動の研究はこの数十年間に急速に発展し，個々に強力な取り組みを必要とするにいたった分野である．ランダウとリフシッツの〔『力学』の〕§27-30 には，ロシアにおける寄与がとりわけ顕著なこの問題への簡潔な手引きが与えられている」とある[25]．最新のトピックスにも目配りがされていたと言えよう．

4 『理論物理学教程』の第 2 巻『場の古典論』

ランダウとリフシッツの『場の古典論』は，初版出版以来，世界的名著として半世紀近く改訂を重ねてきた．

最初の 2 章で特殊相対性理論（相対性原理と相対論力学）が論じられている．その後に電気力学の議論が，場のなかでの荷電粒子の運動に始まり，真空中の電場と磁場の記述に入り，運動している電荷の作る場から電磁波の放射そして電荷による電磁波の散乱へと展開されている．アヒエゼールが「マクスウェルの電気力学に先んじて特殊相対論が論じられ，そのことで相対論力学と微視的な電気力学の統合が図られている」と記しているとおりである[26]．それは，静電場・静磁場から書き起こし，後から場の変換規則に関

連して相対論につなげてゆくそれまでの電磁気学の記述と異なり,全体の展望をきわめて見通しのよいものにしている.そしてここでも一貫して変分原理(最小作用の原理)が指導原理に置かれている.

したがってまたその記述は電場と磁場からではなく,電磁場の4元ポテンシャル $A^\mu = (\varphi, \bm{A})$ から始まっている.つまりポテンシャルの導入が場に先行しているのである.すでに 1949 年の最初の版からこのような記述のスタイルがとられているが,ベクトル・ポテンシャル $\bm{A}$ の実在性を示すことになるアハラノフ-ボーム効果が指摘されたのが 1959 年で,それが外村彰氏たちによって実証されたのが 1986 年であることを顧慮すれば,その記述の先駆性が理解されるであろう.

『場の古典論』そして本書『小教程』で扱われている電磁気学は,荷電粒子が点在する真空中での電場と磁場の議論に限定され,その空間的平均値としての物質中の場についての議論は,したがってまた誘電体や磁性体については,『連続媒質の電気力学』に委ねられている.

このようにミクロな場とマクロな場を明確に区別して論ずる——世界をエーテル(現代用語では真空)と電子(点電荷)からなるとしたローレンツの『電子論』にならった——行き方に,ランダウとリフシッツの姿勢がかなり明確に読み取れる.それは「真空中の電磁場のなかの点電荷に適用できる形にマクスウェル方程式を定式化したのは H. A. ローレンツである」という『場の古典論』の注,さらに

は「連続媒質の電磁気学の基礎方程式は，真空中の電磁場の方程式を平均することによって得られる．微視的な方程式から巨視的な方程式へのこのような移行は，最初 H. A. ローレンツによって行なわれた」という『連続媒質の電気力学』冒頭での記載が示しているとおりである[27]．それにたいして，以前，私が学習したころの日本語の電磁気学書では，『岩波講座　現代物理学』の一冊として1954年に出された小谷正雄氏の『電磁気学』を数少ない例外として，ミクロな場もマクロな場もごたまぜに扱うのが大部分で，そのため電磁気学の理論的構成を複雑にし理解を困難にしていたように思う．

『理論物理学教程』ではこのように『場の古典論』の記述を真空中での場の議論に限定することによって，逆に『連続媒質の電気力学』では通常の電磁気学の書物には書かれていないような，統計力学や熱力学にもおよぶ立ちいった，そしてレベルの高い議論が展開されている．「『連続媒質の電気力学』は特別の位置を占めている．同書は理論物理学の新しい分野を創り出したように私には思える．（理論物理学の一部門としての）この分野はそれまでまったく存在しなかったのである！」というカガーノフの評は当たっているであろう[28]．

ところで『場の古典論』（そして『小教程』）の議論では，ガウス単位系が使用されているだけではなく，基本的な場として E と H が使用されているため，SI 単位系で E-B 対応の電磁気学を学んできた読者にはややなじみにくいか

もしれない．

実際には『場の古典論』では，磁荷はまったく扱われていず，磁気単極子も登場しないのであるから，真空中の場として磁気誘導（磁束密度）B ではなく磁場 H を使っているのは，不可解な気がする．

もちろんガウス単位系では $B = H + 4\pi M$ であり，真空中では磁化ベクトル M は 0 であるから，そのかぎりで H と言っても B と言っても違いはない．

そればかりか『連続媒質の電気力学』では，真空中の場（つまり『場の古典論』や『小教程』で E および H としたもの）が e および h と記され，その上で巨視的な電場 E はこの e の空間的平均 $(\bar{e})$ として定義され，磁場については，次のように記されている：

> 物質中の定磁場は，微視的方程式
> $$\mathrm{div}\, h = 0, \quad \mathrm{rot}\, h = \frac{1}{c}\frac{\partial e}{\partial t} + \frac{4\pi}{c}\rho v$$
> を平均して得られる二つのマクスウェル方程式で表される．平均の磁場の強さを，通常，**磁気誘導**と呼び，$\bar{h} = B$ で表す．……ベクトル H は，電気誘導 D と電場 E の間の関係式〔$D = E + 4\pi P$〕と類似の式 $B = H + 4\pi M$ によって，磁気誘導 B と結びついている．E との類比からベクトル H を，ふつう磁場の《強さ》と呼ぶけれども，真の磁場の強さの平均は H ではなく B であることに注意しなければならない．（§27；強調原文ママ）

これからもわかるように，ランダウとリフシッツが『場の古典論』で言っている真空中の磁場 h（『小教程』での H）は，実際にはジャクソンの『電磁気学』では磁気誘導（磁束密度）b とされているものに他ならない．そのジャクソンの書の第2版には「e と b は微視的な電場と磁場である．……e と b に対応する場 d と h は現れない」「巨視的な電場 E と磁場 B は，微視的な場 e と b の平均として定義される」とある[29]．『場の古典論』や本書『小教程』では，ランダウとリフシッツの H を事実上 B と読み換えてもかまわないであろう[30]．

なお，SI 単位系で学習している読者の便宜のために，ガウス単位系と SI 単位系の場と電荷の換算を与えておこう（*で SI 単位系の物理量を表わす；$c = 1/\sqrt{\varepsilon_0 \mu_0}$）：

$$\text{電場：} \quad E \longleftrightarrow \sqrt{4\pi\varepsilon_0} E^*,$$
$$\text{磁束密度：} \quad B \longleftrightarrow \sqrt{4\pi\varepsilon_0} c B^*,$$
$$\text{電荷：} \quad e \longleftrightarrow \frac{1}{\sqrt{4\pi\varepsilon_0}} e^*.$$

5 『小教程』第1巻『力学・場の理論』

『小教程』は，当初，第1巻『力学・場の理論』，第2巻『量子力学』，第3巻『巨視的物理学』が予定されていたが，実際には第2巻（1972）までしか出されなかった．そしてこの第2巻の訳者が記しているように「この『小教程』は

膨大な『大教程』を圧縮して作られた経緯にもかかわらず，単にその"抜萃"ではない[31]」．

その第 1 巻『力学・場の理論』は「第 1 部：力学」と「第 2 部：電気力学」の 2 部からなるが，全編「最小作用の原理」から議論が起こされていて，きわめて一貫した構成になっている．ローゼンフェルトは「物理学の全体を不朽の《最小作用の原理》のうちに捉えうる」というのが「ランダウの信念」であったと喝破しているが[32]，その「信念」がもっともよく発揮されかつ成功したのは，この『小教程』の第 1 巻ではないだろうか．

ところで『小教程』を事実上一人で執筆したリフシッツは，ランダウの論文の特徴を「問題の物理学上の切り口が鮮やかにして明瞭なことであり，解答にいたる道筋がきわめて簡潔で手際がよく，そして余分なことをまったく含んでいない」と記しているが[33]，そのスタイルも『小教程』第 1 巻に確実に引き継がれている．結局それはリフシッツ自身のスタイルだったのであろう．実際，本書は原著にしてわずか 271 頁の小著であるが，たったそれだけの頁に力学と電気力学の基礎がかなりの密度で過不足なく書き込まれている．じつに「簡潔で手際がよい」．

その「第 1 部：力学」は，おおむね『大教程』の『力学』を踏襲している．『大教程』から削除された部分は，剛体の力学のうち楕円関数をもちいた議論，ポアソン括弧と正準変換などで，それほど多くはない．節末に付された問題はかなり削られているが，基本的な議論は残されている．

解説

　他方で『大教程』では第2巻『場の古典論』の冒頭に置かれていた「相対性原理」と「相対論的力学」の節が『小教程』では「第1部：力学」の末尾に編入されているので，かえってバランスがよくなったように思われる．この部分については，相対論的ハミルトン‐ヤコビ方程式をのぞいて，『大教程』の議論はほぼ残されている．

　また，この「相対論的力学」における「粒子の崩壊」や「弾性衝突」の議論は，高エネルギー物理学への入り口と位置づけることも可能である．この問題の扱いは1962年のジャクソンの『電磁気学』の初版にも詳しかったが，そのことは折から加速器のエネルギーが高くなり，実験が相対論領域に到達していたことを反映している．

　『小教程』の叙述はほぼ『大教程』のものに倣っているが，なかには『大教程』よりも優れている部分もある．たとえば「慣性の法則」の説明がそうである．

　『大教程』の『力学』では平凡に「慣性基準系においては，すべての自由な運動は大きさも方向も一定の速度をもつ．これがいわゆる慣性の法則の内容である」とあり，この記述は1973年の第3版まで変わらない[34]．

　他方で『小教程』の記述（§3）はこれと異なり，次のようにある：

　　運動の最も簡単なものは，物体の自由運動，すなわち外部からのどのような作用をも受けない物体の運動である．その系については，自由運動が，大きさ方向ともに

一定である，という基準系が存在する．このような基準系は慣性基準系と名づけられる．そして，このような基準系がたしかに存在するという主張が，慣性の法則の内容である．

管見のおよぶかぎり，慣性の法則の基本的意味を明確に慣性座標系の存在要請と捉えた最初期の文書である．この点だけでも『小教程』が『大教程』の単なる抜萃ではないことがわかる．

もともと，慣性の法則の意味と地位をめぐる力学書の混乱は，「物体は力が働かなければ等速度運動を持続する」という意味の「慣性の法則」と微分方程式の形で書かれた「運動方程式」をそれぞれ「ニュートンの第1法則・第2法則」と理解し，その二つを力学の原理として並置したところに始まるように思われる．

典型的な例は，1971年に出版されたテル・ハールの力学書であり，それには次のようにある：

ニュートンの法則は数学的に以下のように表現される：
法則1： $\boldsymbol{F} = 0$ であれば，$\boldsymbol{v} = \mathrm{const.}$,
法則2： $\dfrac{d}{dt}(m\boldsymbol{v}) = \boldsymbol{F}$,
法則3： $\boldsymbol{F}_{12} = -\boldsymbol{F}_{21}$ ないし $\boldsymbol{F}_{12} + \boldsymbol{F}_{21} = 0$.

しかしこのように書けば，「法則1」は「法則2」から自

然に導き出されるものであり，別個に書くには及ばない．実際，テル・ハール自身，この後に「法則1は法則2の特別の場合（$F=0$の場合）にあたる」と記している[35]．

それにたいしてニュートンが「法則1」と「法則2」を分けて書いたのはそれなりの根拠があった．ニュートンにとって「法則1」は「慣性の力（vis ineritae）」により物体はその運動状態を持続するというものであり，「法則2」は「運動の変化は及ぼされる駆動力（vis impressa）に比例し，その力の方向に行なわれる」と表わされている．つまりニュートンにとって「法則1」と「法則2」はそれぞれ別種の力による運動であり，その意味において互いに独立であった．両者はまた対等で「物体は合力によって，個々の力を辺とする平行四辺形の対角線を同じ時間に描く」という「系」により合成されるべき関係にあった[36]．

しかもニュートンの言う「法則2」は微分方程式ではなく，現代風に表現すれば $\Delta(m\boldsymbol{v}) = \boldsymbol{F}\Delta t$ を意味していた．「ニュートンの言う駆動力は現在言う力積（impulse）であり，力の強さだけではなく，力が働く持続時間も考慮に入れられている」と指摘したのは19世紀のマクスウェルである[37]．それゆえニュートンの『プリンキピア』では「法則2」は「物体はどのような規則的な力によってであれ，動く距離は運動の始まりにおいては時間の2乗に比例する」という補題（ガリレオの規則）により補われている[38]．

したがって，ニュートンのもちいた運動の法則は，あえて現代風にベクトルで表現するならば

$$\Delta r = r(t+\Delta t) - r(t) = v(t)\Delta t + \frac{F}{2m}(\Delta t)^2$$

となり，この右辺第1項が「法則1」を，そして第2項が「法則2」を表わしている．このような行き方をするかぎり「法則1」を「法則2」の特別な場合と見ることはできない．

ニュートンの「法則2」を現代的な微分方程式に初めて表現したのは18世紀中期のレオンハルト・オイラーであった．科学史家トゥルスデルの言うように「天体力学にたいする"ニュートンの方程式"が最初に公表された年は〔『プリンキピア』の出版された〕1687年ではなくて〔オイラーの『天体運動一般の研究』が公表された〕1749年である[39]」．オイラーはまた「慣性という言葉には力という言葉が通常結合され，物体には慣性の力が付与されてきたが，そのことで大きな混乱がもたらされてきた」と語り[40]「慣性の力」というそれまでの理解を葬り去った．

オイラーは物体の基本的性質としての「慣性」の現代的な意味を初めて明確に語り，同時に，現在「ニュートンの運動方程式」と呼ばれている微分方程式を初めて書いたのである．そのことによってオイラーは，働いている力が0であれば $v = \text{const.}$ が導かれることを示し「それゆえ，この公式〔運動方程式〕は，それ自体のうちに，外から力を受けていないかぎり，静止物体は静止し続け，運動物体は同じ方向に一様に運動を続けるという運動の第1法則を含んでいる」と結論づけることになる[41]．

オイラーがはっきりと指摘したように，運動の第2法則

を微分方程式で書くかぎり，第1法則はそこに包摂されているのである．したがってその場合は，テル・ハールの書のような形に（そして他の多くの力学書に見られるように）「法則1」「法則2」を並置することは無意味になる．

とするならば，論理的に純化したときの力学原理としての「慣性の法則」は何かといえば，やはりこの『小教程』にあるように，慣性座標系の存在要請ということになるであろう．実際，ようやく20世紀の後半になって，そのように書かれた書物がちらほら登場してきた．たとえば1977年の内山龍雄氏の『相対性理論』には「慣性の法則」とは「慣性系がこの世に存在することを原理として主張するものである」と説明されている[42]．この『小教程』の記述はその嚆矢のひとつであった．

『小教程』の第1巻・第2部の「電気力学」では，『大教程』における一般相対性理論と重力場理論を別にして，ヴィリアルの定理，巨視的物体のエネルギー・運動量テンソル，回折についてのたちいった説明や角アイコナール，シンクロトロン放射のような運動電荷からの放射の議論，そして節末のいくつもの問題をのぞいて，『場の古典論』の内容はほぼ再録されている．『場の古典論』におけるエネルギー・運動量テンソルの議論は『小教程』では割愛されているが，そのかわりに『場の古典論』にはなかった運動量の密度と流れの議論が『小教程』にはあり，その点では『小教程』は読みやすくなっている．

いずれにせよ，この『小教程』の第2部「電気力学」は

コンパクトでありながら，しかし一通りのことはすべて書き込まれているので，真空中の電気力学についての入門書として優れている．物理学者のザイマンは『場の古典論』について「その成功の秘密はその記述の妥協のない単純さ，明晰さ，そして正確さにあると思われる．正確に語りうることは一連の簡潔な短文ではっきり書き下されている」と評している[43]．そのスタイルはこの『小教程』の第2部にも引き継がれている．いや，より洗練されたようだ．

ただ，あまりにも簡潔に書かれているために初学者にはフォローしづらいと思われるところも数箇所あったので，あらずもがなの「注」を巻末に付しておいた．

いずれにせよ，この『小教程』の『力学・場の理論』そして『量子力学』は，現代理論物理学のエンサイクロペディア『理論物理学教程』の入門として最適であるばかりか，一般的な解析力学・電気力学・量子力学の学習にとっても優れている．教養課程だけではなく，物理学科の専門課程の学生にも推奨しうる書籍である．その学習にあたってのアドヴァイスとして，ランダウ自身の言葉を引いてこの解説を終わりにしよう：

　　学習のやり方については，すべての計算を，読んでいる本の著者にまかせずに，実際に自分の手で辿らなければならない，ということだけを強調しておきましょう[44]．

2007年10月

山本　義隆

注

1) 『物理学者ランダウ　スターリン体制への叛逆』佐々木力・山本義隆・桑野隆編訳（みすず書房，2004），以下『物理学者ランダウ』．

2) Peierls, R. E., *Atomic Histories* (Springer-Verlag, 1997) p.162.

3) Ginzburg, V. L., 'A remarkable Physicist' in *Landau: The Physicist and the Man*, ed. by I. M. Khalantnikov, tr. from the Russian by J. B. Sykes (Pergamon Press, 1989——以下 *Landau*) p.118.

4) Lifshitz, E. M.,「レフ・ダヴィドヴィチ・ランダウ」in『物理学者ランダウ』p.91f.

5) 中嶋貞雄「巨星ランダウの物理」，『自然』Vol.23, No.6 (1968) p.30.

6) Ter Haar, D., *Men of Physics*: *L. D. Landau* 1 (Pergamon Press, 1965) p.ix. なお，Landauの「論文目録」は同書 pp.44-50，および『物理学者ランダウ』pp.105-113 にあり．

7) Lifshitz, *op. cit.*, p.83.

8) Kompaneets, A. S., 'L. D. Landau as a Teacher' in *Landau*, p.184.

9) Mehra, J., *The Beat of a Different Drum: The Life and Science of Richard Feynman* (Clarendon Press Oxford, 1994) p.589.

10) Kaganov, M. I.,「理論物理学のエンサイクロペディア」，『物理学者ランダウ』所収，p.186, p.181.

11) Lifshitz,「物理学に志す学生へのランダウの率直な助言」,『物理学者ランダウ』所収, p.167.
12) Rumer, Yu. B.,「ランダウをめぐる若干の回想」,『物理学者ランダウ』所収, p.143f.
13) Ryutova-Kemoklidze, M., *The Quantum Generation: Highlights and Tragedies of the Golden Age of Physics*, tr. from Russian by J. Hine (Springer-Verlag, 1995) p.191 より.
14) Akhiezer, A. I., 'Teacher and Friend' in *Landau*, p.37f.
15) *Ibid.*, p.39 より.
16) *Ibid.*, p.42. Cf. Rumer, *op. cit.*, p.143.
17) Ginzburg, V. L., 'The *Course*: in Memory of L. D. Landau and E. M. Lifshitz' in *Landau*, pp.303-5.
18) 邦訳『物理学——力学から物性論まで』小野周・豊田博慈訳（岩波書店, 1969）.
19) 玉木英彦,「訳者あとがき」, E. シュポルスキー『原子物理学 I（改訂新版）』（東京図書, 1966）p.547.
20) Akhiezer, *op. cit.*, p.42f.
21) 順に, Whittaker, E. T., *A Treatise on the Analytical Dynamics of Particles and Rigid Bodies* (Edinburgh); Goldstein, H., *Classical Mechanics* (Addison-Wesley Pub. Co.); 山内恭彦『一般力学』（岩波書店）; Ter Haar, D., *Elements of Hamiltonian Mechanics* (Pergamon Press); Calkin, M. G., *Lagrangian and Hamiltonian Mechanics* (World Scientific).
22) Kaganov, *op. cit.*, p.190.

23) 順に, Lamb, H., *Higher Mechanics* (Cambridge University Press); Webster, A. G., *The Dynamics of Particles and Rigid, Elastic, and Fluid Bodies* (Leipzig); Born, M., *Vorlesungen über Atommechanik* (Springer); Lanczos, C., *The Variational Principles of Mechanics* (University of Tront Press); Pars, L. A., *A Treatise on Analytical Dynamics* (Ox Bow Press).

24) Goldstein, H., *Classical Mechanics*, 2nd ed. (Addison-Wesley Pub. Co., 1980) p.120.

25) *Ibid.*, p.270.

26) Akhiezer, *op. cit.*, p.43.

27) Landau & Lifshitz, 『場の古典論——電気力学, 特殊および一般相対性理論』広重徹・恒藤敏彦訳（東京図書）旧版（1959）§29, p.76, 新版（1978）§30, p.84；『電磁気学』井上健男・安河内昂・佐々木健訳（東京図書, 1962）§1, p.1.

28) Kaganov, *op. cit.*, p.190.

29) Jackson, J. D., 『電磁気学 原書第2版（上）』西田稔訳（吉岡書店, 1994）pp.278, 280.

30) 実は W. Pauli の *Electrodynamics* (Pauli Lectures on Physics, Vol.1, MIT Press, 1973, p.111) や, L. Rosenfeld の *Theory of Electrons* (Dover Publications, 1965, p.17) でも,『場の古典論』と同様に, 真空中の場を h, その平均を B ($\bar{h}=B$) としている. 同様に, H. Weyl の『空間・時間・物質』(1923) でもやはり真空中の場を H とし, その上で「H ではなく B (Magnetinduktion) が微視的な場の平均値に対応する」とある（ちくま学芸文庫版, 2007,

上 p.154). Landau もふくめ Pauli や Weyl のような大物がこのように書いていると, 真空中の場を h ととる必然性があるのかと考えさせられるが, おそらくは Lorentz が『電子論』で真空中の場を h と書いたという歴史的理由であろう (Lorentz では h の平均は H で, B は登場しない). 他方 R. Becker の *Electromagnetic Fields and Interactions* (1964, Dover Publications, 1978, 162f.) には, 電流密度 g の単位体積に働く力を $f = g \times B/c$ として, 次のように書かれている. 「この式において磁場として, 磁場の強さ H ではなく磁気誘導 B をとった. ガウス単位系を使用すれば真空中では $B = H$ であり, また非強磁性物質の中では B と H の違いは H にくらべてきわめて小さいので, この式で B をもちいるか H をもちいるかは, 本質的なことではないようである. しかし, B と H が 10 の何乗も異なる強磁性体をもちいた実験は, 力の密度の公式に使われるべき量が B であることを明瞭に示している」. とすれば, やはり Jackson のように真空中の場を b で定義するのが合理的であろう. 河辺六男氏の電磁気学には明瞭に「E, B は微視量の平均として得られる. D, H はある種の計算に便利な簡略記号以上ではない」とある (『現代物理学の基礎 1 古典物理学 I』岩波書店, 1975, 第 II 部「光と電磁場」p.469). 最近の書物では太田浩一氏の『電磁気学』(丸善, 2000) も同様の立場で書かれている (同書, p.203f., p.565, p.606 参照). 『場の古典論』や『小教程』における H を B と読み替えることは問題がないであろう.

31) Landau & Lifshitz, 『物理学小教程 量子力学』好村滋洋・井上健男訳 (東京図書, 1975) p.322.

32) Kaganov, *op. cit.*, p.187 より.

33) Lifshitz, *op. cit.* (注4) p.91.

34) Landau & Lifshitz,『力学』水戸巌・廣重徹訳（東京図書，初版 1960，増補第3版，1974）p.6.

35) Ter Haar, *Elements of Hamiltonian Mechanics* (Pergamon Press, 1964) p.2, 邦訳『解析力学』山崎美和恵訳（みすず書房，1983）p.2.

36) Newton,『自然哲学の数学的諸原理』,『世界の名著 26 ニュートン』河辺六男訳（中央公論社，1971）所収, p.60「定義」, p.72f.「公理または運動の法則」（訳語は少し改めた）.

37) Maxwell, J. C., *Matter and Motion* (1877, The Sheldon Press, 1925) p.32.

38) Newton, *op. cit.*, p.91f.「補助定理 10」.

39) Truesdell, C., 'A Program toward Rediscovering the Rational Mechanics of the Age of Reason' in *Essays in the History of Mechanics* (Springer-Verlag, 1968) p.90.

40) Euler, L., *Anleitung zur Naturlehre*, in *Leonhardi Euleri Opera Omnia* (Lausanne) Ser.III, Vol.1, §31.

41) Euler, L., 'Découvert d'un nouveau principe de Mécanique' in *Leonhardi Euleri Opera Omnia*, Ser.II, Vol.5, §23.

42) 内山龍雄『相対性理論』（岩波書店，1977）p.2.

43) Kaganov, *op. cit.*, p.187 より.

44) Lifshitz, *op. cit.* (注11) p.163 より.

索　引

ア行

アイコナール　330
　　——方程式　331
位相　318
　　——軌跡　174
一般化力　39
うなり　88
運動
　1次元——　49
　　——の積分　34
　有界でない——　51
　有界な——　51
運動方程式　16
運動量　38, 209
　一般化——　39
　　——の変換法則　42
　　——の密度　276
　4次元的——　214
エネルギー　36, 210
　運動——　27
　　——の変換法則　42
　　——密度　275
　遠心——　160
　結合——　216
　自己——　285
　静止——　210
　内部——　42
　ポテンシャル・——　27
遠心力　159

カ行

回転子　132
回転モーメント　45
ガウス単位系　262
ガウスの定理　206
角運動量　45
　　——の変換法則　46
　固有——　46
角振動数　317
角モーメント　45
重ね合わせの原理　260
加法的な保存量　35
ガリレイ変換　22, 192
慣性基準系　21, 177
慣性主軸　130
慣性中心　41
　　——系　41
慣性テンソル　129
慣性の法則　21
慣性モーメント　129
　　——テンソル　129
　主——　130
完全に粗い表面　149
完全に滑らかな表面　149
幾何光学　329
基準系（重心系）　20, 65
擬スカラー　255
起電力　259
擬ユークリッド幾何学　183
球状こま　130

共変成分 201
共鳴 87
空間および時間の一様性 21
空間振動子 102
空間成分 202
空間的間隔 186
空間の等方性 21
偶力 145
クーロンの法則 282
ゲージ不変性 238
ケプラーの第2法則 55
ケプラーの第3法則 62
ケプラー問題 59
減衰率 104
光行差 199
光錐 189
光線（射線） 329
拘束 31, 149
　非ホロノームな―― 150
　ホロノームな―― 150
光速度 177
　――不変の原理 181
剛体 122
　――の回転 124
　――の角運動量 139
　――のつり合いの条件 147
　――の並進運動 124
抗力 148
固有時間 190
固有体積 197
固有長さ 196
コリオリ力 159
孤立系 26
ころがり 148

サ 行

歳差運動 142
　ラーマー―― 308
最小作用の原理 16, 208
座標
　一般化―― 15
　基準―― 97
　主―― 97
　循環的な一般化―― 54
作用 16
　簡約された―― 170
　――・反作用の法則 39
散逸関数 106
散乱 72, 370
　干渉性―― 375
　クーロン場による荷電粒子の――
　　76
　――有効断面積 72, 371
　絶対剛体球の場による―― 74
　非干渉性（結合）―― 375
時間成分 202
時間的間隔 185
時間反転 27
磁気モーメント 305
事象 181
自然光 327
実験室系 65, 217
質点 14
質量 24
　換算―― 51
　――の加法性 41
磁場の強さ 234
自由度 15
縮重 96
循環 259

瞬間的回転軸 126
衝突パラメータ 71
信号 177
振動
　基準—— 97
　強制—— 85
　減衰—— 105
　——の振幅 82
　非線形—— 118
　非調和—— 118
　微小—— 80
振動数 82
　結合—— 120
　固有—— 95
　ラーマー—— 308
スカラー・ポテンシャル 230
ストークスの定理 206
スペクトル分解 322
滑り 148
正準方程式 165
静電場 281
制動放射 360
世界間隔 182
世界線 181
世界点 181
絶対基準系 23
絶対時間 22
絶対的過去 188
絶対的未来 188
双極放射 358
双極モーメント 291
相互作用の伝播速度 176
相対性原理 21
　アインシュタインの—— 177
　ガリレイの—— 22, 177
速度
　一般化—— 15

　——の合成法則 22, 198
　4次元的—— 213

タ 行

対称こま 130
　非—— 130
対数減衰度 104
ダミー指標 202
ダランベールの原理 151
ダランベール方程式 312
単色度 333
単色波 317
弾性衝突 65, 218
断熱不変量 172
力 28
　——のモーメント 145
超曲面 206
δ 関数 264
電荷 229
　——の保存 267
　——密度 264
転回点 51, 57
電気力学の基礎方程式 272
電磁波 310
電磁場 229, 259
　——テンソル 250
　——の作用関数 259
電束 272
テンソル
　エルミット・—— 326
　——の跡 205
　——の縮約（簡約） 205
　マクスウェルの応力—— 280
　4次元—— 203
電場の強さ 234
電流の4元ベクトル 265

索 引　429

特性方程式　95
ドップラー効果　321
トムソンの公式　373

ナ 行

2重平面振子　31, 101
2体問題　52
ニュートンの方程式　28

ハ 行

場　228
　一様な力の——　30
　中心対称の——　47
　中心力の——　53
波数ベクトル　318
波長　318
波動帯　354
波動方程式　312
ハミルトニアン　165, 212, 231
ハミルトンの原理　16
ハミルトン方程式　165
ハミルトン-ヤコビ方程式　171
波面　329
パラメータ共鳴　114
反転　254
反変成分　201
ビオ-サヴァールの法則　303
非周期的減衰　105
複素振幅　83
フーコー振り子　163
物理振り子　135
分解能　336
分散的な吸収　110
平面波　312
ベクトル
　位置——　14
　極性——　254
　軸性——　255
　——の束　258
　ポインティング・——　274
　4次元——　201
変位電流　273
偏光
　円——　320
　楕円——　320
　直線——　320
　部分——　325
　——テンソル　326
ポアソン方程式　281
放射減衰　369
保存系　36
ポテンシャル　230, 237
　遅延——　348
　ベクトル・——　230
　4元——　229
　4重極——　294
　リエナール-ヴィーヒェルトの
　——　351

マ 行

マクスウェル方程式の第1の組　257
マクスウェル方程式の第2の組　272
摩擦力　103, 148
面積積分の法則　55
面積速度　55

ヤ 行

横波　315
4重極モーメント　295

ラ 行

ラグランジアン 16, 209
　電荷の―― 230
ラグランジュ方程式 18
ラザフォードの公式 77
ラプラス方程式 281

ラーマー歳差運動 309
連続の方程式 266
ローレンツ・ゲージ 344
ローレンツ条件 344
ローレンツ短縮 197
ローレンツ変換 195
ローレンツ摩擦力 369
ローレンツ力 234

本書は、一九七六年十月二十六日、東京図書株式会社より刊行された。文庫化にあたり、読みやすさを考慮し、数式表現や用語などを改めた。

ちくま学芸文庫

力学・場の理論 ――ランダウ=リフシッツ物理学小教程

二〇〇八年三月十日 第一刷発行
二〇二四年四月五日 第十一刷発行

著 者 L・D・ランダウ／E・M・リフシッツ
訳 者 水戸巌(みと・いわお)・恒藤敏彦(つねとう・としひこ)・廣重徹(ひろしげ・てつ)
発行者 喜入冬子
発行所 株式会社 筑摩書房
　　　 東京都台東区蔵前二—五—三 〒一一一—八七五五
　　　 電話番号 〇三—五六八七—二六〇一（代表）
装幀者 安野光雅
印刷所 大日本法令印刷株式会社
製本所 株式会社積信堂

乱丁・落丁本の場合は、送料小社負担でお取り替えいたします。
本書をコピー、スキャニング等の方法により無許諾で複製することは、法令に規定された場合を除いて禁止されています。請負業者等の第三者によるデジタル化は一切認められていませんので、ご注意ください。

© K. Mito/M. Tsuneto/H. Hiroshige 2008
Printed in Japan
ISBN978-4-480-09111-6 C0142